"十四五"职业教育国家规划教材

工业和信息化部"十四五"规划教材
工业和信息化精品系列教材
网络技术

微课版

Internetworking Technology

网络互联技术
任务驱动式教程

邓启润 钟文基 ◎主编
王玲 苏健渊 ◎副主编

人民邮电出版社
北 京

图书在版编目（CIP）数据

网络互联技术任务驱动式教程：微课版 / 邓启润，
钟文基主编. -- 北京：人民邮电出版社，2021.11
工业和信息化精品系列教材. 网络技术
ISBN 978-7-115-56732-1

Ⅰ. ①网… Ⅱ. ①邓… ②钟… Ⅲ. ①互联网络—高
等学校—教材 Ⅳ. ①TP393.4

中国版本图书馆CIP数据核字(2021)第120500号

内 容 提 要

本书以思科公司的 Cisco Packet Tracer 7.0 模拟器为主要平台，以 CCNA 认证考试大纲为参考，以实验为基础，以项目式任务为驱动，按网络工程行业的实际技术需求组织完整的知识框架，旨在打造简单易学且实用性强的轻量级计算机网络互联技术教程。

本书分为 4 部分，共 12 个项目。第一部分是部署一个畅通的网络，让计算机网络能通信；第二部分是网络优化，实现可靠和安全的通信；第三部分是新技术应用部分，包括 IPv6 和 SDN 两个项目；第四部分是对照业内思科、华为、H3C 主流厂商的命令集，通过案例让读者学会用网络命令表达解决问题的思路，灵活掌握利用各厂商设备部署网络的技术。完成本书的学习后，读者可以适应行业内绝大部分厂商的网络应用环境。

本书素养拓展栏目，帮助学生树立正确的人生观和世界观，培养思考的意识。

本书可以作为职业院校、应用型本科院校计算机网络技术相关课程的教材，也可以作为从事网络管理和维护工作的技术人员日常的技术参考用书。

◆ 主　　编　邓启润　钟文基
　　副 主 编　王　玲　苏健渊
　　责任编辑　刘　佳
　　责任印制　王　郁　焦志炜

◆ 人民邮电出版社出版发行　　北京市丰台区成寿寺路 11 号
　　邮编　100164　电子邮件　315@ptpress.com.cn
　　网址　https://www.ptpress.com.cn
　北京隆昌伟业印刷有限公司印刷

◆ 开本：787×1092　1/16
　　印张：17　　　　　　　　　　2021 年 11 月第 1 版
　　字数：465 千字　　　　　　　2024 年 12 月北京第 6 次印刷

定价：59.80 元

读者服务热线：(010)81055256　印装质量热线：(010)81055316
反盗版热线：(010)81055315
广告经营许可证：京东市监广登字 20170147 号

序 PREFACE

当前，数字技术变革与创新驱动在全球范围内加速转型，数字化成为经济社会发展的新要素、新动能和新制高点。国家高度重视数字经济发展。计算机网络互联技术作为数字经济"新基建"的一项基础技术，显得越来越重要。

同时，随着云计算、虚拟化、5G、边缘计算等技术的出现，计算机网络也处于变革和转型之中。计算机网络从传统的中心化、固定接入、固定安全策略的模式，向去中心化、随时随地移动接入、自动安全策略的模式转变。以思科公司为代表的计算机网络企业也推出了面向未来的基于人工智能和机器学习的智能化网络——Intent-Based SDN（基于意图的软件定义网络）。这些变革对计算机网络互联技术的人才培养提出了新的要求。

CCNA 认证正体现了业界的变化。邓启润、钟文基老师的这部新作，思路清晰，内容组织得当。本书在参考 CCNA 认证考试大纲的基础上，通过项目任务驱动的方式，对计算机网络互联技术的知识点进行重构，由浅入深，循序渐进，不仅适合计算机网络互联技术的初学者使用，而且适合职业院校和应用型本科院校作为专业教材使用。特别值得称道的是，本书主编邓启润老师作为计算机网络技术专业、信息安全与管理专业带头人，长期致力于专业教学和人才培养，而且在用心教学的同时考取了 CCIE（思科认证互联网专家）证书和 HCIE（华为认证互联网专家）证书。邓启润老师把他对计算机网络互联行业发展的趋势和理解融入本书中。

我十分荣幸地向包括思科网络技术学院在内的师生和其他读者推荐这本书，并且期待本书以其独特视角为广大读者提供宝贵的价值。

思科系统（中国）网络技术有限公司

思科网络技术学院高级项目经理

2021 年 10 月

前言 FOREWORD

本书是在多年教学实践的基础上，按人们的普遍认知规律精心编排而成的。它以任务驱动的方式，先提出需求，再解决问题，由浅入深地引导读者一边实践一边思考，"在做中学，在学中做"。

一、循序渐进的内容编排方式

项目 1：认识计算机网络。本项目主要讲解计算机网络的要素及其发展史，并使用 Cisco Packet Tracer 搭建一个只有两个节点的网络系统，配好 IP 地址，从而让读者能在最开始的时候就体会到什么是网络通信。这种快速而直观的收获能为后续的学习带来更大的动力。

项目 2：拓展网络。本项目先是实现一个逻辑网络内部的数据通信，再拓展到不同逻辑网络之间的数据通信，从而使读者深入理解 IP 地址、子网掩码的概念，同时理解网关的作用。另外，本项目还会以从有线接入方式拓展到无线接入方式，进行 WLAN 的部署。

项目 3：接入互联网（Internet）。前两个项目关注的是企业内部网络的通信，而本项目关注的是企业内部网络和外部网络之间的通信。它解决的是内外网络之间的通信问题，这一问题的解决，基本上能让读者理解一般情况下人们访问互联网资源的过程。

项目 4：解析网络通信。本项目是本书的核心知识点之一，主要基于 OSI 网络参考模型解释计算机网络的数据通信过程。与其他教材不一样的是，本书是运用 OSI 网络参考模型去解释数据通信过程，而不只是讲解 OSI 网络参考模型各层的功能；同时通过参考模型讲解交换机、路由器的工作机制，以及传输层 TCP 和 UDP 的工作原理。

项目 5：排除网络故障。本项目主要讲解排除计算机网络故障的一般思路和经验总结，让读者通过两个故障排除任务和"思考与训练"部分的任务练习，灵活运用 OSI 网络参考模型的一般思路来排除网络故障，同时积累经验。

项目 6：提升网络可靠性。前面的任务实现了一个能通信的网络，这显然是不够的。本项目解决的是网络可靠通信的问题。本项目将使用 STP、链路聚合、HSRP、动态路由、DHCP 等技术减小网络故障带来的影响，从而提升网络通信的容错率和可靠性。

项目 7 和项目 8：提升二层网络及三层网络的安全性。可靠的数据传输需要网络安全提供保障。这两个项目通过分析常见的二层、三层安全威胁，使用 DHCP Snooping、端口安全、VLAN 攻击防护、ARP 检查、ACL、VPN 等技术，提升数据通信的安全性。

项目 9：管理网络。本项目关注网络管理的工具，以提升网络安全性和网络运维效率，主要涉及 NTP、SNMP、telnet、SSH、系统镜像升级、设备密码和镜像的灾难恢复等。

项目 10 和项目 11：构建 IPv6 网络和 SDN 网络虚拟化。这两个项目主要讲解计算机网络的新技术，包括 IPv6 的基础知识、IPv6 静态路由和动态路由，还涉及应用 6to4 隧道技术解决 IPv6 孤岛的问题。SDN 技术是本书的一个亮点，特别是通过 Mininet 完成 VxLAN 的实验，让读者掌握云数据中最常见的虚拟 VLAN 技术。

项目 12：给出思科、华为、H3C 命令集对照及案例。这是本书的另一个亮点。通过一个简单的数据通信案例，对比几家主流网络厂商不同的命令集，而不仅仅是通过一个表罗列一些常用的命令。本项目可以让读者意识到不管是哪家厂商的设备，实现数据通信的规范和思路都是一样的，都必须符合 OSI 网络参考模型，从而促使他们有信心去完成行业中其他网络厂商的设备所对应的项目。

二、因材施教，对应安排教学课时

本书适用于应用型本科院校、高职院校以及培训机构的计算机网络基础类课程，教师可以根据课时的长短和专业需要对内容进行取舍。

对于所有的学习对象，项目 1 到项目 5 属于网络基础部分，应为必学内容，同时建议学习项目 12，以便适应不同厂商的设备。建议对这 6 个项目安排 30 课时。对于计算机网络技术、网络安全等通信类专业，建议学完所有项目，以保证学生知识体系的系统性。建议项目 6 安排 10 课时，项目 7 和项目 8 一共安排 10 课时，项目 9 安排 5 课时，项目 10 和项目 11 各 10 课时。

要完成本书的学习，建议安排不少于 75 课时。对于不同的教学对象，可以对内容和课时做相应的调整。

三、技术支持及交流

考虑到在学习的过程中会遇到不同的问题，编者创建了一个 QQ 群，以便各位老师和学员与本书的编写人员直接讨论，解决教学过程中的实际问题。同时，各位老师和学员也可以通过这个渠道反馈教材本身的问题。QQ 群的号码为 797982799（入群密码与群号相同）。

四、分工及致谢

本书由邓启润、钟文基任主编，王玲、苏健渊任副主编。编写分工如下：邓启润编写项目 1、项目 2、项目 3、项目 4；钟文基负责项目 5 和项目 6 的编写，同时完成全书 Cisco Packet Tracer 文件的制作，实现了自动判分；王玲负责项目 7、项目 8、项目 9 的编写；苏健渊负责项目 10、项目 11、项目 12 的编写。

全书由邓启润统稿。编者在编写本书过程中还得到了熊露颖、颜靖、陆腾的帮助，在此对他们的支持表示衷心感谢。

由于编者水平有限，书中难免有不妥之处，欢迎专家和读者朋友们指正。请将意见或建议以电子邮件形式发送至 redhat70@163.com。

编者

2022 年 5 月于南宁

目录 CONTENTS

第一部分

项目1
认识计算机网络

01

作为学习的起点，我们将在本项目中弄清什么是计算机网络，它是怎样诞生并发展起来的。我们会尝试用模拟器搭建一个最简单的能通信的计算机网络模型。完成本项目的学习后，我们可以对计算机网络及其通信过程有一个相对直观的感受，同时提升后续学习的信心。

知识目标

- 理解什么是网络；
- 了解计算机网络的发展历史；
- 理解计算机网络常见的拓扑结构；
- 理解IP地址的概念及其作用。

技能目标

- 学会用Cisco Packet Tracer搭建简单的网络项目模型；
- 掌握为计算机配置IP地址的方法。

1. 计算机网络是什么

"网络"的英文叫"network"，表示关系网、人际网、相互关联（或配合）的系统。

"网络"一词在不同的领域表达的意思可能是不一样的。我们在生活中常用的有有线电视网络、电话网络、移动通信网络乃至人际关系网络。但在这里，我们主要探讨的是计算机之间的通信，也就是计算机网络。

什么是计算机网络？一个比较通用的定义是，计算机网络是利用通信线路将地理上分散的、具有独立功能的计算机系统和通信设备按不同形式连接起来，以功能完善的网络软件及协议实现资源共享和信息传递的系统。行业内普遍认为，一组相互独立但彼此连接的计算机集合就可以称为一个计算机网络。根据这个描述，我们可以了解到组建计算机网络是要实现如下两个目标：

① 独立又相互连接的计算机之间相互传递信息；

② 计算机之间的资源共享。

2. 计算机网络覆盖范围分类

计算机网络按覆盖的范围大小，可以分为如下3类。

① 局域网（Local Area Network, LAN）：它是针对较小地理区域内的用户和终端设备提供访

问的网络基础设施，通常是由个人或 IT 部门拥有并管理的企业、家庭网络。

② 广域网（Wide Area Network，WAN）：它是针对广泛地理区域内的其他网络提供访问的网络基础设施，通常由通信服务提供商拥有并管理。

③ 城域网（Metropolitan Area Network，MAN）：它是覆盖的物理区域大于局域网但小于广域网（例如一个城市）的网络基础设施，通常由单个实体（如大型组织）运营。

3. 局域网的拓扑

局域网的拓扑分为物理拓扑和逻辑拓扑两种，它们所表示的信息是不一样的。物理拓扑描述的是如何将设备用线缆物理地连接在一起，而逻辑拓扑描述的是设备之间如何通过物理拓扑进行通信。

物理拓扑定义了计算机终端系统的物理连接方式。在共享介质局域网上，终端设备可以使用以下物理拓扑结构互连。

① 星形拓扑结构：它是将终端设备连接到中心的网络设备。早期的星形拓扑结构使用以太网集线器互连终端设备。由于集线器的通信效率极低，所以现在的星形拓扑结构使用以太网交换机。星形拓扑结构安装简易、扩展性好（易于添加和删除终端设备），而且容易排除网络故障，如图 1.1 所示。

② 拓展星形拓扑结构：一台以太网交换机的接口是有限的，满足不了更多用户接入，需要将交换机互连，以拓展出更多接口，满足更多用户的接入需求。在拓展星形拓扑结构中，额外的以太网交换机与其他星形拓扑结构互连。拓展星形拓扑结构是一种混合拓扑结构，如图 1.1 所示。

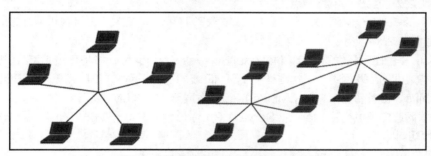

图 1.1　星形拓扑结构和拓展星形拓扑结构

③ 总线型拓扑结构：所有终端系统都相互连接，并在总线两端各自挂载一个 50 欧姆的电阻吸收电磁信号，如图 1.2 所示。终端设备互连时不需要基础设施设备（例如集线器、交换机）。因为总线型拓扑结构价格低廉、安装简易，所以传统的以太网中会使用采用同轴电缆的总线型拓扑结构。

④ 环形拓扑结构：终端系统与其各自的邻居相连，形成一个环形，如图 1.2 所示。与总线型拓扑结构不同，环形拓扑结构不需要端接。环形拓扑结构通常应用于传统的光纤分布式数据接口（Fiber Distributed Data Interface，FDDI）和令牌环（Token Ring）网络。

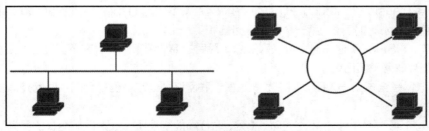

图 1.2　总线型拓扑结构和环形拓扑结构

任务1 初识计算机网络——Internet 简史

任务目标： 了解计算机网络的诞生及发展历史。

1. 国际互联网发展历史

1.1 初识计算机
网络

当今最大的广域网叫因特网（Internet），它的范围覆盖全球。我们平时所表达的"上网"，指的就是访问因特网。其发展历史可以追溯到 20 世纪 50 年代末期。

在 20 世纪 50 年代，通信研究者认识到需要允许在不同计算机用户和通信网络之间进行常规的通信。这促使了分散网络、排队论和分组交换的研究。

1969 年，美国国防部高级研究计划局（Advanced Research Projects Agency，ARPA）出于冷战考虑创建的 ARPANET 引领了技术进步，并使其成为互联网发展的中心。ARPANET 的发展始于两个网络节点，这两个节点分别是伦纳德·克莱因罗克带领的加利福尼亚大学洛杉矶分校的网络测量中心与斯坦福研究院（Stanford Research Institute，SRI）道格拉斯·恩格尔巴特研究的 NLS 系统。加入 ARPANET 的第三个节点是加利福尼亚大学圣塔芭芭拉分校，第四个节点是犹他大学。到 1971 年底，已经有 15 个节点连接到 ARPANET。

1973 年 6 月，挪威地震数组所（Norwegian Seismic Array，NORSAR）连接到 ARPANET，成为美国本土之外的第一个网络节点。

1974 年，罗伯特·卡恩和文顿·瑟夫正式发表了 TCP/IP，定义了在计算机网络之间传送报文的方法。（他们在 2004 年也因此获得图灵奖）

1986 年，美国国家科学基金会（National Science Foundation，NSF）创建了超级计算机中心与学术机构之间的互联网络，这就是基于 TCP/IP 技术的骨干网络 NSFNET。NSFNET 的速度最初为 56kbit/s，接着变为 T1（1.5Mbit/s），最后发展至 T3（45Mbit/s）。

商业互联网服务提供商（Internet Service Provider，ISP）出现于 20 世纪 80 年代末到 20 世纪 90 年代初。

1990 年，ARPANET 退役。

20 世纪 80 年代中后期，互联网在欧洲和澳大利亚迅速扩张，并于 20 世纪 80 年代后期和 20 世纪 90 年代初期扩展至亚洲。

1989 年，MCI Mail 和 CompuServe 与互联网创建了连接，并且向 50 万名用户提供了电子邮件服务。

1990 年 3 月，康奈尔大学和欧洲核子研究中心之间架设了 NSFNET 和欧洲之间的第一条高速 T1（1.5Mbit/s）连接。6 个月后，蒂姆·伯纳斯–李开发了第一个网页浏览器。

到 1990 年圣诞节，蒂姆·伯纳斯–李创建了运行万维网所需的所有工具：超文本传输协议（Hyper Text Transfer Protocol，HTTP）、超文本标记语言（Hyper Text Markup Language，HTML）、第一个网页浏览器、第一个网页服务器和第一个网站。

1995 年，NSFNET 退役时，互联网解除了最后的商业流量限制，在美国完全商业化。

2. 我国互联网发展历史

我国互联网是全球第一大网，用户数量最多，联网区域最广。但是我国互联网整体发展时间比较短。

北京时间 1986 年 8 月 25 日 11 时 11 分，时任高能物理所 ALEPH 组组长的吴为民从北京发给 ALEPH 组的领导——位于瑞士日内瓦西欧核子中心的诺贝尔奖获得者斯坦伯格的电子邮件成为我国第一封国际电子邮件。

1989 年 8 月，中国科学院负责建设"中关村教育与科研示范网络"（NCFC）。

1994 年 4 月，NCFC 与美国 NSFNET 直接互联，实现了我国与 Internet 全功能网络连接，标志着我国最早的国际互联网络的诞生。

1994 年，我国第一个全国性 TCP/IP 互联网——CERNET 示范网工程建成。

1998 年，CERNET 研究者在我国首次搭建 IPv6 试验床。

2000 年，我国三大门户网站搜狐、新浪、网易在美国纳斯达克挂牌上市。

2001 年，下一代互联网地区试验网在北京建成验收。

2003 年，下一代互联网示范工程 CNGI 项目开始实施。

截至 2021 年 6 月，我国网民规模达 10.11 亿，其中手机网民规模达 10.07 亿，我国网民使用手机上网的比例达 99.6%；农村网民规模为 2.97 亿，约占整体网民的 29.4%；网络购物用户规模达 8.12 亿，网络支付用户规模达 8.72 亿。

3. 网络空间主权

互联网创造了人类生活新空间，自然也拓展了国家治理新领域。随着信息技术的日新月异，互联网对国际政治、经济、文化、社会、军事等领域的发展产生了深刻影响。信息化和经济全球化相互促进，互联网成为创新驱动发展的先导力量，融入社会生活的方方面面，深刻改变了人们的生产和生活方式，有力推动着社会发展。互联网真正让世界变成了地球村，让国际社会成为你中有我、我中有你的命运共同体。继陆、海、空、天之后，网络空间成为人类生产生活的第五疆域。

2015 年 7 月 1 日，第十二届全国人民代表大会常务委员会第十五次会议通过了新的国家安全法。新的国家安全法表明要建设网络与信息安全保障体系，并加强网络管理，防范、制止和依法惩治网络攻击、网络入侵、网络窃密、散布违法有害信息等网络违法犯罪行为，维护国家网络空间主权、安全和发展利益，首次明确了"网络空间主权"的概念。

网络空间主权是指一个国家在建设、运营、维护和使用网络，以及在网络安全的监督管理方面所拥有的自主决定权。网络空间主权是国家主权在网络空间中的自然延伸和表现，是国家主权的重要组成部分。作为国家主权的延伸和表现，网络空间主权集中体现了国家在网络空间可以独立自主地处理内外事务，享有网络空间的管辖权、独立权、自卫权和平等权等权利。

4. 网络安全法

随着互联网的快速发展，各种网络安全问题也接踵而至：网络入侵、网络攻击等非法活动威胁信息安全；非法获取公民信息，侵犯知识产权，损害公民合法利益；宣扬恐怖主义、极端主义，严重危害国家安全和社会公共利益。

2016 年 11 月 7 日通过的《中华人民共和国网络安全法》为保障网络安全，维护网络空间主权和国家安全、社会公共利益，保护公民、法人和其他组织的合法权益，促进经济社会信息化健康发展提供了法治保障。

《中华人民共和国网络安全法》的实施有效促进了我国互联网的健康发展。这有效遏制了出售个人信息、网络诈骗等行为；以法律形式明确"网络实名制"，保护关键信息基础设施，惩治攻击、侵入、干扰或破坏我国关键信息基础设施的境外组织和个人；当发生重大突发事件时，可采取"网络通信管制"。

课堂练习： 对于如何遵守《中华人民共和国网络安全法》，谈一下自己的想法。

> **素养拓展** 网络空间同现实社会一样，既要提倡自由，也要保持秩序。大学生应当在网络生活中培养自律品质，在缺少外在监督的网络空间里，做到"不逾矩"，促进网络生活的健康与和谐。

任务2 搭建简单的网络拓扑——只有两个节点的计算机网络

任务目标：用 Cisco Packet Tracer 搭建一个只有两个节点的计算机网络。

下面我们用思科公司的模拟器 Cisco Packet Tracer（version 7.3.x）搭建一个最简单的计算机网络——只有两个节点的计算机网络。

步骤 1：到思科网络技术学院的官网下载 Cisco Packet Tracer 最新的版本，并安装。

步骤 2：运行 Cisco Packet Tracer，按要求输入思科网络技术学院的账号和密码后，进入工作界面，如图 1.3 所示。

1.2 搭建简单的网络拓扑

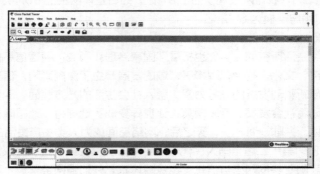

图 1.3　Cisco Packet Tracer 工作界面

思科网络技术学院的账号可以由上课的老师创建。如果没有账号，可以在登录界面单击"Guest Login"按钮，以访客身份登录，如图 1.4 所示。

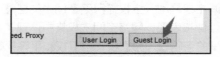

图 1.4　登录选项

步骤 3：在工作界面的左下角选择"End Device"（终端设备），然后从出现的设备中选择"PC"（个人计算机），在工作区适当的位置进行单击操作，添加第一台 PC（简称 PC0），如图 1.5 所示。

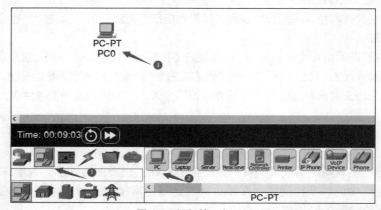

图 1.5　添加第一台 PC

步骤 4：用同样的方法添加第二台 PC（简称 PC1），如图 1.6 所示。

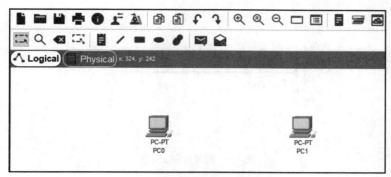

图 1.6　添加第二台 PC

步骤 5：选择介质"Copper Cross-Over"（交叉双绞线），如图 1.7 所示。

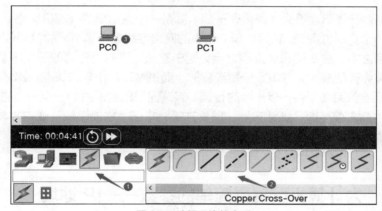

图 1.7　选择互连的介质

步骤 6：用交叉双绞线把两台 PC 连在一起。

单击 PC0，在弹出的菜单中选择"FastEthernet0"（快速以太网 0 号端口），如图 1.8 所示。

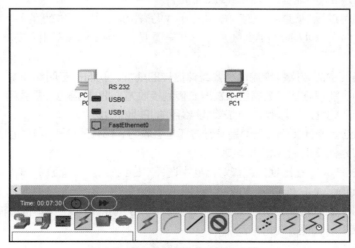

图 1.8　将双绞线接入快速以太网端口

再单击 PC1，并在弹出的菜单中选择"FastEthernet0"，实现两台 PC 通过双绞线互连，如图 1.9 所示。

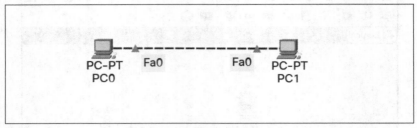

图 1.9　将两台 PC 互连

以上就是最简单的计算机网络拓扑结构——两台计算机通过交叉双绞线互连。

课堂练习：用 Cisco Packet Tracer 模拟器搭建一个最简单的计算机网络拓扑结构。

素养拓展　两台计算机通过介质连接在一起，就是一个最简单的计算机网络。互联网则是一个全球性网络，它是由很多个小的网络互联在一起组成的。《老子》记载："合抱之木，生于毫末；九层之台，起于累土；千里之行，始于足下。"互联网能有今天的规模，并不是一蹴而就的，而是经过几十年的长期积累才产生。漫长征途的完成需要一步一步的行走，崇高理想的实现需要一点一滴的奋斗。大学生要志存高远、脚踏实地、埋头苦干，牢记"空谈误国，实干兴邦"，用勤劳的双手成就属于自己的精彩人生。

任务 3　为计算机配置最简单的参数——IP 地址

任务目标：掌握 Cisco Packet Tracer 中计算机 IP 地址的配置方法（在本项目任务 1 的计算机网络中，为两台计算机配置 IP 地址：PC0 的 IP 地址为 192.168.0.1，PC1 的 IP 地址为 192.168.0.2）。

1.3　为计算机配置最简单的参数——IP 地址

计算机网络通信过程中的数据包传输，类似于我们寄快递。我们寄快递的时候，是一定要填发件人地址和收件人地址的——非常重要，否则快递员不知道要把快递送到哪里。

计算机网络通信中的数据包传输也需要类似这样的地址，我们把它叫作 IP 地址。类似地，为了能很好地把数据包从发送方传到接收方，IP 数据包上需要两个 IP 地址：发送方的 IP 地址（源 IP 地址）和接收方的 IP 地址（目的 IP 地址）。

也就是说，网络上的计算机，无论是发送方还是接收方，都必须有一个 IP 地址才可以参与网络通信。那么，如何为计算机配置 IP 地址呢？

步骤 1：单击 PC0，在出现的配置对话框中选择"Desktop"（桌面）选项卡，在选项卡中选择"IP Configuration"（IP 配置），如图 1.10 所示。

步骤 2：在"IP Configuration"界面的"IP Address"（IP 地址）文本框中输入我们规划好的 IP 地址 192.168.0.1，如图 1.11 所示。

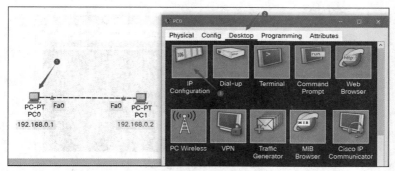

图 1.10　打开配置对话框

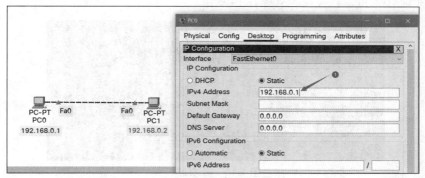

图 1.11　输入规划好的 IP 地址

> **注意**　配置完 IP 地址以后，下面的"Subnet Mask"（子网掩码）会自动生成，这里先不去关注，下一个项目会进行关于子网掩码的学习。

关闭对话框。

步骤 3：用同样的方法为 PC1 配置 IP 地址（192.168.0.2）。

步骤 4：通信测试。

依次按图 1.12 所示的箭头序号进行单击操作，启动"Command Prompt"（命令提示符）工具，进入 CLI 界面。

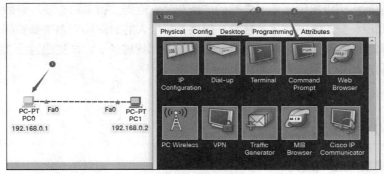

图 1.12　进入 CLI 界面

在 CLI 界面中输入测试命令"ping 192.168.0.2"，如图 1.13 所示。

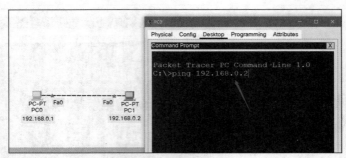

图 1.13　执行 Ping 命令

按 Enter 键执行测试命令，结果如图 1.14 所示。

```
C:\>ping 192.168.0.2

Pinging 192.168.0.2 with 32 bytes of data:

Reply from 192.168.0.2: bytes=32 time=1ms TTL=128
Reply from 192.168.0.2: bytes=32 time<1ms TTL=128
Reply from 192.168.0.2: bytes=32 time<1ms TTL=128
Reply from 192.168.0.2: bytes=32 time<1ms TTL=128

Ping statistics for 192.168.0.2:
    Packets: Sent = 4, Received = 4, Lost = 0 (0% loss),
Approximate round trip times in milli-seconds:
    Minimum = 0ms, Maximum = 1ms, Average = 0ms
```

图 1.14　测试结果

如果看到"Reply from 192.168.0.2：bytes=32 time=1ms TTL=128"，则说明 PC0 成功发送了一个数据包给 192.168.0.2（PC1），并且收到了 PC1 的应答（Reply），从而说明 PC0 和 PC1 能正常通信。

IP 地址用于标识互联网中不同的主机，并在数据通信中表达数据从哪里发出来，要发送到网络的哪个位置。这类似于人的家庭地址。如果你要写信给一个人，就要知道他（她）的地址，这样邮递员才能把信送到。

课堂练习：在任务 1 的基础上，配置两台计算机的 IP 地址，让两台计算机能相互通信。

素养拓展　计算机获得合法的 IP 地址后，就可以开始参与网络通信，这为人类打开了一扇通往世界的大门。从本质上说，网络生活是我们真实生活的扩展。大学生通过网络可以接触到前所未有的广阔空间，能更加有效和广泛地获取信息、学习知识、交流情感和了解社会。但是，每个人的时间和精力都是有限的，在网上消耗的时间越多，在其他方面投入的时间就越少。大学生应当合理安排上网时间，约束上网行为，避免沉迷于网络。

小结与拓展

1. 构成计算机网络的要素

计算机网络应该包含以下 3 个要素：

① 两台或者两台以上的计算机；

② 通过某种介质互连；

③ （遵守共同的协议）实现数据通信和资源共享。

2. 常用的传输介质

网络数据除了可以通过双绞线传输，还可以通过光纤、无线传输介质等介质传输。

（1）双绞线

双绞线（Twisted Pair，TP）是综合布线工程中常用的传输介质。双绞线分为屏蔽双绞线（Shielded Twisted Pair，STP）和非屏蔽双绞线（Unshielded Twisted Pair，UTP）两类。计算机网络互联使用的是非屏蔽双绞线。它由 8 根具有绝缘保护层的 22～26 号铜导线组成，分为 4 组，每 2 根一组，按一定密度互相绞在一起。"双绞线"的名字也由此而来。每一根导线在传输过程中辐射出来的电波会被另一根线上发出的电波抵消，有效降低了信号干扰的程度。

电气电子工程师协会（Institute of Electrical and Electronics Engineers，IEEE）定义了铜缆的电气特性。IEEE 按照性能对 UTP 布线进行了分类。电缆分类的依据是它们承载更高速率带宽的能力。例如 5 类电缆通常用于 100BASE-TX 快速以太网安装。其他类别包括增强型 5 类电缆、6 类电缆和 6a 类电缆。

为了支持更高的数据传输速率，人们设计和构造了更高类别的电缆。随着新的千兆位以太网技术的开发和运用，如今已经很少采用 5e 类电缆，新建筑推荐使用 6 类电缆。

3 类电缆最初用于语音线路的语音通信，后来用于数据传输。5 类和 5e 类电缆用于数据传输。5 类电缆支持 100Mbit/s，5e 类电缆支持 1000Mbit/s。6 类电缆在每对线之间增加了一个分隔器以支持更高的速率，支持的速率高达 10Gbit/s。7 类电缆也支持 10Gbit/s。8 类电缆支持 40Gbit/s。

一些制造商制造的电缆超出了 TIA/EIA 6a 类电缆的规格，被称为 7 类电缆。UTP 电缆的端头通常为 RJ45 连接器，如图 1.15 所示。

双绞线根据线序的不同，分为交叉线和直通线两类。一般情况下，同种设备之间的连接用交叉线（双绞线一头的线序为 EIA/TIA-568A，另外一头的线序为 EIA/TIA-568B），不同种设备之间的连接用直通线（双绞线两头的线序均为 EIA/TIA-568B）。

图 1.15　RJ45 连接器示意图

EIA/TIA-568A 和 EIA/TIA-568B 标准的线序见表 1.1。

表 1.1　EIA/TIA-568A 和 EIA/TIA-568B 标准的线序

标准	序号对应的颜色							
	1	2	3	4	5	6	7	8
568A	绿白	绿	橙白	蓝	蓝白	橙	棕白	棕
568B	橙白	橙	绿白	蓝	蓝白	绿	棕白	棕

注意 有一个情况比较特殊，就是计算机和路由器之间用交叉线连接。

（2）光纤

与其他传输介质相比，光纤能够以更远的距离和更高的带宽传输数据。不同于铜缆，光纤在传输过程中信号的衰减更少，并且完全不受电磁干扰或射频干扰的影响。光纤常用于网络设备之间的互连。

光纤是一种由非常纯的玻璃制成的极细的透明弹性线束，和人的头发差不多细。通过光纤传输时，位会被编码成光脉冲。光纤可以用作波导管或"光导管"，以最少的信号丢失来传输两端之间的光。

可以想象有一个空纸巾卷筒，其内部像是由镜子覆盖，长为1000m，并且有一个小激光棒用于以光速发出摩尔斯电码信号。以实质上说，这就是光纤运行的方式。只不过光纤的直径更小，并且使用了复杂的光技术。

光纤通常分为两种类型：单模光纤（Single Mode Fiber，SMF）和多模光纤（Multimode Mode Fiber，MMF）。

单模光纤包含一个极小的芯，使用昂贵的激光技术来发送单束光，如图1.16所示。单模光纤在跨越数百千米的长距离传输情况下很受欢迎，例如应用于长途电话和有线电视。

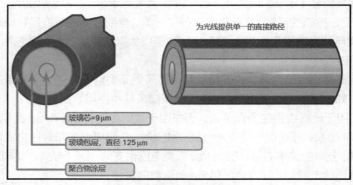

图 1.16　单模光纤示意图

多模光纤包含一个稍大的芯，使用LED发射器发送光脉冲，如图1.17所示。具体而言，LED发出的光从不同角度进入多模光纤。多模光纤普遍用于局域网中，因为它们可以由低成本的LED提供支持。它可以通过长达550m的链路提供高达10Gbit/s的带宽。

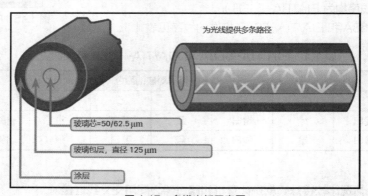

图 1.17　多模光纤示意图

（3）无线传输介质

无线传输介质使用无线电或微波频率来承载代表数据通信二进制数字的电磁信号。无线传输介质具有所有传输介质中最好的移动特性，使用无线传输介质的设备在不断增多。无线连接已经成为用户连接到家庭网络和企业网络的主要方式。

以下是无线网络的一些局限性。

① 覆盖面积：无线数据通信技术非常适合开放环境，但是，楼宇和建筑物中使用的某些建筑材料以及当地地形将会限制无线网络的有效覆盖范围。

② 干扰：无线电易受干扰，可能会受到家庭无绳电话、某些类型的荧光灯、微波炉和其他无线通信装置等常见设备的干扰。

③ 安全性：无线通信覆盖无须进行介质的物理接线，未获得网络访问授权的设备和用户可以访问传输，因此网络安全是无线网络管理的一大挑战。

④ 共享介质：WLAN（Wireless Local Area Network，无线局域网）以半双工模式运行，意味着一台设备一次只能发送或接收信息。无线介质由所有无线用户共享，许多用户同时访问 WLAN 会导致每个用户的带宽减少。

无线数据通信的 IEEE 和电信行业标准包括数据链路层和物理层。常见的标准包括以下几种。

① Wi-Fi（IEEE 802.11）：WLAN 技术，通常称为 Wi-Fi。WLAN 使用一种称为"载波侦听多路访问/冲突避免（CSMA/CA）"的争用协议。无线 NIC（Network Interface Card，网络接口卡）在传输数据之前必须侦听，以确定无线信道是否空闲。如果其他无线设备正在传输，则 NIC 必须等待信道空闲。Wi-Fi 是 Wi-Fi 联盟的标记。Wi-Fi 与基于 IEEE 802.11 标准的认证 WLAN 设备结合使用。

② 蓝牙（IEEE 802.15）：这是一个无线个人局域网（Wrieless Personal Area Network，WPAN）标准，通常称为"蓝牙"。它通过设备配对进行通信，距离为 1～100m。

③ WiMAX（IEEE 802:16）：WiMAX 通常称为全球微波接入互通，这个无线标准采用点到多点拓扑结构，提供无线带宽接入。

④ Zigbee（IEEE 802.15.4）：Zigbee 是一种用于低数据速率、低功耗通信的标准。它适用于短距离、低数据速率和长电池寿命的应用。Zigbee 通常用于工业和物联网（Internet of Things，IoT）环境，如无线照明开关和医疗设备数据采集。

3. 非屏蔽双绞线解决电磁干扰或射频干扰影响方法

UTP 电缆并不使用屏蔽层来减小电磁干扰或射频干扰的影响。相反，电缆设计者通过以下方式来减小干扰的负面影响。

（1）抵消

电缆设计者现在对电路中的电线进行配对。当电路中的两根电线紧密排列时，彼此的磁场正好相反。因此，这两个磁场相互抵消，也抵消了所有的外部 EMI（Electromagnetic Interference，电磁干扰）和 RFI（Radio Freqency Interference，射频干扰）干扰信号。

（2）变化每个线对中的扭绞次数

为了进一步增强配对电线的抵消效果，设计者会变化电缆中每个线对的扭绞次数。非屏蔽双绞线电缆必须遵守精确的规定来管理每米电缆所允许的扭绞次数或编织数。请注意，橙色/橙白色线对比蓝色/蓝白色线对的扭绞次数少。每个彩色线对扭绞的次数不同。

4. IP 地址

IP 地址是主机在网络中的一个标识。

根据协议版本，IP 地址可以分为 IPv4 地址和 IPv6 地址。这里讨论的是 IPv4 地址。IPv4 地址由 32 位二进制数组成。一般我们用 3 个点号将 32 位二进制数分成 4 段，并将这 4 段数字分别转换成十进制数来表达，以提高可读性，如图 1.18 所示。

IP 地址由网络位部分和主机位部分组成。网络位部分是该 IP 地址所在的网络的编号，主机位部分是拥有该 IP 地址的主机在网络里边的编号。我们可以把互联网类比成一个城市或者更大的区域，那么一个小网络可以类比成一条街，网络位部分就是这条街的编号，而主机位部分就是这条街上每个单位的门牌号。这就像快递员根据地址上的街道名称找到接收方所在的街道，再通过门牌号在这条街上找到接收方的具体位置。网络设备就是通过识别 IP 地址的网络位部分找到目标网络，然后通过主机位部分在这个网络内找到目标主机。

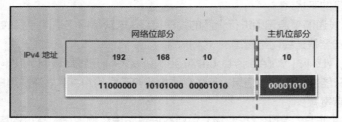

图 1.18　IPv4 地址的十进制和二进制表达方式

互联网中的每个网络的网络号必须是唯一的，同一网络中的主机号也必须是唯一的，不能重复，否则会导致冲突，进而影响数据通信。

5．二进制数转换为十进制数

我们最熟悉的是十进制数。但是在计算机内部为了方便表示，我们使用二进制数。十进制数在运算的过程中逢十进一，二进制数在运算的过程中逢二进一。

二进制数和十进制数之间转换的方法有很多，这里只介绍计算效率较高的方法。图 1.19 所示为二进制数转换为十进制数的例子。

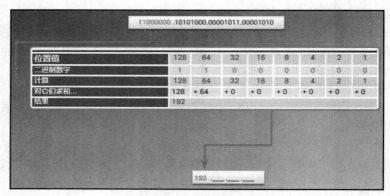

图 1.19　点分十进制计算方法

首先写出 8 个二进制位对应的值（图中表的第一行，从右边写起，翻倍增加），然后把 IP 地址中的二进制位一一对应上去，最后把标记为 1 的二进制位（这里是最左边两个位）对应的值（这里是 128 和 64）相加，就得到该二进制数对应的十进制数。

6．十进制数转换为二进制数

十进制数转换为二进制数比较简单的方法叫凑数法。把十进制数 192 转换为二进制数的方法如图 1.20 所示。

图 1.20　将十进制数转换为二进制数

首先写出 8 个二进制位对应的值（图中表的第一行，从右边写起，翻倍增加），然后用这 8 个数凑够 192（用到的数标记 1，没用到的数标记 0）。

192=128+64。这里为了凑够 192，用到 128 和 64 这两个数，所以在这两个数下标记 1，其他没有用到的数标记 0。最后得到二进制数 11000000。

7．IPv4 地址的分类

IPv4 地址分为 A、B、C、D、E 5 类。通过某 IPv4 地址的第一个字节可以识别此 IPv4 地址属于哪一类。

A 类地址：第一个字节是 0～127 内的 IP 地址，其范围为 0.0.0.0/8～127.0.0.0/8，其中 0.0.0.0 和 127.0.0.0 保留，不能进行分配。

B 类地址：第一个字节是 128～191 内的 IP 地址，其范围为 128.0.0.0/16～191.255.0.0/16。
C 类地址：第一个字节是 192～223 内的 IP 地址，其范围为 192.0.0.0/24～223.255.255.0/24。
D 类地址：第一个字节是 224～239 内的 IP 地址。
E 类地址：第一个字节是 240～255 内的 IP 地址。

能在 Internet 上使用的只有 A、B、C 3 类。D 类作为组播地址，E 类保留用于实验。

8．什么是组播地址？除了组播以外还有哪些类型的地址？

与网络成功连接的主机可通过单播、广播、组播 3 种方式中的任意一种与其他设备通信，IP 数据包中封装的目的地址分别是单播地址、广播地址、组播地址。

单播：从一台主机向另一台主机发送数据包的过程。当一个 IP 数据包要发给某一台确定的主机时，这种类型的数据包就被称为单播包。这种类型数据包的目的 IP 地址就是那台特定的主机的 IP 地址，这种类型的地址就是单播地址。

广播：从一台主机向该网络中的所有主机发送数据包的过程。当一个 IP 数据包不知道要发给谁时，即发送的目的主机无法确定，网络就把这个数据包复制 N 份，发给网络中的每台主机，这种类型的数据包就被称为广播包。这种类型数据包的目的 IP 地址为该网络中最大的 IP 地址，这种类型的地址就是广播地址。（想象一下，如果你要发一个快递，可是你只知道收件人跟你住同一条街，并不知道具体的门牌号，所以你寄快递的时候在包裹上就写到街道，门牌号写"0"。快递员到了街上，把包裹复制成 N 份，给整条街每家每户发一份，这就叫广播。当然这只是个类比，实际上包裹无法复制，但计算机网络中的数据包是可以任意复制的）

组播：从一台主机向选定的一组主机（可能在不同网络中）发送数据包的过程。有时候我们并不是把数据发给某台特定的主机，也不是发给某个网络中所有的主机，而是发给一些主机组建成的某个组。这种类型的数据包称为组播包。这种类型数据包的目的 IP 地址为接收数据的组播组的 IP 地址，这种类型的地址就是组播地址。

9．公有 IP 地址和私有 IP 地址

公有 IPv4 地址应用于互联网，必须全球唯一，是能在 ISP 路由器之间全面路由的地址，需要申请购买。

私有 IPv4 地址一般应用于组织机构局域网内部。20 世纪 90 年代中期，IPv4 地址空间耗尽。于是从 A、B、C 3 类地址中划出了 3 个网段的专有地址，作为私有 IPv4 地址使用。这在一定程度上解决了公有地址用尽带来的问题。私有 IPv4 地址并不是全球唯一的，任何组织的内部网络都可以免费使用。

具体来说，私有地址块如下。
A 类：10.0.0.0 /8 或 10.0.0.0～10.255.255.255。
B 类：172.16.0.0/12 或 172.16.0.0～172.31.255.255。

C 类：192.168.0.0/16 或 192.168.0.0～192.168.255.255。

> **注意** 这些地址块中的地址不能用于互联网，因为标记私有地址的 IP 数据包会被互联网路由器过滤（丢弃）。

10. Ping 命令

古典名著《三侠五义》中有一个词叫"投石问路"，原指夜间潜入某处前，先投以石子，看看有无反应，借以探测情况，后用来比喻进行试探。

Ping 命令的实现过程类似于"投石问路"。该命令会产生一组数据包，发给目标主机，看是否有回应。如果有回应，就说明从发送方到目标主机的整条传输链路是畅通的，而且目标主机存活并给予了应答。通常 Ping 命令用于测试目标主机是否存活，或测试从发送方到目标主机的传输链路是否畅通。

11. Ping 命令测试信息分析

本项目中测试得到的结果对应的主要信息注释见表 1.2。

表 1.2　Ping 命令结果主要信息注释

序号	反馈信息	注释
1	Pinging 192.168.0.2 with 32 byte of data:	用 32 字节的数据来 ping192.168.0.2
2	Reply from 192.168.0.2：bytes=32 time=1ms TTL=128	从 192.168.0.2 主机发来一个应答包：大小为 32 字节，数据往返耗时 1ms，数据包的生命周期为 128
3	Packets：sent=4，received=4，Lost=0（0% loss）	发送了 4 个包，接收到 4 个应答包，丢失 0 个包，丢失率 0%

思考与训练

1. 简答题

（1）Internet 的前身是什么？

（2）描述将你的计算机的 IP 地址转换成二进制的方式。

（3）你的计算机所使用的 IP 地址是 A、B、C、D、E 中的哪一类？

（4）你的计算机所使用的 IP 地址是私有地址还是公有地址？

（5）查看坐在你旁边的同学所使用计算机的 IP 地址，并用 Ping 命令测试你的计算机和他的计算机是否可以正常通信。

（6）EIA/TIA-568A 和 EIA/TIA-568B 标准的线序是怎样的？交叉双绞线和直通双绞线有什么区别？它们分别用在什么场景？

（7）单模光纤和多模光纤有什么区别？

（8）哪些无线标准用于个人局域网，并允许设备在 1～100m 的距离内进行通信？

2. 实验题

你的手机通过 Wi-Fi 上网时是否需要 IP 地址？如果需要，请检查一下你手机的 IP 地址是多少。

项目2
拓展网络

02

一个实用的计算机网络肯定不只有两台主机，本项目将计算机网络中的计算机数量由两台拓展到很多台，并解决由此引发的各种问题。完成本项目的学习后，就会明白大量的计算机能通过什么网络设备互联，如何确定这些计算机属于相同的网络还是不同的网络，如何实现处于不同网络的计算机之间的相互通信，以及如何用WLAN技术拓展网络。

✍ 知识目标

- 理解交换机和路由器在网络中的作用；
- 理解子网掩码的意义和作用；
- 理解网关的意义和作用；
- 理解交换机和路由器的基本工作原理；
- 理解VLAN的概念和基础知识；
- 理解无线网络的概念和基础知识。

✍ 技能目标

- 掌握基于命令行的交换机和路由器配置方法；
- 掌握一台主机所在网络的网络地址、广播地址和可用的主机地址范围的计算方法；
- 掌握不同逻辑网络间通信的方式；
- 部署WLAN，实现移动用户接入网络。

项目1的任务1中的计算机网络只有两台主机，显然没有太大价值。我们用一根交叉双绞线将两台计算机连接在一起，在这个最简单的网络中，只有两台主机之间能相互访问。

但是我们的办公室一般是好几个人甚至几十个人一起办公的，如何把这几十个人的计算机连接在一起呢？一般人会直观地想到如图2.1所示的全互联型拓扑结构。

这样的拓扑结构非常复杂，而且成本很高。因为要实现这种联网方式，每台计算机需要装好多块网卡，才有足够的接口连接到其他计算机。而且，全世界有几亿台计算机，显然无法通过这样的方式实现互联。

项目1中介绍的星形拓扑结构或者拓展星形拓扑结构可以很好地解决这个问题。

拓扑结构中间有一台网络设备，它有很多接口，用于将旁边几台计算机连接起来。中间那台设备负责终端设备之间的数据转发，叫作网络中间设备，旁边的计算机叫作网络终端设备。

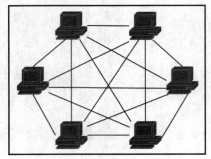

图 2.1　全互联型拓扑结构

　　局域网中负责数据转发的中间设备曾经有以下三种：集线器、网桥和交换机。集线器的每个接口就是一个冲突域。在同一时刻，网络中只允许一台主机发送数据，它采用泛洪的方式进行数据转发，速度慢，效率低。后来开发了网桥，很好地隔离了冲突域，构建了 MAC 地址表作为数据转发的依据。但是最初的网桥只有两个接口，限制了网桥的应用环境。

　　之后 Kalpana 公司（1994 年被思科公司收购）发布了第一台以太网交换机，实际上就是把多个网桥集成到一起，产生一个提供多个端口的网桥。现在还习惯把交换机提供互联的方式称为"桥接"；在一些英文资料中，将以太网交换机称为"Bridge"（桥）依然比较普遍。

　　目前局域网中最常用的中间设备是以太网交换机。下面我们基于 Cisco Packet Tracer 使用以太网交换机实现多台计算机的互联。

任务 1　构建小型局域网络——交换机

任务目标： 使用以太网交换机实现多台计算机的互联。

　　步骤 1：在 Cisco Packet Tracer 工作区中添加一台 2960 交换机（Switch）、4 台笔记本计算机（Laptop），如图 2.2 所示。

　　步骤 2：用直通双绞线（Copper Straight-Through）将笔记本计算机连接到交换机，如图 2.3 所示。

2.1　构建小型局域网络——交换机

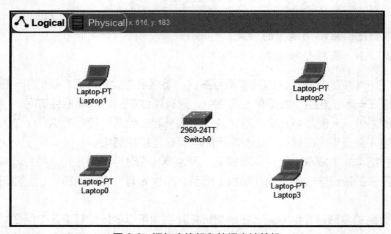

图 2.2　添加交换机和笔记本计算机

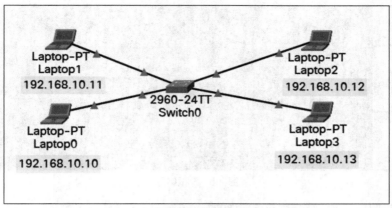

图 2.3　将笔记本计算机连接到交换机

步骤 3：为 4 台笔记本计算机配置 IP 地址（子网掩码使用默认值），具体 IP 地址见表 2.1。

表 2.1　IP 地址分配表

主机名	IP 地址
Laptop0	192.168.10.10
Laptop1	192.168.10.11
Laptop2	192.168.10.12
Laptop3	192.168.10.13

配置 Laptop0 主机的 IP 地址，如图 2.4 所示。

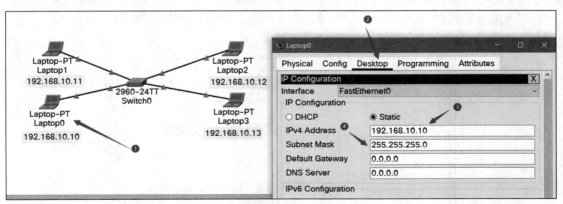

图 2.4　配置 Laptop0 的 IP 地址

用同样的方法配置其他 3 台主机的 IP 地址。

步骤 4：进行测试。

从 Laptop0 主机 ping Laptop1，结果如图 2.5 所示。

```
C:\>ping 192.168.10.11

Pinging 192.168.10.11 with 32 bytes of data:

Reply from 192.168.10.11: bytes=32 time<1ms TTL=128
Reply from 192.168.10.11: bytes=32 time<1ms TTL=128
Reply from 192.168.10.11: bytes=32 time<1ms TTL=128
Reply from 192.168.10.11: bytes=32 time<1ms TTL=128

Ping statistics for 192.168.10.11:
    Packets: Sent = 4, Received = 4, Lost = 0 (0% loss),
Approximate round trip times in milli-seconds:
    Minimum = 0ms, Maximum = 0ms, Average = 0ms
```

图 2.5　测试结果

从其他主机相互 ping，结果也应该是通的。

课堂练习：参照本任务，用交换机连接 4 台计算机，配置计算机的 IP 地址，子网掩码用默认值，实现不同计算机之间的相互通信。

素养拓展　小型局域网络的部署为团队协作创造了更好的条件。团队精神已经成为职业发展中最重要的软技能之一。我们在学习和工作中培养正确的集体观念显得尤为重要。我们如果身为团队成员，则不仅要有个人能力，在不同的位置上各尽所能，而且要发挥团队精神，与其他成员协调合作。这样才能实现团队工作效率最大化。

任务 2　确定计算机所在的网络——子网掩码

2.2　确定计算机所在的网络——子网掩码

任务目标：理解子网掩码并掌握计算一台主机所在网络的网络地址、广播地址和可用的主机地址范围的方法。

在配置 IP 地址的时候，单击子网掩码文本框，子网掩码就会自动出现。

子网掩码重要吗？我们在 Windows 系统做一个测试：删除网卡的子网掩码参数，然后保存修改，弹出的提示信息如图 2.6 所示。

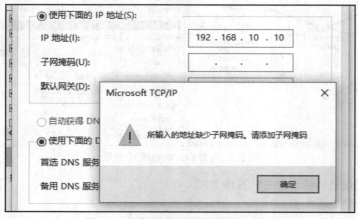

图 2.6　删除子网掩码后弹出的提示信息

出现的警告信息要求必须"添加子网掩码",否则无法设置 IP 地址。显然,对 IP 地址而言,子网掩码是必需的。

子网掩码到底是什么?有什么用?为何如此重要?

1. 子网掩码及其作用

子网掩码和 IP 地址本身的表示方法一样,也采用点分十进制 4 组表示法。它是一种用来指明一个 IP 地址的哪些位标识的是主机所在的网络地址,以及哪些位标识的是主机地址的位掩码。

子网掩码用于标识 IPv4 地址的网络位部分和主机位部分,本质上是一个 1 位序列后接 0 位序列的序列。

我们从以上信息可以归纳出子网掩码具有以下两个特点。

① 子网掩码跟 IP 地址一样,也由 32 位的二进制数组成,但是 1 和 0 必须是连续的,不能是交叉的,如图 2.7 所示。

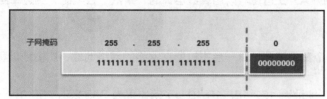

图 2.7　子网掩码的十进制和二进制表示方法

子网掩码还有另外一种常用的便捷的表达方式,那就是用二进制的子网掩码中"1"的个数来表示。图 2.7 所示的子网掩码 255.255.255.0 的二进制表达有 24 个"1",则该子网掩码可以表示成"/24"。我们用得最多的其实就是这种方式。

② 子网掩码跟 IP 地址一起使用,以便区分在 32 位的 IP 地址中,哪些是网络位部分,哪些是主机位部分。

子网掩码"1"所对应的就是 IP 地址的网络位部分,"0"所对应的就是 IP 地址的主机位部分。如图 2.8 所示。

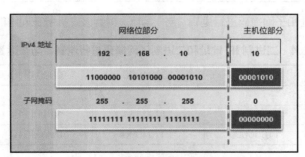

图 2.8　子网掩码和 IP 地址的对应关系

需要注意的是,子网掩码本身并不包含 IP 地址的网络信息,而只是负责告诉主机那串 32 位的二进制 IP 地址中哪些位是网络位、哪些位是主机位。如果没有子网掩码,主机就无法知道自己的网络位是哪些、主机位是哪些。而网络位是一个网络的编号,如果无法明确,主机的身份也就不明确。因为不知道自己所处的是哪个网络,所以无法发送数据。类似地,一个人如果不知道自己在哪里,则无法发快递,别人也不知道如何寄快递给他。

2. 计算主机所在网络的网络地址、广播地址和可用的主机地址范围

知道了 IP 地址及其子网掩码,就可以明确主机所在的网络。方法很简单,就是把 IP 地址和子网掩码分别转换成二进制，然后进行逻辑"与"（AND）运算。

二进制的逻辑"与"运算见表 2.2。

表 2.2　二进制的逻辑"与"运算表

逻辑变量	逻辑运算符	逻辑变量	结果
1	AND	1	1
0	AND	1	0
0	AND	0	0
1	AND	0	0

注意　逻辑运算中的 AND 运算可以用算数运算的"乘法"去类比，其运算结果一样。

下面我们通过一个案例掌握计算一台主机所在网络的网络地址、广播地址和可用的主机地址范围的方法。

案例：主机的 IP 地址为 192.168.10.10，子网掩码为 255.255.255.0，计算出该主机所在网络的网络地址、广播地址和可用的主机地址范围。

步骤 1：将十进制的 IP 地址、子网掩码转换成二进制，见表 2.3。

表 2.3　IP 地址、子网掩码的十进制和二进制对应关系

IP 地址	192	168	10	10
子网掩码	255	255	255	0
二进制 IP 地址	11000000	10101000	00001010	00001010
二进制子网掩码	11111111	11111111	11111111	00000000

步骤 2：将 IP 地址和子网掩码进行逻辑"与"运算，得到该主机所在网络的网络地址，见表 2.4。

表 2.4　二进制 IP 地址和二进制子网掩码进行逻辑"与"运算表

二进制 IP 地址	11000000	10101000	00001010	00001010
逻辑运算	AND			
二进制子网掩码	11111111	11111111	11111111	00000000
结果	11000000	10101000	00001010	00000000

所以，IP 地址为 192.168.10.10/24 的主机所在网络的网络地址是11000000.10101000.00001010.00000000/24。这是一个主机位为全"0"的地址。"0"是二进制数中最小的数字，所以网络地址就是网络中最小的地址。将网络地址转换成十进制，增加其可读性，得到 192.168.10.0/24。网络地址是一个网络的编号，是网络在互联网中唯一的标记。

注意　表达一个 IP 地址的时候，一定要附带子网掩码，否则该 IP 地址没有意义。

步骤 3：将网络地址主机位部分的每一个二进制位全部换成"1"，就得到该主机所在网络的广播地址，如图 2.9 所示。

广播地址的主机位为全"1"。"1"是二进制数中最大的数字，所以广播地址就是该网络中最大的地址。将广播地址转换成十进制，增加其可读性，得到 192.168.10.255/24。

步骤 4：确定可以分配给主机使用的 IP 地址。

通过以上步骤的计算，得到的 IP 地址为 192.168.10.10/24 的主机所在网络的网络地址和广播地址见表 2.5。

	网络位部分			主机位部分
二进制IP地址	11000000	10101000	00001010	00001010
逻辑运算	AND			
二进制子网掩码	11111111	11111111	11111111	00000000
网络地址	11000000	10101000	00001010	00000000
广播地址	11000000	10101000	00001010	11111111

图 2.9　广播地址计算过程

表 2.5　网络地址和广播地址表

地址类型	值	备注
网络地址	192.168.10.0/24	该主机所在网络中的最小 IP 地址
广播地址	192.168.10.255/24	该主机所在网络中的最大 IP 地址

知道了最小 IP 地址和最大 IP 地址，就可以得出该网络的 IP 地址范围，如图 2.10 所示。

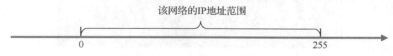

该网络的IP地址范围

0　　　　　　　　　255

图 2.10　IP 地址坐标区间图

该网络中可用的主机地址应该在 0～255 内。但是，192.168.10.0/24 已经被当作网络地址使用，192.168.10.255/24 已经被当作广播地址使用，所以剩下的 192.168.10.1～192.168.10.254 可以被分配给主机使用，这就是该网络中实际可用的主机地址。

子网掩码用来确定一个 IP 地址的网络位部分和主机位部分，以及该 IP 地址属于哪一个逻辑网络。互联网中的计算机分布在不同的逻辑网络中，但不管是哪个逻辑网络中的计算机，都必须遵守网络的通信规则，才能实现互联网中不同计算机之间的相互通信。

课堂练习：用 ipconfig 命令查看自己上课用的计算机的 IP 地址和子网掩码，并计算自己计算机所在网络的网络地址、广播地址和可用的主机地址范围。和其他同学比较，看看你的计算机是否在同一个网络。

素养拓展　计算机网络之所以能实现数据通信，是因为网络中的主机遵守共同的规则。"无规矩不成方圆"，学校和社会也有相应的规则。大学生应当全面了解公共生活领域中的各项法律法规，熟知校纪校规，牢固树立法制观念，以遵纪守法为荣，以违法乱纪为耻，自觉遵守有关的法律和纪律。

任务 3 用路由器连接不同的网络——网关

2.3 用路由器连接
不同的网络——
网关

任务目标：理解路由器的作用及其简单配置，实现不同网络之间的通信。

1. 设计网络拓扑结构，并测试不同网络之间主机的通信情况

本项目任务 1 中 4 台主机的地址分别为 192.168.10.10～13/24，可以计算得出它们的网络地址都一样，即 192.168.10.0/24，这说明 4 台主机在同一个网络中。

设想一下，如果本项目任务 1 中分配的 IP 地址见表 2.6，那么主机之间的通信还能正常进行吗？

表 2.6 IP 地址分配表及其网络地址

主机名	IP 地址	网络地址	备注
Laptop0	192.168.10.10/24	192.168.10.0/24	同网
Laptop1	192.168.10.11/24	192.168.10.0/24	
Laptop2	192.168.20.12/24	192.168.20.0/24	同网
Laptop3	192.168.20.13/24	192.168.20.0/24	

测试处于同一个网络中的主机的通信情况。从 Laptop0 ping Laptop1，结果如图 2.11 所示。

```
C:\>ping 192.168.10.11

Pinging 192.168.10.11 with 32 bytes of data:

Reply from 192.168.10.11: bytes=32 time=1ms TTL=128
Reply from 192.168.10.11: bytes=32 time<1ms TTL=128
Reply from 192.168.10.11: bytes=32 time=1ms TTL=128
Reply from 192.168.10.11: bytes=32 time<1ms TTL=128

Ping statistics for 192.168.10.11:
    Packets: Sent = 4, Received = 4, Lost = 0 (0% loss),
Approximate round trip times in milli-seconds:
    Minimum = 0ms, Maximum = 1ms, Average = 0ms

C:\>
```

图 2.11 从 Laptop0 ping Laptop1 的结果

从 Laptop2 用 Ping 命令发送一组 ICMP 数据给 Laptop3（IP 地址：192.168.20.13），结果如图 2.12 所示。

```
C:\>ping 192.168.20.13

Pinging 192.168.20.13 with 32 bytes of data:

Reply from 192.168.20.13: bytes=32 time=1ms TTL=128
Reply from 192.168.20.13: bytes=32 time<1ms TTL=128
Reply from 192.168.20.13: bytes=32 time=1ms TTL=128
Reply from 192.168.20.13: bytes=32 time<1ms TTL=128

Ping statistics for 192.168.20.13:
    Packets: Sent = 4, Received = 4, Lost = 0 (0% loss),
Approximate round trip times in milli-seconds:
    Minimum = 0ms, Maximum = 1ms, Average = 0ms

C:\>
```

图 2.12 从 Laptop2 ping Laptop3 的结果

相同网络里的主机相互通信都没有问题。于是我们测试一下不同网络之间的设备通信（从 Laptop1 ping Laptop3），结果如图 2.13 所示。

```
C:\>ping 192.168.20.13

Pinging 192.168.20.13 with 32 bytes of data:

Request timed out.
Request timed out.
Request timed out.
Request timed out.

Ping statistics for 192.168.20.13:
    Packets: Sent = 4, Received = 0, Lost = 4 (100% loss),
```

图 2.13　从 Laptop1 ping Laptop3 的结果

再从 Laptop0 用 Ping 命令发一组 ICMP 数据给 Laptop2（IP 地址：192.168.20.12），结果如图 2.14 所示。

```
C:\>ping 192.168.20.12

Pinging 192.168.20.12 with 32 bytes of data:

Request timed out.
Request timed out.
Request timed out.
Request timed out.

Ping statistics for 192.168.20.12:
    Packets: Sent = 4, Received = 0, Lost = 4 (100% loss),

C:\>
```

图 2.14　从 Laptop0 ping Laptop2 的结果

结果都是"Request timed out."（请求超时）。这说明数据发送出去以后，有可能是接收方没有收到数据，也有可能是发送方没有收到发回的应答包。

发现规律了吗？相同网络中的两台主机之间的通信是正常的，不同网络之间的主机无法通信。

结论：交换机只能转发同网络的数据，不能转发不同网络之间的数据（Laptop0 和 Laptop2 处于不同的网络，所以交换机无法转发）。

那么，什么设备能转发不同网络之间的数据呢？答案是三层网络设备，例如路由器和三层交换机等。

2.　用路由器连接不同的网络

下面我们将这两个网络通过路由器的快速以太网（Fastethernet，Fa）端口连接在一起。改造后的拓扑结构如图 2.15 所示。

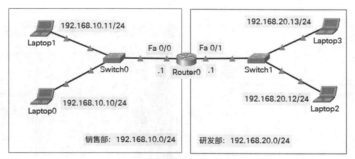

图 2.15　项目改造后的拓扑结构

图中路由器 Router0 的 Fa0/0 端口就是网络 A 的网关，负责网络 A 与其他网络的数据流量转发；Fa0/1 端口就是网络 B 的网关，负责网络 B 与其他网络的数据流量转发。

3.　路由器的简单配置

路由器相当于一台计算机，每个网络端口都需要配置一个 IP 地址才可以参与通信。要让路由器正常工作，转发不同网络之间的数据，需要配置负责连接不同网络的路由器的端口（网关）。路由器 Router0 端口的 IP 地址分配见表 2.7。

表 2.7 路由器 Router0 端口的 IP 地址分配表

端口名称	IP 地址	备注
Fa0/0	192.168.10.1/24	必须与 Laptop0 和 Laptop1 同网
Fa0/1	192.168.20.1/24	必须与 Laptop2 和 Laptop3 同网

 注意 网关的 IP 地址必须在所连接网络的可用主机地址范围内。（网关如果与主机不同网，就无法接收到主机发来的数据，也就无法将数据转发到其他网络）

下面开始对路由器进行配置。

步骤 1：用一根 console 线缆将管理计算机 Laptop4 的 RS232 端口连接到路由器的 console 端口，如图 2.16 所示。

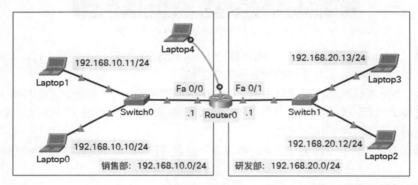

图 2.16 连接管理计算机与路由器的端口

步骤 2：在管理计算机中通过超级终端软件登录到路由器的控制台界面，操作过程如图 2.17 所示。

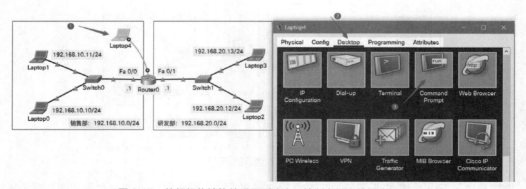

图 2.17 从超级终端软件登录到路由器控制台界面的操作过程

在图 2.18 所示的控制台界面中保留连接参数不变，单击"OK"按钮。

第一次登录路由器的初始界面如图 2.19 所示。

Laptop4
Physical
Config
Desktop
Programming
Attributes
Terminal Configuration
X
Port Configuration
Bits Per Second:
9600
Data Bits:
8
Parity:
None
Stop Bits:
1
Flow Control:
None
OK

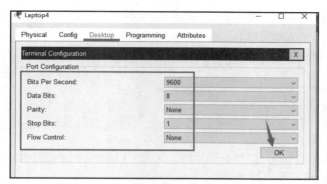

图 2.18　超级终端软件登录到的控制台界面

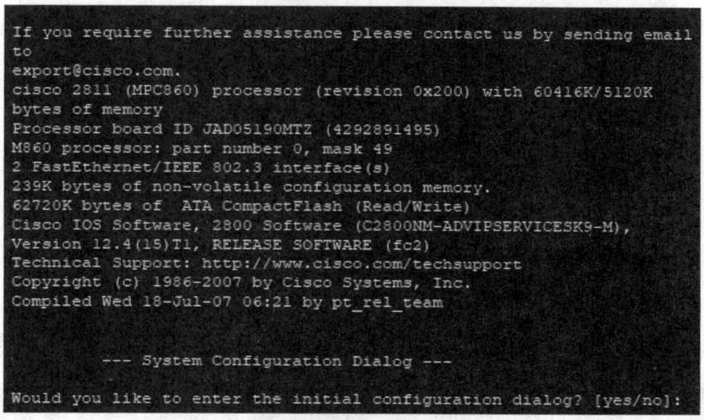

If you require further assistance please contact us by sending email
to
export@cisco.com.
cisco 2811 (MPC860) processor (revision 0x200) with 60416K/5120K
bytes of memory
Processor board ID JAD05190MTZ (4292891495)
M860 processor: part number 0, mask 49
2 FastEthernet/IEEE 802.3 interface(s)
239K bytes of non-volatile configuration memory.
62720K bytes of ATA CompactFlash (Read/Write)
Cisco IOS Software, 2800 Software (C2800NM-ADVIPSERVICESK9-M),
Version 12.4(15)T1, RELEASE SOFTWARE (fc2)
Technical Support: http://www.cisco.com/techsupport
Copyright (c) 1986-2007 by Cisco Systems, Inc.
Compiled Wed 18-Jul-07 06:21 by pt_rel_team
--- System Configuration Dialog ---
Would you like to enter the initial configuration dialog? [yes/no]:

图 2.19　第一次登录路由器的初始界面

路由器作出询问："Would you like to enter the initial configuration dialog? "（您是否希望进入初始配置对话方式？）"[yes/no]" 表示有两个选项可以输入。我们输入 "no"，然后按回车键确定，进入用户模式 ，如图 2.20 所示。

Compiled Wed 18-Jul-07 06:21 by pt_rel_team
1
--- System Configuration Dialog ---
Would you like to enter the initial configuration dialog? [yes/no]: no
Press RETURN to get started!
2
Router>

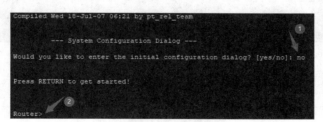

图 2.20　进入用户模式

步骤 3：配置路由器 Fa0/0 端口的 IP 地址为 192.168.10.1/24，作为网络 A 的网关，为网络 A 的主机提供跨网络的数据转发服务。命令如下：

```
Router>enable        //进入特权模式
Router#configure terminal          //进入全局配置模式
Router(config)#interface fa0/0          //进入端口 Fa0/0
Router(config-if)#ip address 192.168.10.1 255.255.255.0    //配置端口 IP 地址
Router(config-if)#no shutdown          //激活端口
Router(config-if)#exit      //退出端口
Router(config)#          //回到全局配置模式
```

步骤 4：配置路由器 Fa0/1 端口的 IP 地址为 192.168.20.1/24，作为网络 B 的网关，为网络 B 的主机提供跨网络的数据转发服务。命令如下：

```
Router(config)#interface fa0/1          //进入端口 Fa0/1
Router(config-if)#ip address 192.168.20.1 255.255.255.0   //配置端口 IP 地址
Router(config-if)#no shutdown          //激活端口
Router(config-if)#exit     //退出端口
Router(config)#          //回到全局配置模式
```

步骤 5：进行测试。

先测试主机是否可以 ping 成功自己的网关，这里从 Laptop1 ping 路由器的 Fa0/0 端口的地址 （192.168.10.1），结果如图 2.21 所示。

```
C:\>ping 192.168.10.1

Pinging 192.168.10.1 with 32 bytes of data:

Reply from 192.168.10.1: bytes=32 time=1ms TTL=255
Reply from 192.168.10.1: bytes=32 time=3ms TTL=255
Reply from 192.168.10.1: bytes=32 time<1ms TTL=255
Reply from 192.168.10.1: bytes=32 time<1ms TTL=255

Ping statistics for 192.168.10.1:
    Packets: Sent = 4, Received = 4, Lost = 0 (0% loss),
Approximate round trip times in milli-seconds:
    Minimum = 0ms, Maximum = 3ms, Average = 1ms
```

图 2.21　从 Laptop1 ping 路由器的 Fa0/0 端口的结果

从 Laptop3 ping 路由器的 Fa0/1 端口的地址（192.168.20.1），结果如图 2.22 所示。

```
C:\>ping 192.168.20.1

Pinging 192.168.20.1 with 32 bytes of data:

Reply from 192.168.20.1: bytes=32 time=1ms TTL=255
Reply from 192.168.20.1: bytes=32 time=1ms TTL=255
Reply from 192.168.20.1: bytes=32 time<1ms TTL=255
Reply from 192.168.20.1: bytes=32 time<1ms TTL=255

Ping statistics for 192.168.20.1:
    Packets: Sent = 4, Received = 4, Lost = 0 (0% loss),
Approximate round trip times in milli-seconds:
    Minimum = 0ms, Maximum = 1ms, Average = 0ms
```

图 2.22　从 Laptop3 ping 路由器的 Fa0/1 端口的结果

显然，网络 A 和网络 B 的主机都可以跟自己的网关通信，如图 2.23 所示。

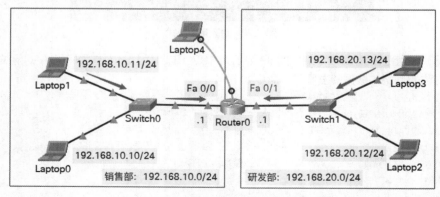

图 2.23　网络内主机和自己的网关通信示意图

按已掌握的知识来推演，路由器 Router0 在中间可以转发不同网络之间的数据。那么，网络 A 和网络 B 应该可以正常通信。现在我们从 Laptop1 ping Laptop3，测试从网络 A 是否可以传输数据到网络 B，结果如图 2.24 所示。

发现结果还是"Request timed out"（请求超时）。为什么不同网络之间的 Laptop1 和 Laptop3 依然无法通信呢？

```
C:\>ping 192.168.20.13

Pinging 192.168.20.13 with 32 bytes of data:

Request timed out.
Request timed out.
Request timed out.
Request timed out.

Ping statistics for 192.168.20.13:
    Packets: Sent = 4, Received = 0, Lost = 4 (100% loss),
```

图 2.24　从 Laptop1 ping Laptop3 的结果

我们以该案例分析不同网络之间通信的过程：①Laptop1 把数据封装好以后，准备发出。②发出之前要做如下判断：如果接收方跟 Laptop1 同在一个网络内，则直接发出；如果接收方来自另外一个网络，则把数据发给网关，让网关帮转发到另外一个网络。用一个生活中的例子做类比：有个人要发一个包裹，如果接收方跟他是同一条街的，两人相距很近，那么他自己把包裹直接送给接收方即可；如果接收方是另外一条街的，两人相距较远，那么他会找快递员来帮助转发这个包裹。

这里是跨网络的通信，显然符合第二种情况：先把数据发给网关，然后网关帮助转发到另外一个网络。可问题是，现在 Laptop1 不知道它的网关是谁，IP 地址是多少。（例如如果发件人需要把快递发到另外一条街，但他不知道快递员是谁，显然无法将快递发出去）

所以在这里，解决问题的办法是告诉网络内的所有主机它们的网关是谁，即网关的 IP 是什么。

4. 为主机配置网关参数

如何给主机配置网关参数，以告诉主机它的网关是谁呢？在配置 IP 地址的界面（如图 2.25 所示是为 Laptop1 配置网关的信息界面）告诉 Laptop1 它的网关是 192.168.10.1。如果有数据要发到其他网络，请把数据发给它，让它帮助转发。

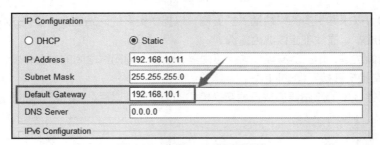

图 2.25　为 Laptop1 配置网关

用同样的方法配置其他主机的网关。注意：网络 B 的网关是 192.168.20.1。

最后，我们从 Laptop1 ping Laptop3，测试不同网络之间的通信是否正常，结果如图 2.26 所示。Laptop1 和 Laptop3 能正常通信，说明成功实现了跨网络的数据传输。

课堂练习：在任务 2 拓扑结构的基础上，拓展两个网络。参照本任务，用路由器连接两个不同的网络，进行适当的配置，实现全网用户相互 ping 通。

```
C:\>ping 192.168.20.13

Pinging 192.168.20.13 with 32 bytes of data:

Reply from 192.168.20.13: bytes=32 time=1ms TTL=127
Reply from 192.168.20.13: bytes=32 time<1ms TTL=127
Reply from 192.168.20.13: bytes=32 time<1ms TTL=127
Reply from 192.168.20.13: bytes=32 time<1ms TTL=127

Ping statistics for 192.168.20.13:
    Packets: Sent = 4, Received = 4, Lost = 0 (0% loss),
Approximate round trip times in milli-seconds:
    Minimum = 0ms, Maximum = 1ms, Average = 0ms
```

图 2.26　从 Laptop1 ping Laptop3 的结果

素养拓展　网关（Gateway）是不同网络之间的连接点，类似于国家和国家之间的口岸。网关承载着不同网络之间的数据通信。为了过滤危险数据，我们通常会在网关部署安全策略，以确保不同网络之间传输数据的安全性。我国接入 Internet 的节点更是承担着维护网络空间安全和国家主权、国家安全的重要任务。我们坚持走和平发展道路，既重视自身安全，又重视共同安全，打造人类命运共同体，推动世界朝着互利互惠、共同安全的目标前行。

任务 4　用三层交换机连接不同的网络——SVI（VLAN、trunk）

任务目标：用三层交换机实现不同网络之间的通信，并理解其作用。

路由器可以完成不同网络之间的数据转发。一般情况下，每个网络会占用路由器的一个接口。如果某个组织的网络划分了很多个逻辑网络，现在要用路由器来连接不同的网络，就需要大量的端口。而路由器的端口数量是很少的，例如 Cisco 2811 路由器的默认端口数量只有两个，如图 2.27 所示。

2.4　用三层交换机连接不同的网络——SVI（VLAN、trunk）

图 2.27　Cisco 2811 路由器背板

当然，我们可以采购更多的模块插入扩展槽，以提供更多的网络端口。但是这样的方式无疑增加了网络部署的成本，显然不应该成为首选。

比较普遍的做法是，用三层交换机替代路由器，负责不同网络之间的数据转发。

1．用三层交换机连接不同的网络

把本项目任务 3 中的路由器换成三层交换机 Cisco 3560 以后，拓扑结构如图 2.28 所示。

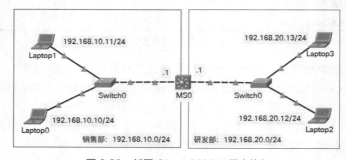

图 2.28　部署 Cisco 3560 三层交换机

这里三层交换机（图 2.28 中的 MS0）的 Fa0/1 端口可以当作网络 A 的网关，Fa0/2 端口可以当作网络 B 的网关。

2. 配置三层交换机，实现不同网络之间的主机通信

配置的 IP 地址见表 2.8。

表 2.8　路由器 Router0 端口的 IP 地址分配表

端口名称	IP 地址	备注
Fa0/1	192.168.10.1/24	必须与 Laptop0 和 Laptop1 同网
Fa0/2	192.168.20.1/24	必须与 Laptop2 和 Laptop3 同网

用同样的方法连接 MS0 的 console 端口，通过超级终端 Terminal 工具登录控制台界面，配置如下：

```
Switch>enable        //进入特权模式
Switch#configure terminal        //进入全局配置模式
Switch(config)# hostname MS0    //将交换机的名字设置为"MS0"（不是必须做的，对通信无影响，只是为了方便管理，但这是一个好习惯）
MS0 (config)#interface fa0/1     //进入 Fa0/1 端口
MS0 (config-if)#no switchport      //关闭端口的交换特性（默认情况交换机端口不允许配置 IP 地址）
MS0 (config-if)#ip address 192.168.10.1 255.255.255.0    //配置 IP 地址作为网络 A 的网关
MS0 (config-if)#exit    //退出 Fa0/1 端口
MS0 (config)#interface fa 0/2      //进入 Fa0/2 端口
MS0 (config-if)#no switchport       //关闭端口的交换特性
MS0 (config-if)#ip address 192.168.20.1 255.255.255.0      //配置 IP 地址作为网络 B 的网关
MS0 (config-if)#exit    //退出 Fa0/2 端口
MS0 (config)#ip routing    //启用 IP 路由功能（Cisco 3560 三层交换机具备路由功能，但却是默认关闭的，需要手动启用）
```

从 Laptop1 ping Laptop3，测试跨网络的通信是否正常，结果如图 2.29 所示。

图 2.29　从 Laptop1 ping Laptop3 的结果

测试结果显示通信正常。

但是，关闭交换机端口交换功能，将交换机接口变成三层路由端口的实现方法并不适用于所有的环境。

下面举一个例子来说明这个问题。我们把网络 A 和网络 B 具体化，假设网络 A 和网络 B 是一个公司的两个部门（销售部和研发部）的逻辑网络。销售部人员不断增加，网络工程师发现销售部网络的交换机的端口已经被占用完，销售部后面新来的员工已经没有端口可用。因此，要将销售部新员工的计算机接入其他部门的交换机，以便访问网络。如图 2.30 所示。

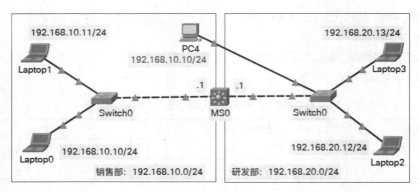

图 2.30　增加一台计算机 PC4

当 PC4 要和自己同部门的其他计算机通信时，数据要经过 MS0 的 Fa0/2 端口，但是这个端口是研发部的网关，与 PC4 处于不同的网络，是无法通信的。这导致 PC4 和自己部门的计算机无法通信。所以这样的设计显然是有局限性的。

有没有什么方法能对网络做进一步的优化，以提高其可扩展性呢？当然有，交换机虚拟端口（Switch Virtual Interface，SVI）技术可以解决这个问题。

3. 用 SVI 技术优化网络

解决的方法是引进虚拟局域网（Virtual Local Area Network，VLAN）将一个物理网络划分成多个逻辑网络，以逻辑网络为单位进行管理。

逻辑网络是相对于物理网络的一个概念。物理网络是通过物理介质连接成一体的网络系统；逻辑网络是在物理网络基础上的分组，是可以根据需求进行划分的集合。一个物理网络可以划分出不同的逻辑网络，而物理网络本身是不变的。通常我们会根据地理位置或用户群的不同来划分逻辑网络。

VLAN 是一组逻辑上的设备和用户，这些设备和用户并不受地理位置的限制。我们可以根据功能、部门及应用等因素将它们组织起来。它们相互之间的通信就好像在同一个网络中一样。

在这个案例中，整个网络是一个物理网络，是通过设备和介质连接在一起的。在这里，我们根据部门划分出了两个网络地址不一样的网络，也就是两个逻辑网络。这两个网络可以称为两个 VLAN。

将不同部门的网络划分成两个不同的 VLAN，主要目的是区分与隔离不同部门之间的数据流量。首先，划分了 VLAN 的网络交换机接收到用户发来的数据以后，会在数据帧上打一个标签（tag），将其标识为特定 VLAN 的数据，以区分不同逻辑网络的流量。其次，二层交换机不会转发不同 VLAN 之间的数据，而是会将用户数据限制在自己的逻辑网络内传输，避免了其他逻辑网络的用户非法获取其他网络用户的数据，从而避免了安全事件的发生。

VLAN 由于可以隔离不同逻辑网络之间的流量，所以还用来隔离局域网的广播数据。其作用是限制广播包在某个特定 VLAN 中传播，保护其他 VLAN 的用户免受大规模广播包的侵袭，减少 CPU、内存、带宽等资源的消耗，从而保障了网络传输的稳定性。

下面我们用 VLAN 的概念重新规划和配置我们的网络，让两个部门的主机之间能相互通信。

为了不影响后续的配置，首先将之前在三层交换机 MS0 的端口上的配置全部清空，命令如下：

```
MS0(config)# interface    fastEthernet 0/1        //进入 FastEthernet 0/1 端口
MS0(config-if)#no ip address        //将原先配置的 IP 地址删除
MS0(config-if)#switchport        //恢复端口的交换功能
```

```
MS0(config-if)#exit          //退出端口
MS0(config)# interface   fastEthernet 0/2        //进入 FastEthernet 0/2 端口
MS0(config-if)#no ip address        //将原先配置的 IP 地址删除
MS0(config-if)#switchport             //恢复端口的交换功能
MS0(config-if)#exit          //退出端口
```

然后开始实施本任务。

步骤 1：为两个部门的用户规划 VLAN，结果见表 2.9。

表 2.9　VLAN 规划表

部门名称	VLAN 编号	VLAN 名称	网关地址	交换机端口
销售部	10	Sales	192.168.10.1/24	Switch0 的 Fa0/1、Fa0/4；Switch1 的 Fa0/1
研发部	20	Development	192.168.20.1/24	Switch1 的 Fa0/12、Fa0/3

步骤 2：按规划表为销售部创建 VLAN 10，并将销售部用户计算机所接入的交换机端口划入 VLAN 10。

在 Switch0 上创建 VLAN 10，并把销售部两台计算机占用的端口 Fa0/1、Fa0/4 划入 VLAN 10，命令如下：

```
Switch>
Switch>enable //进入特权模式
Switch#configure terminal        //进入全局配置模式
Switch(config)#hostname Switch0         //修改主机名（方便管理）
Switch0(config)#vlan 10         //创建 VLAN 10
Switch0(config-vlan)#name Sales   //为 VLAN 10 定义一个名字：Sales
Switch0(config-vlan)#exit         //退出 VLAN 10 的配置
Switch0(config)#interface fa0/1        //进入 Fa0/1 端口
Switch0(config-if)#switchport mode access        //将端口的工作模式改为用户访问模式
Switch0(config-if)#switchport access vlan 10        //将端口划入 VLAN 10
Switch0(config-if)#exit
Switch0(config)#interface fa0/4        //进入 Fa0/4 端口
Switch0(config-if)#switchport mode access        //将端口的工作模式改为用户访问模式
Switch0(config-if)#switchport access vlan 10        //将端口划入 VLAN 10
Switch0(config-if)#exit          //退出 Fa0/4 端口
```

在 Switch1 上创建 VLAN 10，并把销售部计算机占用的端口 Fa0/1 划入 VLAN 10，命令如下：

```
Switch>
Switch>enable        //进入特权模式
Switch#configure terminal      //进入全局配置模式
Switch(config)#hostname Switch1          //修改主机名（方便管理）
Switch1(config)#vlan 10        //创建 VLAN 10
Switch1(config-vlan)#name Sales   //为 VLAN 10 定义一个名字：Sales
Switch1(config-vlan)#exit //退出 VLAN 10 的配置
Switch1(config)#interface fa0/1        //进入 Fa0/1 接口
Switch1(config-if)#switchport mode access          //将端口的工作模式改为用户访问模式
Switch1(config-if)#switchport access vlan 10        //将端口划入 VLAN 10
Switch1(config-if)#exit        //退出 Fa0/1 端口
Switch1(config)#
```

步骤 3：按规划表为研发部创建 VLAN 20，并将销售部用户计算机所接入的交换机端口划入 VLAN 20。

在 Switch1 上创建 VLAN 20，并把销售部计算机占用的端口 Fa0/12、Fa0/13 划入 VLAN 20，命令如下：

```
Switch1(config)#vlan 20          //创建 VLAN 20
Switch1(config-vlan)#name Development          //为 VLAN 10 定义一个名字：Development
Switch1(config-vlan)#exit        //退出 VLAN 20 的配置
Switch1(config)#interface range fa0/12-13          //进入 Fa0/12、Fa0/13 端口群
Switch1(config-if)#switchport mode access      //将端口的工作模式改为用户访问模式
Switch1(config-if)#switchport access vlan 20          //将端口划入 VLAN 20
Switch1(config-if)#exit          //退出 Fa0/1 端口
Switch1(config)#
```

接下来检查 VLAN 的配置。

查看 Switch0 的 VLAN 数据库信息，如图 2.31 所示。

```
Switch0#show vlan

VLAN Name                             Status    Ports
---- --------------------------------  --------  -------------------------------
1    default                          active    Fa0/2, Fa0/3, Fa0/5, Fa0/6
                                                Fa0/7, Fa0/8, Fa0/9, Fa0/10
                                                Fa0/11, Fa0/12, Fa0/13, Fa0/14
                                                Fa0/15, Fa0/16, Fa0/17, Fa0/18
                                                Fa0/19, Fa0/20, Fa0/21, Fa0/22
                                                Fa0/23, Gig0/1, Gig0/2
10   Sales                            active    Fa0/1, Fa0/4
1002 fddi-default                     active
1003 token-ring-default               active
1004 fddinet-default                  active
1005 trnet-default                    active
```

图 2.31　Switch0 的 VLAN 数据库信息

查看 Switch1 的 VLAN 数据库信息，如图 2.32 所示。

```
Switch1#show vlan

VLAN Name                             Status    Ports
---- --------------------------------  --------  -------------------------------
1    default                          active    Fa0/2, Fa0/3, Fa0/4, Fa0/5
                                                Fa0/6, Fa0/7, Fa0/8, Fa0/9
                                                Fa0/10, Fa0/11, Fa0/14, Fa0/15
                                                Fa0/16, Fa0/17, Fa0/18, Fa0/19
                                                Fa0/20, Fa0/21, Fa0/22, Fa0/23
                                                Gig0/1, Gig0/2
10   Sales                            active    Fa0/1
20   Development                      active    Fa0/12, Fa0/13
1002 fddi-default                     active
1003 token-ring-default               active
1004 fddinet-default                  active
1005 trnet-default                    active
```

图 2.32　Switch1 的 VLAN 数据库信息

可以发现：已经创建所有的 VLAN 10 和 VLAN 20，并已经把用户所占用的端口划入对应的 VLAN 中。

步骤 4：因为交换机之间的链路要承载所有 VLAN 的数据，不属于某个具体 VLAN，不是为用户提供接入服务的，所以不能将交换机之间互连的端口设置为 access 模式，而需要将交换机 Switch0 和交换机 MS0 之间的链路设置为干道（trunk）。

将交换机 Switch0 的 Fa0/24 端口和交换机 MS0 的 Fa0/1 端口的交换模式设置为 trunk。

配置二层交换机 Switch0：

```
Switch0(config)# interface fastEthernet 0/24    //进入 FastEthernet 0/24 端口
Switch0(config-if)#switchport mode trunk              //将端口的交换模式设置为 trunk 模式
Switch0(config-if)#exit         //退出端口
Switch0(config)#
```

配置核心交换机 MS0：

```
MS0(config)# interface   fastEthernet 0/1 //进入 FastEthernet 0/1 端口
MS0(config-if)#switchport trunk encapsulation dot1q        //定义封装协议为 dot1q
MS0(config-if)#switchport mode trunk    //将端口的交换模式设置为 trunk 模式
MS0(config-if)#exit        //退出端口
MS0(config)#
```

步骤 5：将交换机 Switch1 和交换机 MS0 之间的链路设置为 trunk。

将交换机 Switch1 的 Fa0/24 端口和交换机 MS0 的 Fa0/2 端口的交换模式设置为 trunk。

配置二层交换机 Switch1：

```
Switch1(config)# interface fastEthernet 0/24    //进入 FastEthernet 0/24 端口
Switch1(config-if)#switchport mode trunk  //将端口的交换模式设置为 trunk 模式
Switch1(config-if)#exit          //退出端口
Switch1(config)#
```

配置核心交换机 MS0：

```
MS0(config)# interface   fastEthernet 0/2        //进入 FastEthernet 0/2 端口
MS0(config-if)#switchport trunk encapsulation dot1q        //定义封装协议为 dot1q
MS0(config-if)#switchport mode trunk          //将端口的交换模式设置为 trunk 模式
MS0(config-if)#exit        //退出端口
MS0(config)#
```

检查交换机 Swith0 的 trunk 端口状态，如图 2.33 所示。

```
Switch0#show interfaces trunk
Port         Mode           Encapsulation   Status         Native vlan
Fa0/24       on             802.1q          trunking       1
```

图 2.33 Swith0 的 trunk 端口状态

交换机互连端口 Fa0/24 的模式（Mode）是"on"，状态（Status）为"trunking"，表示端口状态是正常的。

检查其他交换机的 trunk 端口状态，如图 2.34 和图 2.35 所示。

```
Switch1#show interfaces trunk
Port         Mode           Encapsulation   Status         Native vlan
Fa0/24       on             802.1q          trunking       1
```

图 2.34 Swith1 的 trunk 端口状态

```
MS0#show interfaces trunk
Port         Mode           Encapsulation   Status         Native vlan
Fa0/1        on             802.1q          trunking       1
Fa0/2        on             802.1q          trunking       1
```

图 2.35 MS0 的 trunk 端口状态

以上信息说明，交换机 Switch1 和 MS0 的所有 trunk 端口的状态正常。

步骤 6：在 MS0 上创建 VLAN 10 和 VLAN 20，以承载 VLAN 10 和 VLAN 20 的数据。命

令如下：

```
MS0(config)#vlan 10        //创建 VLAN 10
MS0(config-vlan)#name Sales        //为 VLAN 10 定义一个名字：Sales
MS0(config-vlan)#exit        //退出 VLAN 10 的配置
MS0(config)#vlan 20        //创建 VLAN 20
MS0(config-vlan)#name Development        //为 VLAN 20 定义一个名字：Development
MS0(config-vlan)#exit        //退出 VLAN 20 的配置
```

检查 MS0 的 VLAN 数据库信息，结果如图 2.36 所示。

```
MS0#show vlan

VLAN Name                             Status    Ports
---- -------------------------------- --------- -------------------------------
1    default                          active    Fa0/3, Fa0/4, Fa0/5, Fa0/6
                                                Fa0/7, Fa0/8, Fa0/9, Fa0/10
                                                Fa0/11, Fa0/12, Fa0/13, Fa0/14
                                                Fa0/15, Fa0/16, Fa0/17, Fa0/18
                                                Fa0/19, Fa0/20, Fa0/21, Fa0/22
                                                Fa0/23, Fa0/24, Gig0/1, Gig0/2
10   Sales                            active
20   Development                      active
1002 fddi-default                     active
1003 token-ring-default               active
1004 fddinet-default                  active
1005 trnet-default                    active
```

图 2.36　MS0 的 VLAN 数据库信息

已经成功创建 VLAN 10 和 VLAN 20，而且 VLAN 的名字也是一致的。（注意：VLAN 的名字必须一致，否则即使它们的号码是一样的，网络设备也不会认为它们是同一个 VLAN）

此时，PC4 应该可以跨交换机与同部门的用户通信，测试结果如图 2.37 所示。

```
C:\>ping 192.168.10.11

Pinging 192.168.10.11 with 32 bytes of data:

Reply from 192.168.10.11: bytes=32 time=1ms TTL=128
Reply from 192.168.10.11: bytes=32 time<1ms TTL=128
Reply from 192.168.10.11: bytes=32 time<1ms TTL=128
Reply from 192.168.10.11: bytes=32 time<1ms TTL=128

Ping statistics for 192.168.10.11:
    Packets: Sent = 4, Received = 4, Lost = 0 (0% loss),
Approximate round trip times in milli-seconds:
    Minimum = 0ms, Maximum = 1ms, Average = 0ms
```

图 2.37　PC4 ping Laptop1 的结果

步骤 7：在 MS0 上配置 VLAN 10 和 VLAN 20 端口的 IP 地址，分别为 VLAN 10 和 VLAN 20 的用户提供网关服务，实现销售部和研发部的数据转发。

MS0 中的命令如下：

```
MS0(config)#interface vlan 10        //进入 VLAN 10 端口（注意，是端口）
MS0(config-if)#ip address 192.168.10.1 255.255.255.0 //配置 IP 地址，用作 VLAN 10 的网关
MS0(config-if)#exit        //退出
MS0(config)#interface vlan 20        //进入 VLAN 20 端口（注意，是端口）
MS0(config-if)#ip address 192.168.20.1 255.255.255.0 //配置 IP 地址，用作 VLAN 20 的网关
MS0(config-if)#exit        //退出
MS0(config)#
```

销售部和研发部的用户分别 ping 自己的网关，结果如图 2.38 和图 2.39 所示，说明此时可以正常通信。

```
C:\>ping 192.168.10.1

Pinging 192.168.10.1 with 32 bytes of data:

Reply from 192.168.10.1: bytes=32 time=1ms TTL=255
Reply from 192.168.10.1: bytes=32 time=2ms TTL=255
Reply from 192.168.10.1: bytes=32 time=1ms TTL=255
Reply from 192.168.10.1: bytes=32 time<1ms TTL=255

Ping statistics for 192.168.10.1:
    Packets: Sent = 4, Received = 4, Lost = 0 (0% loss),
Approximate round trip times in milli-seconds:
    Minimum = 0ms, Maximum = 2ms, Average = 1ms
```

图 2.38　Laptop1 ping 自己网关的结果

```
C:\>ping 192.168.20.1

Pinging 192.168.20.1 with 32 bytes of data:

Reply from 192.168.20.1: bytes=32 time=1ms TTL=255
Reply from 192.168.20.1: bytes=32 time<1ms TTL=255
Reply from 192.168.20.1: bytes=32 time<1ms TTL=255
Reply from 192.168.20.1: bytes=32 time<1ms TTL=255

Ping statistics for 192.168.20.1:
    Packets: Sent = 4, Received = 4, Lost = 0 (0% loss),
Approximate round trip times in milli-seconds:
    Minimum = 0ms, Maximum = 1ms, Average = 0ms
```

图 2.39　Laptop3 ping 自己网关的结果

步骤 8：测试不同网络之间的通信。

从销售部的 Laptop1 ping 研发部的 Laptop3，结果如图 2.40 所示。

```
C:\>ping 192.168.20.13

Pinging 192.168.20.13 with 32 bytes of data:

Reply from 192.168.20.13: bytes=32 time=1ms TTL=127
Reply from 192.168.20.13: bytes=32 time<1ms TTL=127
Reply from 192.168.20.13: bytes=32 time<1ms TTL=127
Reply from 192.168.20.13: bytes=32 time<1ms TTL=127

Ping statistics for 192.168.20.13:
    Packets: Sent = 4, Received = 4, Lost = 0 (0% loss),
Approximate round trip times in milli-seconds:
    Minimum = 0ms, Maximum = 1ms, Average = 0ms
```

图 2.40　Laptop1 ping Laptop3 的结果

本任务涉及的 VLAN 技术、trunk 技术和 SVI 技术虽然都是基础性技术，但因为几乎每个网络都会用到，所以它们非常实用、非常关键。掌握这些技术，对后面学习会有很大的帮助。

课堂练习：基于本项目任务 3 的拓扑结构，用三层交换机替换路由器。在三层交换机用 SVI 作为用户的网关，进行适当的配置，可实现全网互通。

素养拓展　SVI 和 VLAN 是虚拟化思路，解决了网络的扩展性问题。当传统技术遇到瓶颈时，我们需要创造性地提出新的解决问题的办法，并且不断改革创新以推动技术进步，在改革创新中服务社会，实现人生价值。我们在成长过程中也会遇到各种问题，也要积极应对。我们应以时不我待的紧迫感、舍我其谁的责任感投身于改革创新的实践中。

任务5 部署无线局域网——WLAN

任务目标： 掌握基础的无线局域网技术，为移动用户提供网络访问服务。

2.5　部署无线局域
网——WLAN

有这样的一个笑话。几个国家的考古学家组成一个小组，协作完成一个项目。工作间隙大家闲聊，A 国的考古学家说他们考古时在金字塔里边发现了同轴电缆，说明那个时候他们的祖先可能已经用电缆来传输数据了；B 国的考古学家不甘示弱，说在他们的古城堡下挖出的是光纤，说明他们很早以前就开始使用光纤来通信了；C 国的考古学家不慌不忙地说："我们国家什么都没有挖到，可能我们的祖先一直都是用无线电通信设备来传输数据的。"

无线传输的发明是人类通信史上的一个里程碑。无线传输不使用任何导线或传输电缆连接的局域网，而使用无线电波或电场与磁场作为数据传送的介质，为用户的接入提供了很大的便利。

最简单的 WLAN 组网方式，就是部署一台无线接入点（Access Point，AP），让用户计算机通过无线网卡与之连接。Cisco Packet Tracer 中无线 AP 的位置如图 2.41 所示。

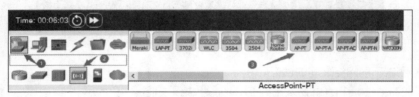

图 2.41　Cisco Packet Tracer 中无线 AP 的位置

下面我们通过一个案例来一起学习 WLAN 的部署。销售部的人越来越多，原来交换机的接口已经不够用，网络管理员计划部署一台 AP 让销售部员工通过无线方式接入网络。

步骤 1：在网络中部署无线 AP，如图 2.42 所示。

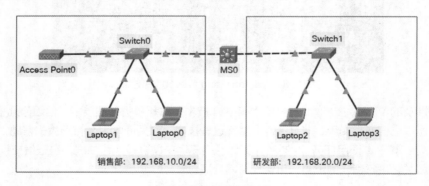

图 2.42　部署无线 AP

步骤 2：给 PC4 装上无线网卡，让它通过无线 AP 访问网络。

先删除 PC4 连接的双绞线，关闭 PC4 的电源。主机电源位置如图 2.43 所示。

把网卡拖动到"MODULES"，卸下原来的 RJ45 网卡。主机网卡位置如图 2.44 所示。

在"MODULES"中将型号为"WMP300N"的无线网卡拖动到网卡插槽，如图 2.45 所示。

注：装好无线网卡以后，开启 PC4 的电源（之前被关闭），PC4 就会连接到无线 AP，如图 2.46 所示。

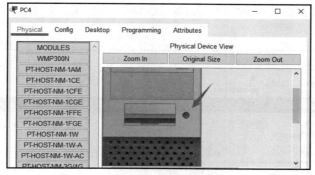

图 2.43　主机电源位置

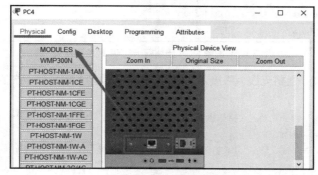

图 2.44　主机网卡位置

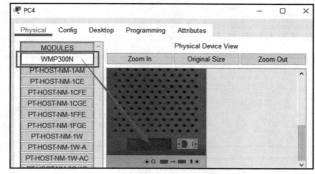

图 2.45　安装无线网卡 WMP300N

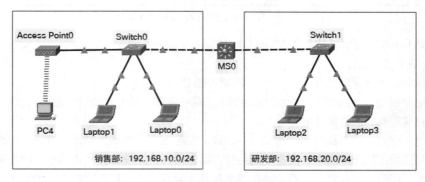

图 2.46　无线连接成功

步骤 3：为 PC4 配置 IP 地址（192.168.10.14/24）和网关（192.168.10.1），如图 2.47 所示。

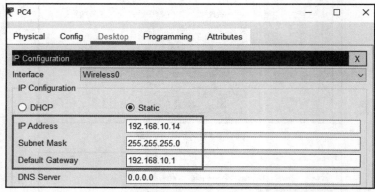

图 2.47　配置 PC4 无线网卡的 IP 地址和网关

步骤 4：在 Switch0 上将无线 AP 接入的端口（Fa0/23）划入销售部所在的虚拟局域网（VLAN 10）。命令如下：

```
Switch0>enable              //进入特权模式
Switch0#configure terminal              //进入全局配置模式
Switch0(config)#interface fastEthernet 0/23        //进入无线 AP 占用的端口（Fa0/23）
Switch0(config-if)#switchport mode access          //设置端口的访问模式
Switch0(config-if)#switchport access vlan 10        //将端口划入 VLAN 10
Switch0(config-if)#exit
Switch0(config)#
```

查看 Switch0 的 VLAN 数据库信息，以便确认是否划入成功，结果如图 2.48 所示。

```
Switch0#show vlan

VLAN Name                             Status    Ports
---- -------------------------------- --------- -------------------------------
1    default                          active    Fa0/2, Fa0/3, Fa0/5, Fa0/6
                                                Fa0/7, Fa0/8, Fa0/9, Fa0/10
                                                Fa0/11, Fa0/12, Fa0/13, Fa0/14
                                                Fa0/15, Fa0/16, Fa0/17, Fa0/18
                                                Fa0/19, Fa0/20, Fa0/21, Fa0/22
                                                Gig0/1, Gig0/2
10   Sales                            active    Fa0/1, Fa0/4, Fa0/23
1002 fddi-default                     active
1003 token-ring-default               active
1004 fddinet-default                  active
1005 trnet-default                    active
```

图 2.48　Switch0 的 VLAN 数据库信息

可以看到 Fa0/23 已经成功划入 VLAN 10 中。

步骤 5：测试连通性。

从 PC4 ping 研发部的主机 Laptop2，结果如图 2.49 所示。

从测试结果看出，PC4 和 Laptop2 之间的通信是正常的，说明 PC4 可以通过无线方式成功接入局域网，并实现良好的数据通信。

这里只是介绍另一种网络接入的方式——无线。实际上现在市场上在售的笔记本计算机和部分台式计算机都已经配置无线网卡，用户不用另行购买。另外，无线 AP 还需要更多的配置，以提供更安全的访问。但由于思科公司的模拟器在 AP 操作上与实际设备区别比较大，所以这里就不做过多演示。

```
C:\>ping 192.168.20.12

Pinging 192.168.20.12 with 32 bytes of data:

Reply from 192.168.20.12: bytes=32 time=41ms TTL=127
Reply from 192.168.20.12: bytes=32 time=27ms TTL=127
Reply from 192.168.20.12: bytes=32 time=20ms TTL=127
Reply from 192.168.20.12: bytes=32 time=13ms TTL=127

Ping statistics for 192.168.20.12:
    Packets: Sent = 4, Received = 4, Lost = 0 (0% loss),
Approximate round trip times in milli-seconds:
    Minimum = 13ms, Maximum = 41ms, Average = 25ms
```

图 2.49　从 PC4 ping Laptop2 的结果

课堂练习： 在网络中部署无线 AP，让用户可以通过无线访问网络。

素养拓展　无线技术用于数据传输，这对人类社会来说无疑是一场技术革命。但事物总有两面性，无线技术固有的缺陷也影响了数据传输的安全性。我们要提高信息安全意识，通过无线网络传输数据时，要防止敏感信息泄露。我们不能利用无线技术的安全缺陷进行非法的数据窃取。任何组织和个人都要在宪法和法律范围内活动，一切违法行为都会受到法律的追究。

小结与拓展

1. 交换机、路由器、无线 AP 的应用场合

如果通信的发送方和接收方处于同一个逻辑网络（网络地址一样），则用交换机互联；如果处于不同的逻辑网络（网络地址不一样），则用三层设备（三层交换机或路由器）作为中间转发设备；无线 AP 则用于为移动用户提供 Wi-Fi 接入的场景。

2. 思科网络设备 3 种常用模式的区别

思科路由器和交换机的命令行有 3 种模式：用户模式、特权模式、全局配置模式（其实还有各种子配置模式，在这里不做详细讨论）。

不同的模式是按照具备的权限和作用来区分的。

普通的用户模式是权限最小的模式。设备刚开启时的模式，就是用户模式，此时只能查看一些基础信息和调用几个基本的网络测试工具，如 ping、traceroute 等。

在用户模式下执行 "enable" 命令，可以进入特权模式。特权模式具有最高的权限，几乎可以对设备进行所有的操作。

在特权模式下执行 "configure terminal" 命令可以进入全局配置模式。顾名思义，这个模式就是为工程师提供配置的环境，几乎所有的配置都需要在这个模式及其子模式下进行。

每个模式下能做的事情是不一样的。通常我们需要在不同的模式下进行切换，以便完成一项任务。刚开机时的模式是用户模式，想要配置设备就要在全局配置模式或其子模式下进行。注意不能从用户模式直接切换到全局配置模式（需要先进入特权模式，再进入全局配置模式）。网络设备的不同模式可以类比成家里的不同房间，每个房间的功能是不一样的。例如我想回家睡觉，进门先到客厅，再进入卧室去睡觉，而不能直接从窗户爬进卧室睡觉。

3. 思科网络设备实用命令及技巧

在对设备进行配置的过程中，可以用 "?" 或 "Tab" 键来辅助完成命令的查询或输入。

可以使用问号（"?"）来查询在该状态下可以支持的命令。例如要查询特权模式下可以执行哪些命令，可以在当前状态下输入"?"，结果如图 2.50 所示。

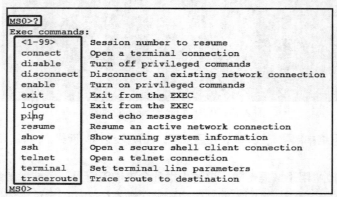

```
MS0>?
Exec commands:
  <1-99>      Session number to resume
  connect     Open a terminal connection
  disable     Turn off privileged commands
  disconnect  Disconnect an existing network connection
  enable      Turn on privileged commands
  exit        Exit from the EXEC
  logout      Exit from the EXEC
  ping        Send echo messages
  resume      Resume an active network connection
  show        Show running system information
  ssh         Open a secure shell client connection
  telnet      Open a telnet connection
  terminal    Set terminal line parameters
  traceroute  Trace route to destination
MS0>
```

图 2.50 用"?"查询可执行的命令

每条可执行的命令后面还注明了该命令的功能。我们可以通过查询厂家关于产品的技术文档了解命令的使用。

我们也可以查询以某些可以确定的字符串开始的命令。例如查询以"dis"开头的命令，结果如图 2.51 所示。

```
MS0#
MS0#dis?
disable   disconnect
MS0#dis
```

图 2.51 查询以"dis"开头的命令

根据查到的信息，在该模式下，以"dis"开头的命令有两个：disable 和 disconnect。

可以使用 Tab 键在输入命令字符串唯一的条件下补全命令。字符串唯一是什么意思呢？例如在如图 2.51 所示的案例中，以"dis"开头的命令有两个，不是唯一的。此时按 Tab 键无法补全命令，因为设备不知道你要补的是"disable"还是"disconnect"。但是如果输入"disa"然后再按 Tab 键，系统就会自动帮我们把命令补齐，显示完整的"disable"；如果输入"disc"，然后再按 Tab 键，系统就会自动帮我们把命令补齐，显示完整的"disconnect"，如图 2.52 所示。

```
MS0>disc
MS0>disconnect
```

图 2.52 使用 Tab 键补全命令

其实在输入的命令字符串唯一的条件下，哪怕命令不全，也是可以执行的，因为以这个字符串开头的命令只有一个，具有唯一性。没有必要将每条命令都输入完整。熟练以后，大多数情况下我们可以这样去操作，以提高效率。命令如下：

```
MS0>
MS0>en          //enable 的简写
MS0#conf t      // configure terminal 的简写
MS0(config)#int vlan 10    //interface 的简写
MS0(config-if)#ip add 192.168.10.1 255.255.255.0 //ip address 的简写
MS0(config-if)#no sh       //no shutdown 的简写
```

```
MS0(config-if)#ex        //exit 的简写
MS0(config)#ex           //exit 的简写
MS0#
```

需要注意的是，命令只是一个工具，是辅助我们实现业务的工具，要学会灵活运用。不要去死记硬背这些命令，而要理解网络数据通信的每个细节，要形成解决问题的思路，然后再想着用命令去实现我们的思路。社会需要的不是能记住很多纸、笔和颜料的种类的人，而是有想象力并能借助于各种工具把想象表达成一份作品的艺术家。

4. 关于网关的一个类比——边关

数据要从网络 A 发到网络 B，先进入网络 A 的网关，再由网络 A 的网关转发给网络 B 的网关（如果网络 A 和网络 B 是邻接网络），最后从网络 B 的网关出来，转发给网络 B 内的接收方，如图 2.53 所示。

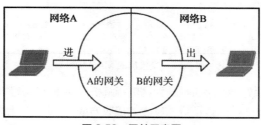

图 2.53　网关示意图

互联网中的"网关"，其实可以比较通俗地类比成国家之间的边关。S、T 两国以河为界，两国之间有两个口岸：AC 和 BD，A、B 是 S 国的边关，C、D 是 T 国的边关，如图 2.54 所示。S 国的人想要进入 T 国可以走 AC 口岸，也可以走 BD 口岸。但不管怎样，S 国的人都要从自己国家的边关出境，过了河到对岸，从 T 国的边关进入 T 国境内。不按照规则越过国境的方式属于偷渡，是不被允许的。

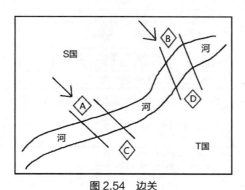

图 2.54　边关

一个网络到另外一个网络，可能有很多的通道。例如由 S 国到 T 国，有多个口岸，从任何一个口岸出去，都可以到达目的地。

类似地，一个网络到另外一个网络可以有多个网关。我们在用户计算机的网卡配置的网关的 IP 地址是什么，发送方就把数据发送到这个 IP 地址对应的节点（网关），由它负责转发到另外一个网络。

用 S、T 两国边界来做类比，S 国的人进入 T 国走 AC 口岸还是 BD 口岸，取决于他大脑中记住了哪个口岸。他如果只记得 AC 口岸，就从 AC 口岸进入 T 国；如果只记得 BD 口岸，就从 BD 口岸进入 T 国；如果知道 AC、BD 两个口岸，就轮流通过，即这次从 AC 进入 T 国，下次从 BD

进入 T 国，轮流通过了再反复，这叫负载均衡。

当然，如果 S 国的人哪个口岸都不知道，那他就无法进入 T 国。这就像我们没有给用户计算机配置网关 IP 地址一样，用户的计算机不知道网关是什么，于是找不到任何节点来帮用户转发数据，数据当然就无法到达接收方。

5. 交换机转发数据的机制——MAC 地址表

交换机根据缓存中的 MAC 地址表来决定数据该从交换机的哪个端口转发出去。我们可以通过执行"show mac-address-table"命令来查看交换机内部的 MAC 地址表，如图 2.55 所示。

```
Switch1#show mac-address-table
         Mac Address Table
-------------------------------------------

Vlan    Mac Address       Type        Ports
----    -----------       --------    -----

  1     0001.c774.3002    DYNAMIC     Fa0/24
 20     0001.42d1.e839    DYNAMIC     Fa0/12
 20     0060.5c74.2c99    DYNAMIC     Fa0/13
```

图 2.55　交换机的 MAC 地址表

我们以 Laptop2 发送数据给 Laptop3 为例进行解析。Laptop2 把数据发到交换机 Switch1 后，Switch1 就像一个快递员一样，去读取数据帧上的接收方 MAC 地址（目的 MAC 地址），如图 2.56 所示。

```
OSI Model    Inbound PDU Details    Outbou

At Device: Switch1
Source: Laptop2
Destination: 192.168.20.13

In Layers
Layer7
Layer6
Layer5
Layer4
Layer3
Layer 2: Ethernet II Header
0001.42D1.E839 >> 0060.5C74.2C99
Layer 1: Port FastEthernet0/12
```

图 2.56　Laptop2 发送 Laptop3 的数据帧

然后去查 MAC 地址表，如图 2.57 所示。

```
Switch1#show mac-address-table
         Mac Address Table
-------------------------------------------

Vlan    Mac Address       Type        Ports
----    -----------       --------    -----

  1     0001.c774.3002    DYNAMIC     Fa0/24
 20     0001.42d1.e839    DYNAMIC     Fa0/12
 20     0060.5c74.2c99    DYNAMIC     Fa0/13
```

图 2.57　Switch1 的 MAC 地址表

发现接收方接入的端口号是 Fa0/13，同时接收方跟自己同属 VLAN 20，于是将发送给 Laptop3 的数据从 Fa0/13 端口发出去。

需要注意的是，交换机将数据发出去以后，工作就完成了。至于 Laptop3 能不能收到数据，交换机是不管的；甚至交换机根本不会去查证 Laptop3 这台主机是否存在，只要能在 MAC 地址表里查到记录，就根据记录中的端口把数据转发出去。

交换机如果在 MAC 地址表中查询不到接收方的 MAC 地址记录，该如何处理？事实上，交换机会通过泛洪的方式将这个数据帧发出去（给交换机的每个端口发一份，希望有一个端口是对的）。这种方法在一定程度上会造成交换网络中数据泛滥，影响网络通信效率，但至少算是一种努力尝试转发以减少丢包的方式。

那么这个 MAC 地址表里的记录是怎么来的？要怎样才可以在表中写入一条记录？最简单的方法是，交换机通过"守株待兔"的方式进行学习。MAC 地址表实际上记录的是某台主机占用哪个端口，这个端口被划入哪个 VLAN。MAC 地址表保存在缓存内，意味着交换机刚启动的时候这个 MAC 地址表是空的，是没有记录的。但是交换机会不停地去监听每个端口，当有数据从某个端口进来的时候，交换机就捕获数据，记录下数据帧上"发送方"的 MAC 地址，并将该 MAC 地址和捕获的端口号对应在一起，记录在 MAC 地址表中，表示某台主机占用的是这个端口。

MAC 地址表因为是临时生成的，所以在交换机断电后会丢失。其实我们也可以执行命令"clear mac-address-table"，在不断电的状态下清空交换机的 MAC 地址表。

6. MAC 地址

MAC 是 Media Access Control Address 的简称，直译为介质访问控制地址，也称为物理地址（Physical Address），是由网络设备制造商生产时烧录在硬件内部的可擦编程只读存储器（Erasable Programmable Read-Only Memory，EPROM）芯片上的一个参数，而且是主机在网络中的唯一标识。

MAC 地址的长度为 48 位（6 个字节），通常表示为 12 个十六进制数，如 00-16-EA-AE-3C-40。其中前 6 位十六进制数 00-16-EA 代表网络硬件制造商的编号，由 IEEE 分配，而后 6 位十六进制数 AE-3C-40 代表该制造商所制造的某个网络产品（如网卡）的系列号。只要不更改 MAC 地址，MAC 地址在世界上就是唯一的。形象地说，MAC 地址就如同身份证号码，具有唯一性。

如果不用非常规手段去修改 MAC 地址，那么它就是固定的，不会随着设备处于不同的网络而发生变化。与 MAC 地址不一样的是，IP 地址则会随着设备迁移到不同的网络，必须获得该网络的主机地址才能参与网络通信。从这个角度去比较，MAC 地址可以类比成我们的身份证号码，将伴随一生；IP 地址就类似于人的住址，处于不同的城市、街道名称和门牌号是不一样的。

7. 控制 VLAN 流量通过 trunk 链路

对于思科交换机，默认情况下允许所有 VLAN 的流量通过 trunk 链路。如果要对通过 trunk 链路的 VLAN 流量进行管控，则执行以下命令可以实现只允许某些特定的 VLAN 流量通过 trunk 链路：

```
Switch1(config)#int fa 0/24        //进入 Fa 0/24 端口
Switch1(config-if)#switchport mode trunk        //将端口的工作模式设置为 trunk
Switch1(config-if)#switchport trunk allowed vlan 10,20        //只允许 VLAN 10 和 VLAN 20 的流量通过
```

执行"show interface trunk"命令可以查看允许通过某个 trunk 端口的 VLAN，结果如图 2.58 所示。

发现交换机 Switch1 的 Fa 0/24 端口只允许 VLAN 10 和 VLAN 20 的流量通过。如果想要拒绝某些特定的 VLAN 流量通过，则可以用以下命令实现：

```
Switch1(config)#int fa 0/24          //进入 Fa 0/24 端口
Switch1(config-if)#switchport mode trunk        //将端口的工作模式设置为 trunk
Switch1(config-if)#switchport trunk allowed vlan except 10        //除了 VLAN 10 以外的其他流量都被
允许通过
```

```
Switch1#show interfaces trunk
Port          Mode          Encapsulation     Status          Native vlan
Fa0/24        on            802.1q            trunking        1

Port          Vlans allowed on trunk
Fa0/24        10,20

Port          Vlans allowed and active in management domain
Fa0/24        10,20
```

图 2.58　查看 trunk 链路允许的流量

再次执行"show interface trunk"命令查看 Switch1 的 Fa 0/24 端口的状态，结果如图 2.59 所示。

```
Switch1#show interfaces trunk
Port          Mode          Encapsulation     Status          Native vlan
Fa0/24        on            802.1q            trunking        1

Port          Vlans allowed on trunk
Fa0/24        1-9,11-1005

Port          Vlans allowed and active in management domain
Fa0/24        1,20
```

图 2.59　查看 Fa 0/24 端口的状态

从显示的结果可以看到，VLAN 1～9、VLAN 11～1005 的流量都被允许通过 Fa 0/24 端口。

8. 三层设备（路由器或三层交换机）转发数据的机制——IP 路由表

三层设备根据缓存中的 IP 路由表来决定数据该从哪个端口转发出去。我们可以通过执行"show ip route"命令来查看路由表（见图 2.60）。

```
MS0#show ip route
Codes: C - connected, S - static, I - IGRP, R - RIP, M - mobile, B - BGP
       D - EIGRP, EX - EIGRP external, O - OSPF, IA - OSPF inter area
       N1 - OSPF NSSA external type 1, N2 - OSPF NSSA external type 2
       E1 - OSPF external type 1, E2 - OSPF external type 2, E - EGP
       i - IS-IS, L1 - IS-IS level-1, L2 - IS-IS level-2, ia - IS-IS inter
area
       * - candidate default, U - per-user static route, o - ODR
       P - periodic downloaded static route

Gateway of last resort is not set

C     192.168.10.0/24 is directly connected, Vlan10
C     192.168.20.0/24 is directly connected, Vlan20

MS0#
MS0#       路由条目的类型          目的网络地址              转发端口
```

图 2.60　MS0 的路由表

这个路由表中有两个路由条目。在这里，我们解读第一个路由条目：第一个字段"C"表示这是一个直连网络，也就是说这两个网络是直接连在这台设备上的（其他的代码表示的信息在条目上方有说明）；第二个字段是网络号（192.168.10.0/24），它也说明这个网络是直接连接的；最后一个字段表示发往 192.168.10.0/24 的网络数据要从 VLAN 10 接口转发出去。

例如研发部的 Laptop3（192.168.20.13/24）有数据要发送到销售部的 Laptop1（192.168.10.11/24），则 Laptop3 先把数据包发送到网关（VLAN 20：192.168.20.1/24）；MS0 从 VLAN 20 端口接收到数据以后，就会像快递员一样，去读取这个数据包上的目的 IP 地址

（192.168.10.11）；然后 MS0 去查路由表里的条目，会匹配到网络地址 192.168.10.0/24 的条目（如果路由表中有多个 192.168.10.0 网络的条目，则会匹配到子网掩码最长的那个路由条目，这就是最长匹配原则），根据匹配到的路由条目的要求，将这个数据通过 VLAN 10 端口发出。

跟交换机一样，路由器将数据包转发出去以后，就完成任务了。它不会去管接收方是否会接收到数据包，甚至不知道接收方是否真的存在。只要路由条目里写了该从哪个端口转发出去，路由器就会严格按照要求去转发。

与交换机转发数据帧不一样的是，路由器会去查询路由表，如果查不到目的网络的路由条目，则会把这个数据包丢弃。

路由表的路由条目是怎么来的？这当然也有很多种方式，大概分 3 类；第一类叫静态路由，是网络管理员手动配置进去的，用"S"标记，表示"static"的意思；第二类叫动态路由，是三层设备通过路由协议（RIP、OSPF、BGP 等）跟邻居学习到的，或者是通过邻居发来的信息自己算出来的；第三类就是本案例的路由条目，是自己直接连接的，用"C"标记，路由信息在自己的缓存中，不需要通过别的设备发送。

9. A 类、B 类、C 类 IP 地址默认的子网掩码

我们在给计算机配置 IP 地址的时候，系统会自动给我们分配一个默认的子网掩码。各类 IP 地址默认的子网掩码见表 2.10。

表 2.10　各类 IP 地址默认的子网掩码

网络类型	默认子网掩码	掩码长度
A	255.0.0.0	/8
B	255.255.0.0	/16
C	255.255.255.0	/24

10. 无线局域网（WLAN）基础

WLAN 是不使用任何导线或传输电缆连接的局域网，它使用无线电波或电场与磁场作为数据传输介质，传输距离一般只有几十米。但是无线局域网的主干网络通常使用有线电缆，无线局域网用户通过一个或多个无线 AP 接入无线局域网。

WLAN 第一个版本 IEEE 802.11 发表于 1997 年，其中定义了介质访问接入控制层和物理层。物理层定义了工作在 2.4GHz 的 ISM 频段上的两种无线调频方式和一种红外传输方式，总数据传输速率设计为 2Mbit/s。经过几十年的发展，WLAN 技术已经广泛地应用在商务区、大学、机场及其他需要无线网的公共区域。

通常情况下，很多人认为 WLAN 就是 Wi-Fi。需要说明的是，它们不是同一个概念。WLAN 的标准叫 IEEE 802.11，Wi-Fi 只是 IEEE 802.11 标准的一种实现，只是对于普通用户来说，Wi-Fi 使用得最普遍。基于 IEEE 802.11 标准的产品除了 Wi-Fi 外，还有无线千兆（Wireless Gigabit，WiGig）联盟。WiGig 联盟于 2013 年 1 月 4 日并入 Wi-Fi 联盟。

目前，Wi-Fi 发展到第六代，见表 2.11。

表 2.11　Wi-Fi 发展版本

版本	年份	依据的标准	工作频段	最高速率
第一代	1997	IEEE 802.11 原始标准	2.4GHz	2 Mbit/s
第二代	1999	IEEE 802.11b	2.4GHz	11 Mbit/s

续表

版本	年份	依据的标准	工作频段	最高速率
第三代	1999	IEEE 802.11a	5GHz	54 Mbit/s
第四代	2009	IEEE 802.11n	2.4GHz 和 5GHz	600 Mbit/s
第五代	2013	IEEE 802.11ac	5GHz	6.9 Gbit/s
第六代	2019	IEEE 802.11ax	2.4GHz 和 5GHz	9.6 Gbit/s

11. 保存设备的配置信息

记得保存设备的配置信息，以免丢失。

配置设备的时候，设备的配置信息保存在一个名为"running-config"的配置文件中，而这个文件存放在网络设备的内存中，是临时的，断电后会丢失。设备中还有一个名为"startup-config"的配置文件，存放在设备的 flash 芯片中，属于永久保存的文件。

完成配置以后，我们要在特权模式下用"copy running-config startup-config"命令将配置信息从临时的"running-config"文件复制到"startup-config"文件中，以防止断电后配置信息丢失；或者用"write"命令将配置信息保存起来。

12. 在非特权模式下，强制执行特权模式下的命令

在配置模式下，我们无法直接执行诸如 show 或 ping 等特权模式下的命令，但是可以用"do"命令强制执行。

每种模式下都有相应的命令。我们通常需要一边在配置模式配置设备，一边用"show"命令检查配置情况以及用"Ping"命令测试通信效果。可是如果从配置模式退到特权模式去使用"show"命令或者"ping"命令，则会降低工作效率。此时我们可以直接在配置模式下用"do"命令强制执行特权模式下的命令。

例如在配置模式下进行保存设备配置的操作，可通过"do write"命令来完成。

思考与训练

1. 简答题

（1）有一台主机的 IP 地址是 172.16.1.1/28，则该主机所在网络的网络地址、广播地址、可用的主机地址分别是什么？

（2）IP 地址 172.16.1.16/28 是否可以分配给主机使用？为什么？地址 172.16.1.15/28 呢？

（3）主机 211.16.1.1/30 和主机 211.16.1.5/30 是否在同一个逻辑网络内？它们如果要实现相互通信，则必须借助于什么设备转发数据？

（4）交换机转发数据的依据是什么？如何转发？请用自己的语言进行描述。

（5）路由器转发数据的依据是什么？如何转发？请用自己的语言进行描述。

（6）无线局域网就是 Wi-Fi，这种说法正确吗？为什么？

2. 实验题

参照图 2.61 所示的拓扑结构，用 Cisco Packet Tracer 设计一个网络系统，进行适当的配置，让全网用户能相互通信并且能访问到内网的服务器。图中 XX 表示自己学号最后两位，根据给定的 IP 地址段规划主机和网关的 IP 地址；端口号、VLAN 号和名称自行决定。

关键提示：

① 需要创建 3 个 VLAN，将教学楼、宿舍楼、服务器群划分在 3 个不同的逻辑网络中；

② 根据给定的网络地址计算每个逻辑网络可用的主机地址范围，并根据这些地址为每个网络内的主机和网关分配 IP 地址；

③ 注意三层交换机 MS0 的路由功能需要手动开启；

④ 核心目的是培养解决问题的思路。(计算主机地址—>分配 IP 地址—>创建 VLAN—>将端口划入相应 VLAN—>配置 trunk 链路—>核心交换机配置 SVI 地址作为网关—>启用路由功能)

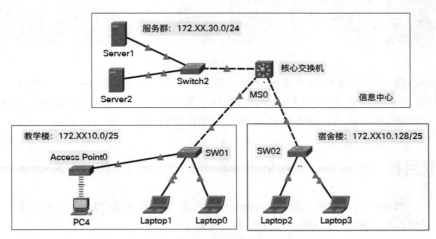

图 2.61　校园内网简易拓扑结构图

项目3
接入互联网（Internet）

用户接入网络不只是要访问局域网资源，更多的需求是访问Internet中海量的资源。本项目的目标是解决用户使用计算机访问Internet的问题。本项目主要介绍企业网络通过ISP的专线接入Internet所需要的核心技术：静态默认路由、地址转换和域名服务。

📖 知识目标

- 了解组织内部的网络如何接入Internet并为内网用户提供访问Internet的服务；
- 了解静态路由的作用，培养数据路由的思维；
- 了解网络地址转换的背景并理解其工作机制；
- 了解默认路由的产生背景及其作用；
- 了解用户通过域名访问Web页面的过程。

📖 技能目标

- 学会应用静态路由实现数据包的转发；
- 学会在边界路由器应用PAT技术实现内网用户访问Internet；
- 学会在边界路由器应用静态NAT技术实现外网用户访问内网资源；
- 掌握路由汇总的方法，并学会灵活运用默认路由。

一般用户接入网络更多的需求是访问 Internet，因为那里的资源几乎无穷无尽。那么用户如何才可以访问到 Internet 呢？

运营商（电信、移动、联通等）为我们提供了访问 Internet 的服务。我们若想把数据发到 Internet 上的某台服务器以访问其资源，则首先要把这个数据发给某个运营商，然后由运营商通过其错综复杂的网络（中间可能会横跨另外的运营商）将数据发送到目的服务器。

1. 用光纤将企业网络接入运营商的网络

我们首先要做的事情就是选择一个运营商，然后将公司的网络接入运营商的网络。

如图 3.1 所示，公司的内部网络通过路由器 R0 接入运营商的网络。这台路由器因为正好处于内外网边界的位置，一边连接的是内网，另一边连接的是外网，所以通常称为边界路由器。

边界路由器一般指通过光纤连接到运营商机房的路由器。边界路由器位于公司的机房，通常距离运营商的机房很远，所以一般采用光纤接入。这需要边界路由器和运营商的路由器都安装光模块。

在 Cisco Packet Tracer 模拟器中安装光模块的方式如图 3.2 所示。

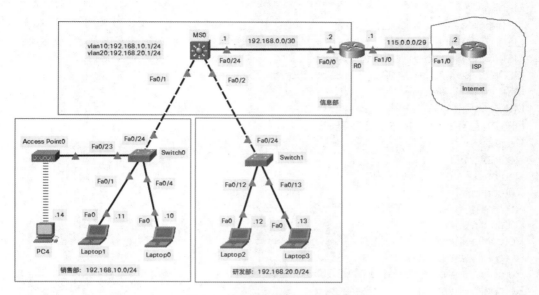

图 3.1　将企业网络接入运营商的网络

图 3.2　为路由器安装光模块

光纤在介质列表中的位置如图 3.3 所示。

图 3.3　光纤在介质列表中的位置

2．配置边界路由器和 ISP 路由器之间的直连链路

核心交换机 MS0 和边界路由器 R0 之间、R0 和 ISP 路由器之间规划的网络 IP 地址分配表见表 3.1。

表 3.1　IP 地址分配表

设备名称	端口名称	IP 地址	子网掩码	备注
MS0	Fa0/24	192.168.0.1	255.255.255.252	同网
R0	Fa0/0	192.168.0.2	255.255.255.252	
	Fa1/0	115.0.0.1	255.255.255.248	同网
ISP	Fa1/0	115.0.0.2	255.255.255.248	

根据以上规划为对应设备配置 IP 地址。

配置三层交换机 MS0 连接边界路由器的端口（Fa0/24）：

```
MS0>en
MS0#conf t
MS0(config)#int  fa 0/24
MS0(config-if)#no switchport
MS0(config-if)#ip add 192.168.0.1 255.255.255.252
MS0(config-if)#exit
MS0(config)#
```

配置边界路由器 R0 的主机名及其端口：

```
Router>en
Router#conf t
Router(config)#hostname R0
R0(config)#int fa 0/0
R0(config-if)#ip add 192.168.0.2 255.255.255.252
R0(config-if)#no sh
R0(config-if)#exit
R0(config)#int fa 1/0
R0(config-if)#ip add 115.0.0.1 255.255.255.248
R0(config-if)#no sh
R0(config-if)#exit
R0(config)#
```

配置运营商 ISP 路由器：

```
Router>en
Router#conf t
Router(config)#hostname ISP
ISP(config)#int fa 1/0
ISP(config-if)#no sh
ISP(config-if)#ip add 115.0.0.2 255.255.255.248
ISP(config-if)#
```

3. 测试边界路由器和内外网直连设备（MS0 和 ISP 路由器）之间的连通性

测试 MS0—>R0—>ISP 直连链路的连通性，从 R0 分别 ping 核心交换机 MS0 和 ISP 路由器，可以发现结果是通的，如图 3.4 所示。

```
R0#ping 192.168.0.1
Type escape sequence to abort.
Sending 5, 100-byte ICMP Echos to 192.168.0.1, timeout is 2 seconds:
!!!!!
Success rate is 100 percent (5/5), round-trip min/avg/max = 0/0/0 ms
R0#ping 115.0.0.2
Type escape sequence to abort.
Sending 5, 100-byte ICMP Echos to 115.0.0.2, timeout is 2 seconds:
!!!!!
Success rate is 100 percent (5/5), round-trip min/avg/max = 0/2/8 ms
R0#
```

图 3.4　测试结果

在网络设备里执行"ping"命令，和在 PC 端执行"ping"命令返回的信息是不一样的。路由器用"!"（叹号）表示通信正常，用"."（英文句号）表示不明原因丢包。统计信息"Success rate is 100 percent （5/5）"表示测试了 5 个数据包，成功率为 100%。

本项目的目标是让用户能访问到 Internet，也就是让内网用户能 ping 通 ISP 路由器。实现的思路如下：首先让内网用户将数据发送到边界路由器，让边界路由器帮助转发到 ISP；ISP 收到数据包后，再给发送方一个确认的应答包，以完成整个通信过程。

所以这里需要解决的第一个问题就是让企业内网用户能将数据发送到边界路由器。如果用户无法将数据发送到边界路由器，那么边界路由器就接收不到用户数据，也就无法帮助用户将数据包转发到 Internet。接下来我们用静态路由技术来解决这个问题。

任务 1　将数据发送到边界路由器——静态路由

3.1　将数据发送到
边界路由器——
静态路由

任务目标：实现用户能 ping 通边界路由器。

这里以 Laptop3 将数据发给边界路由器为例进行分析。Laptop3 封装了一个 IP 数据包，源 IP 地址和目的 IP 地址见表 3.2。

表 3.2　Laptop3 发给边界路由器的数据包地址信息

源 IP 地址	目的 IP 地址	目的网络的网络地址
192.168.20.13/24	192.168.0.2/30	192.168.0.0/30

1. 分析内网用户发出 IP 数据包的通信过程

根据本项目的网络拓扑结构可知，Laptop3（192.168.20.13/24）和边界路由器（192.168.0.2/30）是处于不同网络的设备。按照项目 2 的分析，不同网络的设备必须经过网关的数据转发。因此，Laptop3 需要先把数据发送给自己的网关（192.168.20.1/24），再由三层交换机 MS0 查询路由表，根据路由表的路由条目作出转发决定，即丢弃还是转发，以及从哪个端口转发出去。

我们在项目 2 中已经确定 Laptop3 可以 ping 通网关，在这里不做重复测试。在网关接收到 Laptop3 发给边界路由器 R0 的数据以后，为了确定数据如何转发，MS0 需根据要转发的数据包的目的地址去查路由表。MS0 的路由表如图 3.5 所示。

```
MS0#show ip route
Codes: C - connected, S - static, I - IGRP, R - RIP, M - mobile, B - BGP
       D - EIGRP, EX - EIGRP external, O - OSPF, IA - OSPF inter area
       N1 - OSPF NSSA external type 1, N2 - OSPF NSSA external type 2
       E1 - OSPF external type 1, E2 - OSPF external type 2, E - EGP
       i - IS-IS, L1 - IS-IS level-1, L2 - IS-IS level-2, ia - IS-IS inter
area
       * - candidate default, U - per-user static route, o - ODR
       P - periodic downloaded static route

Gateway of last resort is not set

     192.168.0.0/30 is subnetted. 1 subnets
C       192.168.0.0 is directly connected, FastEthernet0/24
C    192.168.10.0/24 is directly connected, Vlan10
C    192.168.20.0/24 is directly connected, Vlan20
```

图 3.5　核心路由器 MS0 的路由表

在路由表中，MS0 找到目的网络（192.168.0.0）的路由条目。这个路由条目告诉路由器，192.168.0.0 网络直接连接（directly connected）到了 FastEthernet0/24 端口。如果有数据要发送到网络 192.168.0.0，则要将数据从 FastEthernet0/24 端口转发出去。

根据如图 3.1 所示的拓扑结构，MS0 将数据从 FastEthernet0/24 端口转发出去以后，R0 就可以接收到。整个过程很顺利，不需要任何额外的配置。

2．分析边界路由器 R0 发应答数据包给内网用户的过程

我们定义一个信息传递过程是否畅通的依据是，数据是否有去有回。目前只能确定 Laptop3 发出的数据可以到达边界路由器 R0，并且边界路由器能接收到该数据包。但是当 R0 要给 Laptop3 发回一个应答包的时候，边界路由器 R0 封装了一个 IP 数据包，其源地址和目的地址见表 3.3。

表 3.3　边界路由器发给 Laptop3 的数据包地址信息

源 IP 地址	目的 IP 地址	目的网络的网络地址
192.168.0.2/30	192.168.20.13/24	192.168.20.0/24

R0 同样需要根据数据包的目的地址（192.168.20.13/24）查询自己的路由表，才能决定如何处理该数据包：是丢弃还是转发，以及从哪个接口将应答包发出。

边界路由器 R0 的路由表如图 3.6 所示。

```
R0#sh ip rou
Codes: C - connected, S - static, I - IGRP, R - RIP, M - mobile, B - BGP
       D - EIGRP, EX - EIGRP external, O - OSPF, IA - OSPF inter area
       N1 - OSPF NSSA external type 1, N2 - OSPF NSSA external type 2
       E1 - OSPF external type 1, E2 - OSPF external type 2, E - EGP
       i - IS-IS, L1 - IS-IS level-1, L2 - IS-IS level-2, ia - IS-IS inter area
       * - candidate default, U - per-user static route, o - ODR
       P - periodic downloaded static route

Gateway of last resort is not set

     115.0.0.0/29 is subnetted, 1 subnets
C       115.0.0.0 is directly connected, FastEthernet1/0
     192.168.0.0/30 is subnetted, 1 subnets
C       192.168.0.0 is directly connected, FastEthernet0/0

R0#
```

图 3.6　R0 的路由表

R0 在路由表中无法查到 Laptop3 所处的网络地址（192.168.20.0/24）信息，按规则只能将应答包丢弃，从而导致通信中断。

有一个简单的办法可以解决这个问题。那就是手动往路由表添加一个 192.168.20.0 网络的条目，这样路由器就可以通过查询路由表作出转发决定。

3．手动往路由表中添加静态路由

手动往路由表里添加一个路由条目，这个路由条目就叫静态路由。下面我们将在 R0 的路由表中添加一个条目，告诉路由器如果有发送到 192.168.20.0/24 网络的数据，就要将数据转发给 MS0（192.168.0.1）。命令如图 3.7 所示。

```
R0#conf t
R0(config)#ip route 192.168.20.0 255.255.255.0 192.168.0.1
```

图 3.7　静态路由命令

静态路由命令解读：

① "ip route" 命令表示要添加一条静态路由；

② "192.168.20.0 255.255.255.0" 表示最终目的网络的网络号和子网掩码；

③ "192.168.0.1" 表示下一跳地址。

整条命令表达的意思如下：如果有数据要发送到 192.168.20.0/24 这个网络，则把数据转发给 192.168.0.1，由它负责下一步的转发。

检查路由表中关于 192.168.20.0/24 网络的路由条目，结果如图 3.8 所示。

```
R0#sh ip rou
Codes: C - connected, S - static, I - IGRP, R - RIP, M - mobile, B - BGP
       D - EIGRP, EX - EIGRP external, O - OSPF, IA - OSPF inter area
       N1 - OSPF NSSA external type 1, N2 - OSPF NSSA external type 2
       E1 - OSPF external type 1, E2 - OSPF external type 2, E - EGP
       i - IS-IS, L1 - IS-IS level-1, L2 - IS-IS level-2, ia - IS-IS inter area
       * - candidate default, U - per-user static route, o - ODR
       P - periodic downloaded static route

Gateway of last resort is not set

     115.0.0.0/29 is subnetted, 1 subnets
C       115.0.0.0 is directly connected, FastEthernet1/0
     192.168.0.0/30 is subnetted, 1 subnets
C       192.168.0.0 is directly connected, FastEthernet0/0
S    192.168.20.0/24 [1/0] via 192.168.0.1
```

图 3.8　R0 路由表中新添加的路由条目

输出的路由表显示多了一个标记"S"的 192.168.20.0/24 的路由条目。根据上方的解释，"S"表示"static"（静态），说明去往 192.168.20.0/24 网络的路由条目添加成功。R0 以后查路由表就可以知道：如果有数据要发送到 192.168.20.0/24 这个网络，就把数据发给 192.168.0.1。

其实 R0 此时并不知道 192.168.0.1 是谁，也不知道要从哪个端口把数据转发出去，所以 R0 要再查一次路由表（递归查询），才能确定转发给 192.168.0.1 的数据是从 FastEthernet0/0 端口发出的。查到的记录如图 3.9 所示。

```
R0#sh ip rou
Codes: C - connected, S - static, I - IGRP, R - RIP, M - mobile, B - BGP
       D - EIGRP, EX - EIGRP external, O - OSPF, IA - OSPF inter area
       N1 - OSPF NSSA external type 1, N2 - OSPF NSSA external type 2
       E1 - OSPF external type 1, E2 - OSPF external type 2, E - EGP
       i - IS-IS, L1 - IS-IS level-1, L2 - IS-IS level-2, ia - IS-IS inter area
       * - candidate default, U - per-user static route, o - ODR
       P - periodic downloaded static route

Gateway of last resort is not set

     115.0.0.0/29 is subnetted, 1 subnets
C       115.0.0.0 is directly connected, FastEthernet1/0
     192.168.0.0/30 is subnetted, 1 subnets
C       192.168.0.0 is directly connected, FastEthernet0/0
S    192.168.20.0/24 [1/0] via 192.168.0.1
```

图 3.9　R0 路由表中的路由条目

4. 继续分析数据返回的通信过程

数据到达 192.168.0.1（MS0）以后，MS0 也要去查自己的路由表。它根据图 3.10 所示的路由表，查到关于 192.168.20.0/24 网络的信息，最后将数据从 VLAN 20 端口转发出去。

```
MS0#show ip route
Codes: C - connected, S - static, I - IGRP, R - RIP, M - mobile, B - BGP
       D - EIGRP, EX - EIGRP external, O - OSPF, IA - OSPF inter area
       N1 - OSPF NSSA external type 1, N2 - OSPF NSSA external type 2
       E1 - OSPF external type 1, E2 - OSPF external type 2, E - EGP
       i - IS-IS, L1 - IS-IS level-1, L2 - IS-IS level-2, ia - IS-IS inter
area
       * - candidate default, U - per-user static route, o - ODR
       P - periodic downloaded static route

Gateway of last resort is not set

     192.168.0.0/30 is subnetted, 1 subnets
C       192.168.0.0 is directly connected, FastEthernet0/24
C    192.168.10.0/24 is directly connected, Vlan10
C    192.168.20.0/24 is directly connected, Vlan20
```

图 3.10　MS0 路由表中的路由信息

Laptop3 拿到应答包后，通信完成。Laptop3 主机 ping 边界路由器 R0 的结果如图 3.11 所示。

```
C:\>ping 192.168.0.2

Pinging 192.168.0.2 with 32 bytes of data:

Reply from 192.168.0.2: bytes=32 time<1ms TTL=254
Reply from 192.168.0.2: bytes=32 time=3ms TTL=254
Reply from 192.168.0.2: bytes=32 time=7ms TTL=254
Reply from 192.168.0.2: bytes=32 time=1ms TTL=254

Ping statistics for 192.168.0.2:
    Packets: Sent = 4, Received = 4, Lost = 0 (0% loss),
Approximate round trip times in milli-seconds:
    Minimum = 0ms, Maximum = 7ms, Average = 2ms
```

图 3.11　测试结果

5. 在 R0 的路由表中添加静态路由，实现 VLAN 10 用户能访问到边界路由器

如何实现销售部网络的主机 ping 通边界路由器？按同样的思维去分析，会发现数据是可以到达边界路由器 R0 的，只是 R0 不知道应答包该从哪个接口发回来。

可以在 R0 的路由表中添加一条静态路由，告诉 R0：如果有数据要发到网络 192.168.10.0/24，请转发给 192.168.0.1。命令如下：

```
R0>en
R0#conf t
R0(config)#ip route 192.168.10.0 255.255.255.0 192.168.0.1    // 配置静态路由，发往
192.168.10.0/24 网络的数据传给节点 192.168.0.1，由它来负责下一步的转发
```

检查路由表（见图 3.12），确认是否添加成功。

```
R0#sh ip rou
Codes: C - connected, S - static, I - IGRP, R - RIP, M - mobile, B - BGP
       D - EIGRP, EX - EIGRP external, O - OSPF, IA - OSPF inter area
       N1 - OSPF NSSA external type 1, N2 - OSPF NSSA external type 2
       E1 - OSPF external type 1, E2 - OSPF external type 2, E - EGP
       i - IS-IS, L1 - IS-IS level-1, L2 - IS-IS level-2, ia - IS-IS inter area
       * - candidate default, U - per-user static route, o - ODR
       P - periodic downloaded static route

Gateway of last resort is not set

     115.0.0.0/29 is subnetted, 1 subnets
C       115.0.0.0 is directly connected, FastEthernet1/0
     192.168.0.0/30 is subnetted, 1 subnets
C       192.168.0.0 is directly connected, FastEthernet0/0
S    192.168.10.0/24 [1/0] via 192.168.0.1
S    192.168.20.0/24 [1/0] via 192.168.0.1
```

图 3.12　R0 的路由表

确认成功添加静态路由以后，测试从 Laptop0 ping 边界路由器（192.168.0.2），结果如图 3.13 所示。

```
C:\>ping 192.168.0.2

Pinging 192.168.0.2 with 32 bytes of data:

Reply from 192.168.0.2: bytes=32 time=1ms TTL=254
Reply from 192.168.0.2: bytes=32 time<1ms TTL=254
Reply from 192.168.0.2: bytes=32 time=1ms TTL=254
Reply from 192.168.0.2: bytes=32 time=1ms TTL=254
```

图 3.13　测试结果

至此，内网用户都可以访问到边界路由器，企业网络内部能全部互通。

掌握了静态路由技术，就可以任意地控制数据的流向。想把数据发送给谁，就将静态路由的下一跳指向谁。接下来，如果有数据需要发送到 Internet，则内部主机先将数据发送到边界路由器，

再由边界路由器 R0 将数据转发到 ISP 的网络。同样地，可以用静态路由来实现将内网数据往 Internet 发送——下一个任务会分析和实现这个目标。

　　课堂练习： 参照本任务，基于企业网络模型，配置静态路由，让所有内网计算机都可以访问到边界路由器 R0。

> **素养拓展**　　路由器根据路由表决定如何转发数据包，因此路由表中的路由条目的正确性显得尤为重要。路由表一旦匹配成功，路由器会严格地将数据转发给被匹配到的路由条目中记录的下一跳节点。从某种程度上说，路由表代表一面旗帜，决定了数据流的方向。大学生也要在心中树好一面旗帜，一面爱国主义旗帜，把爱国之情、强国之志、报国之行统一起来，为国家和民族作出应有的贡献。

任务 2　实现内网用户访问互联网服务器——端口地址转换（PAT）

　　任务目标： 在边界路由器转换内网地址，实现内网用户访问外网（ping 通 ISP 路由器地址 115.0.0.2/29）。

　　经过前面几个任务的配置，企业内网的计算机是否就可以顺利访问外网了呢？测试发现，内网用户还无法访问外网主机。为了找出问题的原因，我们从数据的发出和返回来分析数据通信的整个过程。

3.2　实现内网用户访问互联网服务器——端口地址转换（PAT）

　　继续对本项目的网络拓扑结构进行分析，Laptop3 要 ping 运营商 115.0.0.2/29 的地址，Laptop3 封装了一个 IP 数据包，其源地址和目的地址见表 3.4。

表 3.4　Laptop3 发给 ISP 路由器的数据包地址信息

源 IP 地址	目的 IP 地址	目的网络的网络地址
192.168.20.13/24	115.0.0.2/29	115.0.0.0/29

　　Laptop3 发出的数据包是否能顺利到达 ISP 路由器呢？我们通过分析发现，只要在三层设备确保有目的网络的路由条目，就能保障数据转发没有问题。

1. Laptop3 发出 IP 数据包后的分析

　　Laptop3 发现目的地址 115.0.0.2/29 处于不同网络，因此将 IP 数据包发送给其网关（MS0：192.168.20.1/24）请求帮助转发。MS0 收到该 IP 数据包后，根据 IP 数据包上的目的 IP 地址查询路由表，如图 3.14 所示。

```
MS0#sh ip route
Codes: C - connected, S - static, I - IGRP, R - RIP, M - mobile, B - BGP
       D - EIGRP, EX - EIGRP external, O - OSPF, IA - OSPF inter area
       N1 - OSPF NSSA external type 1, N2 - OSPF NSSA external type 2
       E1 - OSPF external type 1, E2 - OSPF external type 2, E - EGP
       i - IS-IS, L1 - IS-IS level-1, L2 - IS-IS level-2, ia - IS-IS inter area
       * - candidate default, U - per-user static route, o - ODR
       P - periodic downloaded static route

Gateway of last resort is not set

     192.168.0.0/30 is subnetted, 1 subnets
C       192.168.0.0 is directly connected, FastEthernet0/24
C    192.168.10.0/24 is directly connected, Vlan10
C    192.168.20.0/24 is directly connected, Vlan20
```

图 3.14　MS0 的路由表

MS0 发现路由表中没有关于目的网络（115.0.0.0/29）的路由条目，按规则只能丢弃。解决办法之一是按本项目任务 1 的思路，往路由表中添加静态路由。

2. 在 MS0 的路由表中添加静态路由，将发往 ISP 路由器的数据转发给边界路由器 R0

在 MS0 的路由表中添加 115.0.0.0/29 的路由条目，命令如下：

```
MS0(config)#ip route 115.0.0.0 255.255.255.248 192.168.0.2
```

检查核心交换机 MS0 的路由表（见图 3.15），确认是否添加成功。

```
MS0#sh ip rou
Codes: C - connected, S - static, I - IGRP, R - RIP, M - mobile, B - BGP
       D - EIGRP, EX - EIGRP external, O - OSPF, IA - OSPF inter area
       N1 - OSPF NSSA external type 1, N2 - OSPF NSSA external type 2
       E1 - OSPF external type 1, E2 - OSPF external type 2, E - EGP
       i - IS-IS, L1 - IS-IS level-1, L2 - IS-IS level-2, ia - IS-IS inter area
       * - candidate default, U - per-user static route, o - ODR
       P - periodic downloaded static route

Gateway of last resort is not set

     115.0.0.0/29 is subnetted, 1 subnets
S       115.0.0.0 [1/0] via 192.168.0.2
     192.168.0.0/30 is subnetted, 1 subnets
C       192.168.0.0 is directly connected, FastEthernet0/24
C    192.168.10.0/24 is directly connected, Vlan10
C    192.168.20.0/24 is directly connected, Vlan20
```

图 3.15　核心交换机 MS0 的路由表

MS0 根据新添加的路由条目，将数据转发给 192.168.0.2（边界路由器 R0）。R0 同样也要去查路由表，如图 3.16 所示。

```
R0#sh ip rou
Codes: C - connected, S - static, I - IGRP, R - RIP, M - mobile, B - BGP
       D - EIGRP, EX - EIGRP external, O - OSPF, IA - OSPF inter area
       N1 - OSPF NSSA external type 1, N2 - OSPF NSSA external type 2
       E1 - OSPF external type 1, E2 - OSPF external type 2, E - EGP
       i - IS-IS, L1 - IS-IS level-1, L2 - IS-IS level-2, ia - IS-IS inter area
       * - candidate default, U - per-user static route, o - ODR
       P - periodic downloaded static route

Gateway of last resort is not set

     115.0.0.0/29 is subnetted, 1 subnets
C       115.0.0.0 is directly connected, FastEthernet1/0
     192.168.0.0/30 is subnetted, 1 subnets
C       192.168.0.0 is directly connected, FastEthernet0/0
S    192.168.10.0/24 [1/0] via 192.168.0.1
S    192.168.20.0/24 [1/0] via 192.168.0.1
```

图 3.16　边界路由器 R0 的路由表

路由表会告诉 R0，发往 115.0.0.0/29 的网络通过 FastEthernet1/0 端口发出。最终数据到达对端——ISP 路由器。

显然，通过在内网添加路由条目的方式，可以顺利地将数据发送到外网的目的网络。但位于外网的目的网络主机（ISP 路由器）是否能顺利地将应答数据包返回给发送方 Laptop3 呢？我们继续进行应答包返回过程的分析。

3. 分析 ISP 路由器返回应答包的过程

ISP 路由器接收到数据包以后，会生成一个应答包返回给 Laptop3，其地址信息见表 3.5。

表 3.5　ISP 路由器发给 Laptop3 的数据包地址信息

源 IP 地址	目的 IP 地址	目的网络的网络地址
115.0.0.2/29	192.168.20.13/24	192.168.20.0/24

为了把这个数据包返回给 Laptop3，ISP 路由器会去查自己的路由表，以便确定该从哪个接口发出该数据包。ISP 路由器的路由表如图 3.17 所示。

```
ISP#sh ip rou
Codes: C - connected, S - static, I - IGRP, R - RIP, M - mobile, B - BGP
       D - EIGRP, EX - EIGRP external, O - OSPF, IA - OSPF inter area
       N1 - OSPF NSSA external type 1, N2 - OSPF NSSA external type 2
       E1 - OSPF external type 1, E2 - OSPF external type 2, E - EGP
       i - IS-IS, L1 - IS-IS level-1, L2 - IS-IS level-2, ia - IS-IS inter area
       * - candidate default, U - per-user static route, o - ODR
       P - periodic downloaded static route

Gateway of last resort is not set

     115.0.0.0/29 is subnetted, 1 subnets
C       115.0.0.0 is directly connected, FastEthernet1/0
```

图 3.17　ISP 路由器的路由表

但是，从输出的路由信息来看，ISP 路由器的路由表并没有关于 192.168.20.0/24 网络的路由条目。按规则，ISP 会将应答包丢弃，使得数据通信无法继续。

是否可以在 ISP 的路由器的路由表中添加一条静态路由，让路由器将数据包返回给 Laptop3 呢？很多人在掌握了静态路由技术以后，很容易想到按照本项目任务 1 的思路，在 ISP 路由器的路由表中添加一条静态路由，让 ISP 将数据返回给 R0。

但是这样做会产生以下两个问题。

① 私有 IP 地址在互联网中是不可以被路由的，因为公网设备的路由表不允许存在私有 IP 地址的记录。

② 私有网络的地址是组织内部自己规划的，可以任意使用。如果运营商的多个客户用的是相同的私有网络地址，而且私有网络地址允许出现在公网的路由器里，则运营商必须配置到达用户网络的路由条目。而对于某个被重复使用的网络，下一跳地址是不唯一的，最终会导致数据丢失。例如 A 公司和 B 公司都接入了同一个运营商，而且这两个公司都使用同一个私有 IP 地址段，那么运营商在写路由条目的时候，下一跳节点是指向 A 公司还是 B 公司呢？如果下一跳地址指向 A 公司，则 B 公司就收不到返回的流量；如果指向 B 公司，则同样导致 A 公司收不到返回的流量；如果写两条，一条指向 A 公司，另一条指向 B 公司，则 A 和 B 这两个公司将只会收到 50% 的返回流量。这些途径显然都不行。

解决问题的办法是应用 NAT（Network Address Translation，网络地址转换）技术。边界路由器负责将 Laptop3 发过来的数据包上的源 IP 地址（私有地址）转换成公有 IP 地址。因为 ISP 路由器生成应答包的时候，目的地址是根据它接收到的数据包的源地址确定的（类似于我们收到一封信，回信的时候，目的地址写的是收到信件的源地址）。就这样，当 ISP 路由器返回应答包的时候，目的地址也是公有地址，从而避免了私有地址在公网上的非法存在。

PAT（Port Address Translation，端口地址转换）是 NAT 技术最常用的一种方式。下面在边界路由器应用 PAT 技术对数据包的源地址进行转换（将私有 IP 地址转换成公有 IP 地址）。

步骤 1：定义 NAT 内网接口和外网接口。

对照项目拓扑，边界路由器 R0 的 Fa0/0 端口连接的是企业内网，如图 3.18 所示。

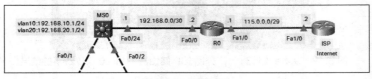

图 3.18　项目拓扑

所以在这里需要将这个端口定义为 NAT 的内网端口。命令如下：

```
R0>
R0>en
R0#conf t
R0(config)#int fa 0/0
R0(config-if)#ip nat inside          //将 Fa0/0 端口定义为 NAT 的内网端口
R0(config-if)#exit
R0(config)#
```

路由器 R0 的 Fa1/0 端口连接的是企业外网，所以我们在这里需要将这个端口定义为 NAT 的外网接口。命令如下：

```
R0(config)#int fa 1/0
R0(config-if)#ip nat outside          //将 Fa1/0 接口定义为 NAT 的外网接口
R0(config-if)#exit
```

步骤 2：用 ACL（Access Control Lists，访问控制列表）捕获需要转换的流量。这里捕获 Laptop3 所在网络发出的数据包，命令如下：

```
R0(config)#access-list 1 permit 192.168.20.0 0.0.0.255
```

我们创建了一个列表，编号是"1"，这个列表可以捕获网络 192.168.20.0/24 发出的数据包。（可以根据具体情况自己定义编号，但是要遵守规则。具体的 ACL 规则将在项目 8 展开讨论）

> **注意** 这里用到了通配符掩码（Wildcard bits），而不是以前习惯使用的掩码的格式。一种通配符掩码的计算方法是简单地用 255.255.255.255 减掉子网掩码。在这个例子中，255.255.255.255 减去 255.255.255.0，就得到 0.0.0.255。

步骤 3：将捕获的流量映射到外网接口。命令如下：

```
R0(config)#ip nat inside source list 1 interface fastEthernet 1/0 overload
```

参数解读如下。

① "ip nat" 命令要求路由器执行地址转换。

② "inside source" 参数表示当数据包由内网发往外网的时候，需要转换其源地址。

③ "list 1" 表示编号为"1"的访问控制列表。这里要注意的是，列表的编号要和步骤 2 中定义的列表编号一致。

④ "fastEthernet 1/0" 指的是边界路由器 R0 的外网端口，即连接运营商的网络端口。

⑤ "overload" 表示允许过载，边界路由器会通过端口映射的方式，允许内网多个用户同时实现地址转换，理论上的数量可以达到 64511 个（1024～65535）。

步骤 4：测试从内网主机访问外网的情况。

从 Laptop3 ping 外网 ISP 路由器（115.0.0.2/29），结果如图 3.19 所示。

```
C:\>ping 115.0.0.2

Pinging 115.0.0.2 with 32 bytes of data:

Reply from 115.0.0.2: bytes=32 time<1ms TTL=253
Reply from 115.0.0.2: bytes=32 time=3ms TTL=253
Reply from 115.0.0.2: bytes=32 time=11ms TTL=253
Reply from 115.0.0.2: bytes=32 time=13ms TTL=253
```

图 3.19　从 Laptop3 ping 外网 ISP 路由器（115.0.0.2/29）的结果

结果显示通信是正常的，我们通过应用 PAT 技术成功实现了内网用户访问外网。在边界路由器

R0 中，我们可以查看到地址转换的详细信息，如图 3.20 所示。

```
R0#show ip nat translations
Pro  Inside global      Inside local       Outside local      Outside global
icmp 115.0.0.1:17       192.168.20.13:17   115.0.0.2:17       115.0.0.2:17
icmp 115.0.0.1:18       192.168.20.13:18   115.0.0.2:18       115.0.0.2:18
icmp 115.0.0.1:19       192.168.20.13:19   115.0.0.2:19       115.0.0.2:19
icmp 115.0.0.1:20       192.168.20.13:20   115.0.0.2:20       115.0.0.2:20
```

图 3.20　边界路由器的地址转换信息

"show ip nat translations"命令用于显示每个包转换的信息。结果显示转换了 4 个 icmp 数据包的地址，包括数据包从内网出去的时候，将源地址（192.168.20.13）转换为内部全局地址（Inside global：115.0.0.1）；数据包从外网进入内网的时候，将目的地址（115.0.0.1）转换为内部本地地址（Inside local：192.168.20.13）。往返的数据包进行地址转换的时候，其过程与此相反。

通过 ACL 也可以查看到捕获的数据包统计信息，一共有 8 个数据包被捕获，如图 3.21 所示。

```
R0#
R0#sh ip access-lists 1
Standard IP access list 1
    permit 192.168.20.0 0.0.0.255 (8 match(es))

R0#
```

图 3.21　检查边界路由器 R0 上捕获的数据包

边界路由器访问控制列表捕获的数据包统计数据为"8 match（es）"：一共有 8 个数据包被匹配到。我们用"ping"命令不是只发出了 4 个数据包吗？"show ip nat translations"命令显示的信息也只有 4 条记录。但是，这个捕获的统计数据包括了出去的 4 个数据包和返回的 4 个数据包。（注意：数据包出去和返回都需要转换，只是数据包出去的时候，源地址是私有地址，需要转换成公有地址；数据包回来的时候，转换的是目的地址，目的地址是公有地址，要转换成原来的私有地址）

这个时候，销售部 VLAN 10 的用户还是不能访问外网，因为边界路由器 R0 没有去捕获他们网络发出来的流量，也就没有去转换那些数据包的地址。按本任务开始时的分析，这导致了数据包到达目的地址以后因为应答包的目的地址是一个私有 IP 地址而无法被路由回来，最终被丢弃。

解决这个问题的办法很简单，在边界路由器的访问控制列表添加一条规则，让路由器捕获 VLAN 10 发出的数据即可。

步骤 5：在边界路由器 R0 的访问控制列表添加一条规则，让路由器捕获 VLAN 10 网络发出的数据。命令如下：

R0(config)#access-list 1 permit 192.168.10.0 0.0.0.255

测试销售部用户 Laptop0 访问外网，结果如图 3.22 所示。

```
C:\>ping 115.0.0.2

Pinging 115.0.0.2 with 32 bytes of data:

Reply from 115.0.0.2: bytes=32 time=1ms TTL=253
Reply from 115.0.0.2: bytes=32 time=14ms TTL=253
Reply from 115.0.0.2: bytes=32 time=15ms TTL=253
Reply from 115.0.0.2: bytes=32 time=12ms TTL=253
```

图 3.22　Laptop0 访问 ISP 路由器的应答信息

结果显示，销售部用户的计算机能正常访问外网。

课堂练习：参照本任务，在边界路由器配置 PAT，让企业内网所有用户都能访问到 ISP 路由器。注：ISP 路由器上不能有任何内网的路由。

任务 3 实现互联网用户访问内网主机——网络地址转换（静态 NAT）

任务目标：应用静态 NAT 技术，实现外网用户能访问内网主机。

上一个任务我们用 PAT 技术实现了内网用户能访问外网主机，如果外网用户想访问内网主机，该如何实现呢？——有一种技术可以满足这个需求，那就是静态 NAT 技术：私有 IP 地址和公有 IP 地址一对一映射。

3.3 实现互联网用户访问内网主机——网络地址转换（静态 NAT）

下面，我们通过应用静态 NAT 技术，实现 ISP 路由器能 ping 通 Laptop3。

步骤 1：定义 NAT 的内网端口和外网端口。

依据项目拓扑，边界路由器 R0 的 Fa0/0 端口连接的是企业内网，如图 3.23 所示。

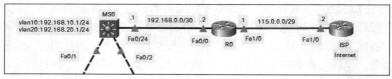

图 3.23 项目拓扑

所以在这里需要将 R0 的 Fa0/0 端口定义为 NAT 的内网端口。命令如下：

```
R0>
R0>enable
R0#conf t
R0(config)#int fa 0/0
R0(config-if)#ip nat inside        //将 Fa0/0 端口定义为 NAT 的内网端口
R0(config-if)#exit
R0(config)#
```

路由器 R0 的 Fa1/0 端口连接的是企业外网，所以在这里需要将该端口定义为 NAT 的外网端口。命令如下：

```
R0(config)#int fa 1/0
R0(config-if)#ip nat outside       //将 Fa1/0 端口定义为 NAT 的外网端口
R0(config-if)#exit
```

注：如果在本项目任务 2 中已经定义好 NAT 的内网端口和外网端口，则不用重复配置，可以跳过此步骤。

步骤 2：将私有 IP 地址映射到公有 IP 地址。

在全局模式下，将内网 Laptop3 的 IP 地址（192.168.20.13）映射到外网端口所在网络

（115.0.0.0/29）的某个地址。

经过计算,网络115.0.0.0/29的主机地址范围为115.0.0.1/29～115.0.0.6/29。由于115.0.0.1和115.0.0.2已经分别被R0和ISP这两台设备占用,所以这里用该网络目前还未被使用的主机地址115.0.0.3。

配置静态NAT映射的命令如下:

```
R0(config)#ip nat inside source static 192.168.20.13 115.0.0.3
```

命令解读:

① "static"参数是静态的意思;

② "192.168.20.13"是内网主机Laptop3的IP地址;

③ "115.0.0.3"是边界路由器外网端口同网段的合法公有地址。（可以使用外网端口的IP地址）

这样,外部网络的用户就可以访问到公有地址 115.0.0.3,然后边界路由器将外网发来的数据转发给内网的192.168.20.13主机,从而实现外网用户访问到内网主机资源。

步骤3:测试ISP路由器访问Laptop3的情况。

注意,ISP路由器直接ping Laptop3的IP地址是不成功的,因为外网一定没有私有地址的路由条目。而此时, 内网 Laptop3 的地址（192.168.20.13）已经映射为外网可以识别的地址（115.0.0.3）,所以测试的时候,应该从外网ping映射以后的外网地址（115.0.0.3）。结果如图3.24所示。

```
ISP#ping 115.0.0.3

Type escape sequence to abort.
Sending 5, 100-byte ICMP Echos to 115.0.0.3, timeout is 2 seconds:
!!!!!
Success rate is 100 percent (5/5), round-trip min/avg/max = 0/13/28 ms
```

图 3.24　ISP 路由器 ping Laptop3 主机映射地址的结果

结果显示通信是正常的。在边界路由器中查看转换记录,结果如图3.25所示。

```
R0#show ip nat translations
Pro  Inside global      Inside local       Outside local      Outside global
---  115.0.0.3          192.168.20.13      ---                ---

R0#
```

图 3.25　边界路由器的 NAT 映射表

开启边界路由器 R0 的 debug 功能,如图 3.26 所示。

```
R0#debug ip nat
IP NAT debugging is on
R0#
```

图 3.26　开启 R0 的 debug 功能

在ISP路由器再次ping主机Laptop3映射的地址,最后在路由器R0查看到的debug信息如图3.27所示。

信息解读:

① "NAT"表示数据包从外网进入内网时的转换信息;

② "NAT*"表示数据包从内网发到外网时的转换信息;

③ "d=115.0.0.3—>192.168.20.13"的 d 表示目的（Destination）地址,指的是当数据包从外网进入内网的时候,将数据包的目的地址 115.0.0.3 转换为 192.168.20.13;

```
R0#debug ip nat
IP NAT debugging is on
R0#
NAT:  s=115.0.0.2, d=115.0.0.3->192.168.20.13 [47]

NAT*: s=192.168.20.13->115.0.0.3, d=115.0.0.2 [40]

NAT:  s=115.0.0.2, d=115.0.0.3->192.168.20.13 [48]

NAT*: s=192.168.20.13->115.0.0.3, d=115.0.0.2 [41]

NAT:  s=115.0.0.2, d=115.0.0.3->192.168.20.13 [49]

NAT*: s=192.168.20.13->115.0.0.3, d=115.0.0.2 [42]

NAT:  s=115.0.0.2, d=115.0.0.3->192.168.20.13 [50]

NAT*: s=192.168.20.13->115.0.0.3, d=115.0.0.2 [43]

NAT:  s=115.0.0.2, d=115.0.0.3->192.168.20.13 [51]

NAT*: s=192.168.20.13->115.0.0.3, d=115.0.0.2 [44]
```

图 3.27　R0 路由器的 debug 信息

④ "s=192.168.20.13—>115.0.0.3" 的 s 表示源（Source）地址，指的是当应答包从内网返回外网的时候，将源地址 192.168.20.13 转换为 115.0.0.3；

⑤ 最后的 " [47] " 表示 NAT 转换时使用的端口号为 47。

静态的地址映射可以精确到端口号。在这个案例中，我们将两个 IP 地址相互映射，这两个 IP 地址所有的端口号也都是一一对应的。当然，如果只想映射某个特定端口号，也是可以的。下面的命令可以将内网地址（192.168.20.13）的 8080 端口映射到外网地址（115.0.0.3）的 80 端口：

> R0(config)#ip nat inside source static TCP 192.168.20.13 8080 115.0.0.3 80

课堂练习： 参照本任务，在企业内网增加一台服务器，接入核心交换机，进行适当的配置，让服务器能访问到边界路由器；然后在边界路由器 R0 配置 PAT，让外网用户能访问到企业内网的服务器。

素养拓展　静态 NAT 映射技术通常应用于为实现内网服务器对外网用户提供服务的情景，但是该技术让内部服务器暴露于 Internet 而产生了很大的外部威胁。工程人员需要严格遵循 GB/T 22239—2019《信息安全技术网络安全等级保护基本要求》，为信息系统构筑坚固的堡垒，防止信息泄露。大学生也要筑牢自己思想的堡垒，增强安全意识，切实履行维护国家安全的义务。

任务 4　减少路由表的路由条目——路由汇总（默认路由）

任务目标： 利用一条默认路由，将所有内网的数据发往外网。

在本项目任务 1 中，为了让内网的主机能访问外网中某个网络的主机，需要在内网的所有三层设备（核心交换机和边界路由器）添加路由条目，否则三层设备在自己的路由表没有查到目的网络的相关路由信息，就会把数据丢弃。

为了更好地理解这个知识点，我们把项目拓扑的 ISP 部分补齐，即增加一个运营商的互联网数据中心（Internet Data Center，IDC）的两台服务器。结果如图 3.28 所示。

3.4　减少路由表的路由条目——路由汇总（默认路由）

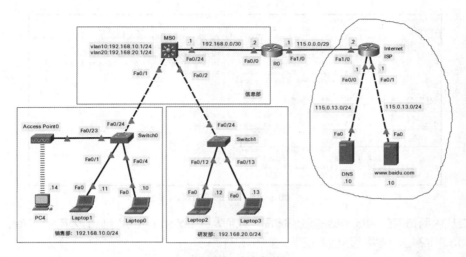

图 3.28　任务拓扑

1. 配置服务器的 IP 地址以及网关，让外网设备能相互通信

各设备的 IP 地址规划见表 3.6。

表 3.6　互联网数据中心 IP 地址信息表

设备名称	端口	IP 地址	备注
DNS 服务器		115.0.11.10/24	
Web 服务器		115.0.13.10/24	
ISP 路由器	Fa0/0	115.0.11.1/24	DNS 服务器的网关
	Fa0/1	115.0.13.1/24	Web 服务器的网关

2. 在内网的三层设备添加路由，将内网的数据发往 ISP 数据中心服务器

为了让内网用户能访问到外网的两个网络（115.0.11.0/24 和 115.0.13.0/24），我们必须在内网的核心交换机添加两条路由（见图 3.29），让核心交换机能将发往这两个网络的数据转发给 R0。

```
MS0#sh ip rou
Codes: C - connected, S - static, I - IGRP, R - RIP, M - mobile, B - BGP
       D - EIGRP, EX - EIGRP external, O - OSPF, IA - OSPF inter area
       N1 - OSPF NSSA external type 1, N2 - OSPF NSSA external type 2
       E1 - OSPF external type 1, E2 - OSPF external type 2, E - EGP
       i - IS-IS, L1 - IS-IS level-1, L2 - IS-IS level-2, ia - IS-IS inter area
       * - candidate default, U - per-user static route, o - ODR
       P - periodic downloaded static route

Gateway of last resort is not set

     115.0.0.0/8 is variably subnetted, 3 subnets, 2 masks
S       115.0.0.0/29 [1/0] via 192.168.0.2
S       115.0.11.0/24 [1/0] via 192.168.0.2
S       115.0.13.0/24 [1/0] via 192.168.0.2
     192.168.0.0/30 is subnetted, 1 subnets
C       192.168.0.0 is directly connected, FastEthernet0/24
C     192.168.10.0/24 is directly connected, Vlan10
C     192.168.20.0/24 is directly connected, Vlan20
```

图 3.29　MS0 的路由表

同时也要在边界路由器 R0 添加两条路由（见图 3.30），让 R0 将发往 115.0.11.0/24 和 115.0.13.0/24 网络的数据转发给 ISP 路由器。

```
R0(config)#do sh ip rou
Codes: C - connected, S - static, I - IGRP, R - RIP, M - mobile, B - BGP
       D - EIGRP, EX - EIGRP external, O - OSPF, IA - OSPF inter area
       N1 - OSPF NSSA external type 1, N2 - OSPF NSSA external type 2
       E1 - OSPF external type 1, E2 - OSPF external type 2, E - EGP
       i - IS-IS, L1 - IS-IS level-1, L2 - IS-IS level-2, ia - IS-IS inter area
       * - candidate default, U - per-user static route, o - ODR
       P - periodic downloaded static route

Gateway of last resort is not set

     115.0.0.0/8 is variably subnetted, 3 subnets, 2 masks
C       115.0.0.0/29 is directly connected, FastEthernet1/0
S       115.0.11.0/24 [1/0] via 115.0.0.2
S       115.0.13.0/24 [1/0] via 115.0.0.2
     192.168.0.0/30 is subnetted, 1 subnets
C       192.168.0.0 is directly connected, FastEthernet0/0
S       192.168.10.0/24 [1/0] via 192.168.0.1
S       192.168.20.0/24 [1/0] via 192.168.0.1
```

图 3.30 R0 的路由表

检查从内网访问外网服务器的通信情况。我们从 Laptop3 主机 ping 外网的 Web 服务器（115.0.13.10/24），结果显示通信正常，如图 3.31 所示。

```
C:\>ping 115.0.13.10

Pinging 115.0.13.10 with 32 bytes of data:

Reply from 115.0.13.10: bytes=32 time<1ms TTL=125
Reply from 115.0.13.10: bytes=32 time<1ms TTL=125
Reply from 115.0.13.10: bytes=32 time=11ms TTL=125
Reply from 115.0.13.10: bytes=32 time=15ms TTL=125
```

图 3.31 从 Laptop3 主机 ping 外网 Web 服务器的结果

问题是整个互联网有数百万个网络，难道内网的每台三层设备都要添加这几百万条路由信息吗？如果真的这样做，则会导致几乎所有内网的三层设备无法承受如此庞大的路由表。该解决方案显然是无法被接受的。

路由汇总可以解决这个问题。我们尝试将这两条路由的网络汇总成更大的网络，在路由表中用汇总后的网络来表达路由信息，可以减少路由表的条目，提高查询效率。

3. 路由汇总：将多个网络的路由条目汇总成一条

步骤 1：将需要汇总的路由条目的目标网络转换成二进制表达方式。目标网络号及其二进制表达形式如图 3.32 所示。

目标网络号	二进制表达	备注
115.0.11.0	01110011.00000000.00001 011.00000000	
115.0.13.0	01110011.00000000.00001 101.00000000	

网络位部分　　　　主机位部分

图 3.32 目标网络号及其二进制表达形式

步骤 2：将网络位部分和主机位部分分开，得到汇总后的网络。

对照这两个网络地址的二进制表达形式，将相同的部分和不同的部分隔开。相同的部分是汇总后的网络的网络位部分，不同的部分是汇总后的网络的主机位部分。将主机位部分全部写成"0"，就得到汇总后的网络的网络号见表 3.7。

表 3.7 汇总后的网络的网络号

网络位部分	主机位部分	十进制表达
01110011 .00000000.00001	000.00000000	115.0.8.0/21

由此可知，网络 115.0.11.0/24 和 115.0.13.0/24 汇总后，得到了一个更大的网络，网络号为 115.0.8.0/21。也就是说，在路由表中，我们用汇总以后的路由替换掉原来的两条路由记录。

步骤 3：在三层设备用汇总后的路由替换原来的明细路由。

先删除 MS0 和 R0 上网络 115.0.11.0/24 和 115.0.13.0/24 的明细路由，命令如下：

```
MS0(config)#no ip route 115.0.11.0 255.255.255.0 192.168.0.2
MS0(config)#no ip route 115.0.13.0 255.255.255.0 192.168.0.2
R0(config)#no ip route 115.0.11.0 255.255.255.0 115.0.0.2
R0(config)#no ip route 115.0.13.0 255.255.255.0 115.0.0.2
```

在 MS0 上配置汇总后的路由条目，命令如下：

```
MS0(config)#ip route 115.0.8.0 255.255.248.0 192.168.0.2
```

它表达的是，数据到达 MS0 以后发往 115.0.8.0/21 网络的数据一律转发给 192.168.0.2。在 R0 上配置汇总后的路由条目，命令如下：

```
R0(config)#ip route 115.0.8.0 255.255.248.0 115.0.0.2
```

它表达的是，数据到达 R0 以后发往 115.0.8.0/21 网络的数据一律转发给 115.0.0.2。

由于网络 115.0.11.0/24 和 115.0.13.0/24 是包含在网络 115.0.8.0/21 中的，所以汇总后的路由同样可以转发目的网络为 115.0.11.0/24 和 115.0.13.0/24 的数据。

核心交换机 MS0 汇总后的路由表如图 3.33 所示。

```
MS0#sh ip rou
Codes: C - connected, S - static, I - IGRP, R - RIP, M - mobile, B - BGP
       D - EIGRP, EX - EIGRP external, O - OSPF, IA - OSPF inter area
       N1 - OSPF NSSA external type 1, N2 - OSPF NSSA external type 2
       E1 - OSPF external type 1, E2 - OSPF external type 2, E - EGP
       i - IS-IS, L1 - IS-IS level-1, L2 - IS-IS level-2, ia - IS-IS inter area
       * - candidate default, U - per-user static route, o - ODR
       P - periodic downloaded static route

Gateway of last resort is not set

     115.0.0.0/8 is variably subnetted, 2 subnets, 2 masks
S       115.0.0.0/29 [1/0] via 192.168.0.2
S       115.0.8.0/21 [1/0] via 192.168.0.2
     192.168.0.0/30 is subnetted, 1 subnets
C       192.168.0.0 is directly connected, FastEthernet0/24
C     192.168.10.0/24 is directly connected, Vlan10
C     192.168.20.0/24 is directly connected, Vlan20
```

图 3.33　核心交换机 MS0 汇总后的路由表

边界路由器 R0 汇总后的路由表如图 3.34 所示。

```
R0#sh ip rou
Codes: C - connected, S - static, I - IGRP, R - RIP, M - mobile, B - BGP
       D - EIGRP, EX - EIGRP external, O - OSPF, IA - OSPF inter area
       N1 - OSPF NSSA external type 1, N2 - OSPF NSSA external type 2
       E1 - OSPF external type 1, E2 - OSPF external type 2, E - EGP
       i - IS-IS, L1 - IS-IS level-1, L2 - IS-IS level-2, ia - IS-IS inter area
       * - candidate default, U - per-user static route, o - ODR
       P - periodic downloaded static route

Gateway of last resort is not set

     115.0.0.0/8 is variably subnetted, 2 subnets, 2 masks
       115.0.0.0/29 is directly connected, FastEthernet1/0
S       115.0.8.0/21 [1/0] via 115.0.0.2
     192.168.0.0/30 is subnetted, 1 subnets
C       192.168.0.0 is directly connected, FastEthernet0/0
S     192.168.10.0/24 [1/0] via 192.168.0.1
S     192.168.20.0/24 [1/0] via 192.168.0.1
```

图 3.34　边界路由器 R0 汇总后的路由表

这里我们只是将两条路由汇总成一条。可是互联网有好几百万条路由，该怎样汇总呢？

4．再汇总：将所有网络的路由条目汇总成一条

我们可以从表 3.8 网络汇总的小案例中寻找规律，然后作出推断。

表 3.8　Internet 区域 IP 地址信息表

汇总前		汇总后	
网络号	子网掩码	网络号	子网掩码
115.0.11.0/24	/24	115.0.8.0	/21
115.0.13.0/24	/24		

从表 3.8 可以看出，汇总前的子网掩码长度为/24，汇总后网络子网掩码的长度为/21——子网掩码的长度变短了。

按这样的规律去推断，网络越大，其子网掩码就应该越短；网络大到极限的时候，子网掩码也应该短到极限。因此，全球所有组织的网络汇总后，得到全球最大的网络（Internet），其子网掩码必然最短（/0）。

子网掩码为/0，表示这个网络没有网络位，只有主机位。而网络地址的主机位全是"0"，所以可用 0.0.0.0/0 表示 Internet 的所有汇总后的网络。也就是说，我们可以写一条路由，将全部数据发往 Internet。

删除 MS0 和 R0 上的汇总静态路由，命令如下。

```
MS0(config)#no ip route 115.0.8.0 255.255.248.0 192.168.0.2
R0(config)#no ip route 115.0.8.0 255.255.248.0 115.0.0.2
```

在核心交换机 MS0 配置新汇总的路由，命令如下：

```
MS0(config)#ip route 0.0.0.0 0.0.0.0 192.168.0.2   //将所有的数据都转发给 192.168.0.2 节点
```

在边界路由器 R0 配置新汇总的路由，命令如下：

```
R0(config)#ip route 0.0.0.0 0.0.0.0 115.0.0.2   //将所有的数据都转发给 115.0.0.2 节点
```

替换后 MS0 的路由表如图 3.35 所示。

```
MS0#sh ip rou
Codes: C - connected, S - static, I - IGRP, R - RIP, M - mobile, B - BGP
       D - EIGRP, EX - EIGRP external, O - OSPF, IA - OSPF inter area
       N1 - OSPF NSSA external type 1, N2 - OSPF NSSA external type 2
       E1 - OSPF external type 1, E2 - OSPF external type 2, E - EGP
       i - IS-IS, L1 - IS-IS level-1, L2 - IS-IS level-2, ia - IS-IS inter area
       * - candidate default, U - per-user static route, o - ODR
       P - periodic downloaded static route

Gateway of last resort is 192.168.0.2 to network 0.0.0.0

     115.0.0.0/29 is subnetted, 1 subnets
S       115.0.0.0 [1/0] via 192.168.0.2
     192.168.0.0/30 is subnetted, 1 subnets
C       192.168.0.0 is directly connected, FastEthernet0/24
C    192.168.10.0/24 is directly connected, Vlan10
C    192.168.20.0/24 is directly connected, Vlan20
S*   0.0.0.0/0 [1/0] via 192.168.0.2
```

图 3.35　核心交换机 MS0 的路由表

R0 的路由表如图 3.36 所示。

```
R0#sh ip rou
Codes: C - connected, S - static, I - IGRP, R - RIP, M - mobile, B - BGP
       D - EIGRP, EX - EIGRP external, O - OSPF, IA - OSPF inter area
       N1 - OSPF NSSA external type 1, N2 - OSPF NSSA external type 2
       E1 - OSPF external type 1, E2 - OSPF external type 2, E - EGP
       i - IS-IS, L1 - IS-IS level-1, L2 - IS-IS level-2, ia - IS-IS inter area
       * - candidate default, U - per-user static route, o - ODR
       P - periodic downloaded static route

Gateway of last resort is 115.0.0.2 to network 0.0.0.0

     115.0.0.0/29 is subnetted, 1 subnets
C       115.0.0.0 is directly connected, FastEthernet1/0
     192.168.0.0/30 is subnetted, 1 subnets
C       192.168.0.0 is directly connected, FastEthernet0/0
S    192.168.10.0/24 [1/0] via 192.168.0.1
S    192.168.20.0/24 [1/0] via 192.168.0.1
S*   0.0.0.0/0 [1/0] via 115.0.0.2
```

图 3.36　边界路由器 R0 上路由表

路由表中标记 0.0.0.0/0 的静态路由不再标记为 "S"，而是标记为 "S*"，称为静态默认路由。

这里用静态默认路由将内网发到 Internet 的所有数据通过运营商发送出去，极大地精简了内网三层设备的路由表，极大地提高了查询路由表的效率，同时也降低了网络的管理成本。还有一个好处，那就是如果 Internet 多出了其他的网络，不需要网络管理员去了解多出了哪些网络、其网络号是多少，更不需要在内网的三层设备额外添加任何路由条目，因为一条默认路由就可以将所有数据往外网发送。

但需要注意的是，默认路由的优先级低于明细路由，因为路由器查询路由表是根据子网掩码的最长匹配原则进行的，而默认路由的子网掩码为 0，按逻辑当然是最后才会匹配到。也就是说，路由器根据数据包上的目的地址去路由表匹配路由条目，如果明细路由条目匹配不到，最后才会匹配到默认路由。而此时的默认路由可以被所有目的网络匹配到，所以路由器会按默认路由的下一跳 IP 地址转发数据，而不会导致数据包丢失。

课堂练习：参照本任务，将内网中目的网络为公有地址的静态路由全部删除，用默认路由替代，配置完成后，内网用户依然可以访问到 ISP 路由器。

> **素养拓展**　路由汇总简化了路由表的路由条目，提高了路由器匹配路由条目的效率，从而提高了数据转发速率。简单是一种美。大学生要身体力行，倡导简约适度、绿色低碳的生活方式，为留下天蓝、地绿、水清的生产生活环境，为建设美丽中国作出自己应有的贡献。

任务 5　部署域名服务器——域名服务（DNS）

任务目标：理解通过域名访问一个 Web 服务器的过程。

完成本项目任务 1 到任务 3 的配置以后，我们就可以在 Laptop3 的浏览器地址栏输入 Web 服务器的 IP 地址，访问外网的 Web 服务器，结果如图 3.37 所示。

如何确认这里访问到的网页就是 Web 服务器（115.0.13.10/24）上的？事实上，我们可以在 Web 服务器上修改这个网页，如图 3.38 和图 3.39 所示。

3.5　部署域名服务器——域名服务（DNS）

图 3.37　Laptop3 访问 Web 服务器界面

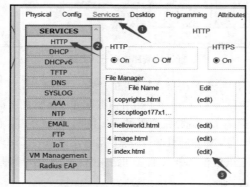

图 3.38　修改 Web 服务器上的 "index.html" 文件

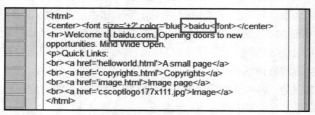

图 3.39　修改默认首页信息

　　将原网页的两处 "Cisco Packet Tracer" 改成 "baidu.com"，单击右下角 "save" 按钮保存。其间会出现是否覆盖（overwrite）的提示，则要单击 "yes" 按钮确认覆盖。再次在 Laptop3 上用浏览器浏览 Web 服务器（见图 3.40），可以看到页面也跟着改变了。

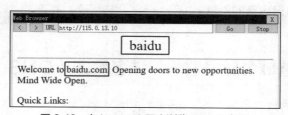

图 3.40　在 Laptop3 再次浏览 Web 服务器

　　如果显示的网页发生的变化是之前修改而产生的变化，那么我们可以确定在 Laptop3 上看到的网页就是 Web 服务器（115.0.13.10/24）上的。

　　一般情况下不会用 IP 地址去访问服务器，因为服务器的 IP 地址没有规律，难以记住。一般情况下，我们通过 Web 主机的名字（域名）来访问。这就像同学之间一般称呼姓名而非学号一样，因为学号不好记。

用户通过域名访问 Web 主机的过程如下：

① 用户在地址栏输入 Web 服务器域名，主机获取用户要访问的域名；

② 用户主机将获取的域名发送给 DNS 服务器，请求 DNS 服务器查询该域名对应的 IP 地址，因为主机封装数据包时目的地址是 Web 服务器的 IP 地址，而不是其域名；

③ DNS 服务器查到 Web 服务器域名对应的 IP 地址以后，会将该 IP 地址发回给用户主机；

④ 用户主机得到 Web 服务器的 IP 地址以后，开始进行 IP 数据包的封装，将 Web 请求发给 Web 服务器；

⑤ 服务器根据用户主机发来的请求，找到相应的网页，将网页数据发回给用户主机；

⑥ 最终用户主机得到请求的网页数据，在浏览器显示出来，用户就可以看到相应的网页。

DNS（Domain Name System，域名服务系统）服务器保存有 Web 主机的域名和其 IP 地址对应的表。通常情况下可以用 Windows 或 Linux 服务器提供 DNS 服务，这里用 Cisco Packet Tracer 模拟 DNS 服务器，其配置界面如图 3.41 所示。

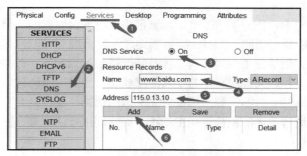

图 3.41　DNS 服务配置界面

输入域名 www.baidu.com 和 Web 服务器的 IP 地址，单击"Add"按钮往数据库中添加记录。而后数据库中会增加相应记录，结果如图 3.42 所示。

Add		Save		Remove
No.	Name		Type	Detail
0	www.baidu.com		A Record	115.0.13.10

图 3.42　DNS 服务器域名和 IP 地址的映射表

添加记录成功以后，还需要在用户设置网卡参数的位置填写 DNS 服务器的 IP 地址，如图 3.43 所示。这样做的目的是告诉用户主机，如果有域名需要解析成 IP 地址的，请将域名发送给 115.0.11.10/24。

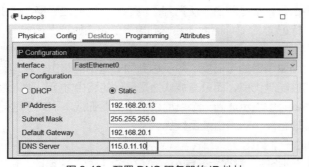

图 3.43　配置 DNS 服务器的 IP 地址

完成所有的配置以后，用户就可以在 Laptop3 的浏览器地址栏输入域名（www.baidu.com）访问到 Web 服务器，结果如图 3.44 所示。

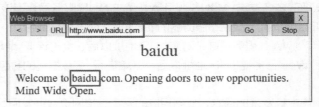

图 3.44　用户通过域名访问 Web 服务器的结果

结果显示，用户可以借助于 DNS 服务用域名来访问 Web 服务器。

课堂练习：参照本任务，在 Internet 部署 Web 和 DNS 服务器，进行适当的配置，实现内网用户借助于 DNS 服务用域名来访问 Web 服务器。

> **素养拓展**　在互联网中，我们用 IP 地址和域名来标识一台服务器，但由于域名更方便记忆，所以我们借助于 DNS 服务器将域名解析成 IP 地址，以便 IP 数据包能封装成功。但是在用户对 DNS 服务如此依赖的情况下，如果 DNS 服务器被劫持，则会导致大量网络服务陷入瘫痪状态。显然，这种破坏网络通信安全的行为是违法的。大学生要弘扬社会主义法治精神，建设社会主义法治文化，增强全社会厉行法治的积极性和主动性，更好促进守法光荣、违法可耻的社会氛围的形成。

小结与拓展

1. 静态路由信息解读

静态路由信息如下：

```
S    115.0.0.0  [1/0]  via  192.168.0.2
```

信息解读：

① "S" 是 Static 的简写，表示静态路由；

② "115.0.0.0" 表示目标网络的网络号；

③ "[1/0]" 中的 "1" 表示该路由条目的管理距离，"0" 表示该路由条目的度量值；

④ "192.168.0.2" 表示下一跳节点的 IP 地址。

路由表中存放的路由条目都是路由器认为到达目标网络的最佳路径。路由条目有很多种类，静态路由只是其中一种，标记为 "S"。后面还会学到更多的路由协议，例如 R 表示 RIP 路由，O 表示 OSPF 路由等。

管理距离代表一个路由条目的可信度。对于达到同一网络的路由，管理距离越小，可信度就越高，表示该路由条目的性能越优良，而只有被认为是最优的路由才可以进入路由表中。

路由的度量值（metric）表示达到一个目的网络所需要的成本。对于达到同一网络的路由，如果管理距离一样，则管理距离小的路由条目最优。

2. 关于管理距离的一个类比

"对于达到同一网络的路由，管理距离越小，可信度就越高"这句话，有一个比较好的例子帮助我们去理解：有人在陌生的城市迷路了，站在一个十字路口问路，连续问了好几个人，他们都指向不同的方向。此时，迷路的这个人该相信谁？答案是谁的可信度高就相信谁。

可信度也要有一个指标来衡量，这个指标就叫"管理距离"。

管理员如果配置了好几个到达同一个网络的条目，而且下一跳都是不一样的，这个时候路由器该如何在这几条到达同一个网络的路径当中选一个最佳的路由条目呢？路由器认为，管理距离最小的路由条目可信度是最高的，该条目会被认为是最佳的路径而选入路由表；如果当中最小管理距离的路由不止一条，那么就比较它们的度量值，度量值最小的被认为是最佳的路径，会被选中并放入路由表中。

3. 最长匹配原则与默认路由在路由表中的地位

路由器匹配路由条目的方式叫"最长匹配原则"。路由器接收到一个数据包以后，会读取数据包上的目的地址，去匹配路由表中的网络号。如果查到多个网络号一样的条目，则会匹配到子网掩码最长的那个条目。

按照这个规则，对于子网掩码为 0 的默认路由而言，它总是最后才会被匹配到，因为 0 是最短的子网掩码。

4. 修改静态路由的管理距离

静态路由默认的管理距离是 0，但有需要的时候是可以修改的。以下就是将去往 115.0.11.0/24 网络的静态路由的管理距离改成 100 的命令：

MS0(config)# ip route 115.0.11.0 255.255.255.0 192.168.0.2 100

检查路由表，结果如图 3.45 所示。

```
Gateway of last resort is 192.168.0.2 to network 0.0.0.0

       115.0.0.0/8 is variably subnetted, 2 subnets, 2 masks
S        115.0.0.0/29 [1/0] via 192.168.0.2
S        115.0.11.0/24 [100/0] via 192.168.0.2
       192.168.0.0/30 is subnetted, 1 subnets
C        192.168.0.0 is directly connected, FastEthernet0/24
C      192.168.10.0/24 is directly connected, Vlan10
C      192.168.20.0/24 is directly connected, Vlan20
S*     0.0.0.0/0 [1/0] via 192.168.0.2
```

图 3.45 MS0 的路由表

从路由表中可以看到，去往 115.0.11.0/24 网络的路由条目的管理距离已经变成 100。一般在多出口的网络中，我们会配置多条管理距离不一样的静态路由。正常情况下启用管理距离小的路由，而当该路由失效时，管理距离第二小的路由被启用，从而实现路径的备份，这叫浮动静态路由技术。

5. 用转出接口配置静态路由

静态路由有两种配置方式：带下一跳的静态路由和带转出端口的静态路由。本项目任务 1 采用的是第一种方式，也是最常用的方式。只要下一跳的地址可达，该路由就可用。缺点是需要进行递归查询，占用更多系统资源。

以下是采用带转出端口的静态路由的配置方式。根据如图 3.1 所示的拓扑结构，MS0 如果有数据要发往 115.0.0.0/29，则数据应该从 Fa0/24 端口发出。于是可以这样配置：

MS0(config)#ip route 115.0.0.0 255.255.255.248 fastEthernet 0/24

检查路由表，结果如图 3.46 所示。

```
MS0(config)#do sh ip rou
Codes: C - connected, S - static, I - IGRP, R - RIP, M - mobile, B - BGP
       D - EIGRP, EX - EIGRP external, O - OSPF, IA - OSPF inter area
       N1 - OSPF NSSA external type 1, N2 - OSPF NSSA external type 2
       E1 - OSPF external type 1, E2 - OSPF external type 2, E - EGP
       i - IS-IS, L1 - IS-IS level-1, L2 - IS-IS level-2, ia - IS-IS inter area
       * - candidate default, U - per-user static route, o - ODR
       P - periodic downloaded static route

Gateway of last resort is 192.168.0.2 to network 0.0.0.0

     115.0.0.0/8 is variably subnetted, 2 subnets, 2 masks
S       115.0.0.0/29 is directly connected, FastEthernet0/24
S       115.0.11.0/24 [100/0] via 192.168.0.2
     192.168.1.0/30 is subnetted, 1 subnets
C       192.168.0.0 is directly connected, FastEthernet0/24
C       192.168.10.0/24 is directly connected, Vlan10
C       192.168.20.0/24 is directly connected, Vlan20
S*      0.0.0.0/0 [1/0] via 192.168.0.2
```

图 3.46　核心交换机 MS0 的路由表

"S 115.0.0.0/29 is directly connected，FastEthernet0/24"路由条目会告诉交换机 MS0，如果有数据要发往 115.0.0.0/29 网络，则可以将数据从 FastEthernet 0/24 端口转发出去，最终效果是一样的。好处是路由器从该路由条目就直接知道要将数据从 FastEthernet 0/24 端口转发出去，不用进行递归查询，提升了数据转发效率。

用转出端口配置静态路由有两个缺点。一是当转出端口失效时，即使下一跳地址可达，该路径也会失效。二是这里虽然被标记为"S"（静态路由），但后面却显示 115.0.0.0/29 网络是一个直连（directly connected）网络。这显然是一个错误，因为这会让交换机 MS0 误以为网络 115.0.0.0/29 跟它是直连的，从而发出 ARP 请求，询问目的主机的 MAC 地址，但实际上目的主机并不是直连的，而是需要跨几个网络。

ARP 请求是以广播的方式发出的，如果转发端口是一个广播型网络，则会导致网络上出现过多的流量，可能会耗尽路由器的内存，从而影响正常的网络通信。解决问题的办法是，用"ip route 115.0.0.0 255.255.255.248 FastEthernet0/24 192.168.0.2"命令（Cisco Packet Tracer 模拟器不支持该命令）同时指定转发端口和下一跳地址。

6. NAT 的几种类型

NAT 有 3 种类型：静态 NAT、动态 NAT 和 PAT。

本项目用到了两种 NAT 技术：静态 NAT 和 PAT。这也是最常用的两种 NAT 技术。静态 NAT 用于将内部服务器的 IP 地址映射到某个公有 IP 地址，实现外网用户访问内网服务器；PAT 技术用于实现内部用户主机访问外网资源，其通过端口映射的方式实现公有 IP 地址复用，节约了公有 IP 地址。

动态 NAT 的实现思路是创建一个公有 IP 地址池，将内网用户的 IP 地址映射到地址池中某个空闲的公有地址。命令如下：

R0(config)# ip nat pool NAT_POOL 115.0.0.3 115.0.0.6 netmask 255.255.255.248　//定义一个地址池，名字为 NAT_POOL（任意取值）

R0(config)# ip nat inside source list 1 pool NAT_POOL　//将列表定义的用户 IP 映射到地址池（注意列表序号和地址池名称必须和定义的完全匹配）

如果地址池中没有空闲的公有 IP 地址，则用户数据只能进行等待，从而影响到数据通信的效率。解决这个问题的办法只能是注意观察地址池的使用情况，避免没有空闲的公有 IP 地址的情况发生，或者用 overload 参数，允许过载转换。命令如下：

R0(config)# ip nat inside source list 1 pool NAT_POOL overload　//允许 NAT 过载

7. 域名服务

域名服务通过 DNS 协议来实现，DNS 协议采用分层系统创建数据库以提供名称解析，如图 3.47 所示。DNS 使用域名来划分层次。

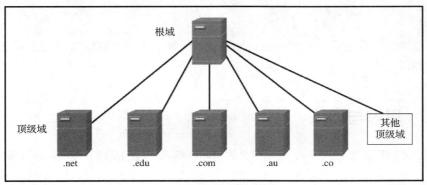

图 3.47 域名结构

域名结构被划分为多个更小的受管域。每台 DNS 服务器维护着特定的数据库文件，而且只负责管理 DNS 结构中那一小部分的"域名—IP"映射。DNS 服务器收到的域名转换请求不属于 DNS 服务器所负责的 DNS 区域时，可将请求转发到与该请求对应的区域中的 DNS 服务器进行转换。DNS 具有可扩展性，这是因为主机名解析分散在多台服务器上完成。

不同的顶级域有不同的含义，分别代表着组织类型或起源国家/地区，见表 3.9。

表 3.9 常见顶级域及其含义

序号	顶级域	含义
1	.net	".net"是国际上最早使用的域名之一，也是流行最广泛的通用域名之一
2	.edu	edu 为 education 的简写，一般表示教育机构，例如大学等
3	.com	com 为 company 的简写，表示公司企业。".com"是目前国际最广泛流行的通用域名之一
4	.org	适用于各类组织机构，包括非营利团体
5	.cn	".cn"域名是由我国管理的国际顶级域名，是我国的互联网标识
6	.gov.cn	gov 是 government 的简写。".gov.cn"域名是我国政府机关等政府部门网站的重要标识，专门用于我国政府机关等部门

我们通常在配置网络设备时会提供一个或者多个 DNS 服务器地址，DNS 客户端可以使用该地址进行域名解析。ISP 往往会为 DNS 服务器提供地址。当用户应用程序请求通过域名连入远程设备时，DNS 客户端将向某一域名服务器请求查询，获得域名解析后的数字地址。

用户还可以使用操作系统中名为"nslookup"的实用程序手动查询域名服务器，来解析给定的主机名。该实用程序也可以用于检查域名解析故障和验证域名服务器的当前状态。参考命令如下：

```
C:\Users\Administrator>nslookup
默认服务器： UnKnown
Address： fe80::1
> www.baidu.com
服务器： UnKnown
Address： fe80::1
```

非权威应答：
名称： www.a.shifen.com
Addresses: 183.232.231.174
183.232.231.172
Aliases: www.baidu.com
>

DNS 查询的结果显示，域名 www.baidu.com 映射的 IP 地址为 183.232.231.174 和 183.232.231.172。

思考与训练

按如图 3.48 所示的项目拓扑，在项目 2 思考与训练第 7 题的基础上继续完成以下任务。

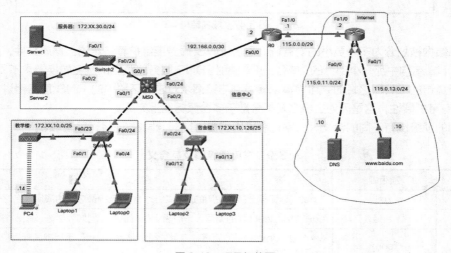

图 3.48　项目拓扑图

（1）规划内网各部门的 IP 地址，进行适当的配置，实现教学楼和宿舍楼的用户都能访问到学校的服务器。

（2）在校园内网配置静态路由，实现校园内全网互通（提示：所有用户都能访问到边界路由器的内网端口）。

（3）在内网的三层设备配置默认路由，将发往 Internet 的数据包发送到 ISP。

（4）在边界路由器 R0 应用 PAT 技术，实现内网所有用户能访问到 Internet 的服务器。

（5）在边界路由器 R0 应用静态 NAT 技术，实现外部服务器能通过浏览器访问到内部两台服务器的 Web 界面。

（6）在 Internet 的 DNS 服务器添加 www.abc.com 的记录，实现内网用户可以通过浏览器使用域名访问外网的 Web 服务器。

注意　没有任何权限去配置 Internet 上的任何设备，包括 ISP 路由器。

项目4
解析网络通信

04

就学习本身来说，不仅要"知其然"，还要"知其所以然"，才能做到灵活运用，触类旁通。本项目侧重解释计算机之间是如何通信的，在知识层面实现从实践到理论的升华；通过引入OSI网络参考模型，从微观的角度去重新诠释计算机网络是什么；提出分层的概念，详细讨论OSI网络参考模型的每一层之间是如何协作完成数据通信的，厘清计算机、交换机、路由器参与通信的每一个细节，为后续的故障排除打好基础。

📋 知识目标

- 了解常用的网络参考模型（OSI网络参考模型和TCP/IP网络参考模型）；
- 理解数据通信过程中OSI网络参考模型中各层的作用和各层之间的协作；
- 理解交换机和路由器在通信过程中的作用；
- 理解VLSM（Variable Length Subnet Mask，可变长子网掩码）的意义。

📋 技能目标

- 能描述OSI网络参考模型各层的功能；
- 能基于OSI网络参考模型清晰描述完整的数据通信过程；
- 掌握VLSM方法，能将大网络分割成小网络。

通过项目1的学习，我们知道了计算机网络是什么。但其实那是从宏观的、具体的角度去描述计算机网络，那样更容易让初学者理解。我们如果要弄清楚网络是如何工作的，数据是如何从发送方一步一步转发到接收方的，以及整个通信过程中的每个工作细节是怎样的，就要从另外一个角度去描述什么是计算机网络。跟宏观的、具体的角度不一样，这个角度更加抽象化和专业化，它能帮我们更好地理解数据通信过程。

有人可能会疑惑：我们为何要去关心数据通信的细节呢？只要网络设备能帮助用户把数据发送到接收方就可以了，数据传输任务应该完全由网络中间设备去承担。这里需要清楚我们未来的身份是网络工程师，而不是普通的网络用户。当网络出现各种故障的时候，网络工程师就需要在最短时间内排除故障，恢复网络通信。这就像医生的职责是治病救人一样。但是如果这个医生对人体各器官工作的细节以及器官之间如何协同工作都不清楚，相信几乎没有人敢找这样的医生看病。同样地，如果我们不理解网络工作的原理和数据通信的细节，当网络出现故障时，我们就无法判断故障点在哪里，是什么原因导致了这个故障，不知道如何解决问题，也不知道今后该如何避免此类问题的发生。会有客户找这种不理解通信原理的人来帮助解决网络通信问题吗？几乎不会。

为了更专业地解释什么是计算机网络，这里引入了网络参考模型的概念。

网络参考模型只是计算机网络工作原理的表示方法，而并非实际的网络。它从网络功能的角度，描述特定的层需要完成什么，但不规定如何完成，以此来保持各类网络协议和服务中的开放性和一致性。

网络参考模型有很多种，比较常用的有两个：OSI 网络参考模型和 TCP/IP 网络参考模型。

任务1　初识 OSI 网络参考模型

任务目标：了解 OSI 网络参考模型的分层思路和各层的功能。

计算机网络刚面世的时候，通常只有同一个厂家生产的计算机才能相互通信。一个企业部署网络的时候，必须采购同一个厂家的产品，不能集成几个厂家的设备。直到 20 世纪 70 年代末期，国际标准化组织（International Standards Organization，ISO）开发了开放式系统互联（Open System Interconnect，OSI）网络参考模型。开发该模型的目的是以协议的形式帮助厂家生产可互操作的网络设备和软件，让不同厂家的网络能相互通信。

4.1　初识 OSI 网络参考模型

OSI 网络参考模型是主要的网络架构模型，描述了数据和网络信息如何通过网络介质从一台计算机的应用程序传输到另一台计算机的应用程序。为了清楚地描述数据传输的细节，OSI 网络参考模型对一次网络通信过程的所有工作任务进行了统计并分组（分层），每层都规定了需要完成哪些工作，层和层之间相互协作，共同完成整个通信任务。这就像物流公司为完成快递的传输成立了好几个部门，规定了每个部门应该完成的任务，各部门各司其职又相互协作。这里 OSI 网络参考模型定义的层就类似于快递公司成立的业务部门。

OSI 网络参考模型定义了 7 个层：物理层、数据链路层、网络层、传输层、会话层、表示层、应用层，如图 4.1 所示。

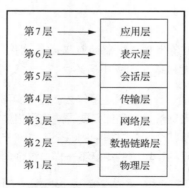

第7层 →	应用层
第6层 →	表示层
第5层 →	会话层
第4层 →	传输层
第3层 →	网络层
第2层 →	数据链路层
第1层 →	物理层

图 4.1　OSI 网络参考模型

OSI 网络参考模型的 7 层被分成两组，第一组包括物理层、数据链路层、网络层、传输层。第二组包括会话层、表示层、应用层。第一组负责端到端的数据传输，第二组负责应用程序之间的通信。也就是说，第一组负责数据从这台主机发往另一台主机。至于数据由主机中哪个应用程序发出，由对端主机哪个应用程序接收，它是不关心的。这类似于快递公司负责货物中转的大货车司机，他不关心车厢内的快递是从哪里来的，要发给谁，他负责的只是像接力一样把货物从这个地点发到那个地点。第二组负责运行在终端主机上的应用程序之间的相互通信，同时还提供与终端用户的交互，这个工作类似于快递公司负责接收快递的员工所要完成的任务。与开大货车的司机不一样，快递员要确定发出快递用户的身份，负责派件的员工要在区域内负责找到接收快递的人，让其凭有效证件领取快递。

网络参考模型每一层所要完成的工作是不一样的，各层之间又要相互协同，共同完成一次数据传输。这就像快递公司不同岗位的员工所负责的工作都不一样，各岗位人员共同协作，任何一个角色缺一不可，一起完成快递的传输。

网络参考模型每一层都需要完成什么工作呢？OSI 网络参考模型各层的功能如下。

1. 应用层（Application Layer）

应用层是用户与计算机交互的通道，当需要访问网络的时候，这一层就开始发挥作用。工作在应用层的协议包括 HTTP、DNS、DHCP、FTP、SMTP 和 POP3 等。

但有些应用程序并不是工作在应用层，例如 IE 浏览器。即使把网络协议和网卡全部禁用，也可以通过 IE 浏览器浏览本地文件。但是只有当它收到用户需要访问网络资源的请求时，它才去调用应用层的端口和服务。此时，服务才是应用层的程序。

应用层还有一个很重要的任务，就是要负责目标通信方的可用性，并判断是否有足够的资源确保想要的通信。

2. 表示层（Presentation Layer）

OSI 网络参考模型在表示层定义了如何格式化标准数据，以便确保从一个系统的应用层传来的数据可以被另外一个系统所识别和读取。

表示层为应用层提供服务。在发送方，表示层对应用层传下来的数据进行数据转换和代码格式化，然后将处理后的数据发给下一层（会话层）。在接收方，表示层负责对会话层发来的格式化数据进行逆向处理，还原为最原始的数据，然后转发给应用层。

数据加密、解密、压缩和解压缩等都和表示层有关。发送方的表示层根据需要对应用层传下来的数据进行加密和压缩。接收方的表示层从下层（会话层）得到的数据如果是经过压缩的，则要解压缩；如果是加密的，则要解密。最后将处理完的数据发送给应用层。

3. 会话层（Session Layer）

会话层负责在表示层实体之间建立、管理和终止会话，协调和组织系统之间的通信。它为客户端的应用程序提供了打开、关闭和管理会话的机制，即半永久的对话。会话的实体包含了对其他程序做会话链接的要求及回应其他程序提出的会话链接要求。在应用程序的运行环境中，会话层是这些程序用来提出远程过程调用（Remote Procedure Call，RPC）的地方。

4. 传输层（Transport Layer）

传输层为应用进程提供端到端的通信服务，包括以下功能。

连接导向式通信：通常对一个应用进程来说，把连接解读为数据流而非处理底层的无连接模型更加容易。

相同次序交付：网络层通常不能保证数据包到达顺序与发送顺序相同，这通常是通过给报文段编号来完成的，接收者按次序将它们传给应用进程。

可靠性：由于网络拥塞和错误，数据包可能会在传输过程中丢失。传输协议通过检错码（如校验和）可以检查数据是否损坏，并通过向发送者传 ACK 或 NACK 消息确认正确接收。自动重发请求方案可用于重新传输丢失或损坏的数据。

流量控制：有时必须控制两个节点之间的数据传输速率，以阻止发送者快速地传输超出接收缓冲器所能承受的数据，避免造成缓冲区溢出。也可以通过减少缓冲区不足来进行控制。

拥塞避免：拥塞控制可以控制进入电信网络的流量。

多路复用：端口可以在单个节点上提供多个端点。例如邮政地址的名称是一种多路复用，并区分同一地点的不同收件人。每个计算机应用进程会监听它们自己的端口，这使得在同一时间内可以使用多个网络服务。

为了完成传输层的工作，人们设计了 TCP 和 UDP 两个协议。这两个协议的工作是并行的，是不相干的。它们对传输层所定义的工作的完成过程不一样：TCP 能通过各种策略确保数据的可靠传输；但是 UDP 忽略了很多细节，通过牺牲可靠性提高了数据传输效率。程序设计人员通常要根据所需传输数据的重要性决定是选用 TCP，还是选用 UDP。

5. 网络层（Network Layer）

网络层位于数据链路层与传输层之间，为传输层提供服务。它对传输层发给它的数据段进行封装，生成 IP 数据包；同时对数据链路层发上来的 IP 数据包进行解封装，将数据段往上发给传输层。

网络层主要提供路由和寻址的功能，使两终端系统能够互连且决定最佳路径，并具有一定的拥塞控制和流量控制的能力。由于 TCP/IP 体系中的网络层功能由 IP 规定和实现，故网络层又称 IP 层。

网络层具备以下两个功能。

寻址：网络层使用 IP 地址来唯一标识互联网上的设备，依靠 IP 地址实现主机间的相互通信。

路由：不同的网络之间的相互通信必须借助于路由器等三层设备，网络层在三层设备创建一个路由表，在路由表中保存到达某个网络的最佳路径。当有数据包需要传输时，网络层必须根据路由表作出数据转发的决定。

工作在网络层的网络设备主要有路由器、三层交换机。

6. 数据链路层（Data Link Layer）

数据链路层在两个网络实体之间提供数据链路连接的创建、维持和释放管理服务，封装数据链路数据单元——帧（frame），并对帧定界、帧同步、帧收发顺序进行控制。数据链路层还负责传输过程中的流量控制、差错检测和差错控制等任务。

数据链路层位于物理层与网络层之间，它为网络层提供服务，会将网络层发下来的 IP 数据包封装成数据帧，帧的格式由物理层的传输介质决定。对于不同的传输介质，数据链路层封装的帧格式是不一样的。

为了确保数据传输的安全性，它会在帧的尾部放置校验码（parity、sum、CRC），以检查帧在传输过程中是否被破坏，从而将物理层提供的可能出错的物理连接改造成逻辑上无差错的数据链路。

以太网的数据链路层还负责控制对介质的访问。载波侦听多路访问／冲突检测（Carrier Sense Multiple Access with Collision Detection，CSMD/CD）和载波侦听多路访问／冲突避免（Carrier Sense Multiple Access with Collision Avoidance，CSMD/CA）机制决定如何去访问冲突域的传输介质，以提高数据传输效率。数据链路层只负责介质的一端到另一端的数据传输。

工作在链路层的设备主要有网桥、交换机。

7. 物理层（Physical Layer）

物理层是计算机网络 OSI 网络参考模型中的最底层，也是最基础的一层。简单地说，网络的物理层负责在各种物理媒体上发送和接收数据比特（bit，数据位）。

物理层定义了要在终端系统之间激活、维护和断开物理链路需要满足的电气、机械、规程和功能的需求。它以标准的形式规定了物理层接头和各种物理拓扑，让不同的系统能够彼此通信。例如网络接口，如果不统一标准，不同厂家生产的设备接口和接头大小不一，或者每根引脚功能不同，显然无法兼容。

工作在物理层的设备主要有集线器，但是由于工作效率低，已经被淘汰。在此不做讨论。

课堂练习： 用自己的语言简单描述 OSI 网络参考模型各层的功能。

素养拓展 OSI 网络参考模型将网络数据传输的整个任务过程分成了 7 块，每一块工作分别由一层完成，一共 7 层，每一层各司其职。通信过程中，每一层都是不可或缺的，但是某一层的工作如果和整个模型割裂开来，则是没有任何意义的。这好比在社会中，人既作为个体而存在，又作为集体中的一员而存在，集体和个人是不能分割的。国家利益、社会整体利益和个人利益是辩证统一的。

任务 2 解析一次简单的数据通信过程——OSI 网络参考模型各层的协作

任务目标： 理解 OSI 网络参考模型各层之间相同协作完成一次基础的数据通信过程。

OSI 网络参考模型各层之间如何协同完成数据通信呢？我们通过最简单也是最常体验到的例子进行描述——浏览网页的过程：

4.2 解析一次简单的数据通信过程——OSI 网络参考模型各层的协作

① 用户打开 Web 浏览器，在地址栏输入服务器的地址；

② IE 浏览器调用应用层的 HTTP 生成一个请求包，准备发给服务器，请求相关的网页；

③ 服务器收到客户端发来的请求以后，搜索客户请求的网页，最后将网页数据返回给客户端；

④ 客户端获取网页数据以后，通过 Web 浏览器展示出来，用户就可以看到请求的网页。

客户端将 HTTP 请求发给服务器的整个过程如图 4.2 所示。

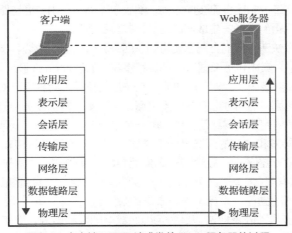

图 4.2 客户端 HTTP 请求发给 Web 服务器的过程

基于 OSI 网络参考模型的客户端将 HTTP 请求发给 Web 服务器的过程见表 4.1。

服务器根据客户端发来的 HTTP 请求找到相关资源以后，将资源数据（可能是一个网页、一张图片或者音视频媒体等）发回给客户端。其过程是一样的，只是方向刚好和请求包发送的方向相反。

81

表 4.1　数据通信过程

参考模型	客户端	Web 服务器
应用层	① 生成 HTTP 请求数据，将数据往下发给表示层	⑭ HTTP 服务获取请求数据以后，根据客户的请求查找相关的资源
表示层	② 进行数据格式化，根据需求完成压缩、加密，将处理完的数据往下传给会话层	⑬ 表示层获取数据后，如果数据是压缩的，则需要解压缩；如果数据是加密的，则需要进行解密，得到最原始的数据——HTTP 请求数据。最后将数据往上发给应用层的 HTTP 服务
会话层	③ 启动一个会话，将数据往下传给传输层	⑫ 获取数据以后，将数据往上发给表示层
传输层	④ 将数据交给 TCP 处理。由 TCP 负责对数据进行分片，并对每个数据片进行编号；接着将数据片封装成数据段，在数据段的头部填写各种参数，包括源端口号和目的端口号；三次握手完成以后，将数据段往下传给网络层	⑪ 获取数据段后，将数据段解封装，得到数据片，然后给发送方的 TCP 返回一个确认信息，表示已经收到数据；同时根据数据段头部的序号进行重组，得到最初完整的数据，并根据目的端口号将数据往上发送给会话层
网络层	⑤ 网络层获取数据段以后，将数据段封装成 IP 数据包。在 IP 数据包的头部填写各种参数，包括源 IP 地址和目的 IP 地址，最后将数据包往下传给数据链路层	⑩ 获取 IP 数据包以后，查看 IP 数据包头部的目的 IP 地址。如果无权接收，则把 IP 包丢弃；如果有权接收，则对 IP 数据包进行解封装，得到数据段，将数据段往上发给传输层
数据链路层	⑥ 数据链路层获取 IP 数据包以后，将 IP 数据包封装成数据帧。在数据帧的头部和尾部填写各种参数，其中包括源 MAC 地址和目的 MAC 地址，最后将数据帧往下传给物理层	⑨ 从物理层获取数据帧后，查看数据帧头部的目的 MAC 地址。如果无权接收，则将数据帧丢弃；如果数据帧头部的目的 MAC 地址是自己的或者是广播 MAC 地址，则接收，并将数据帧解封装，得到 IP 数据包。完成校验后，将 IP 数据包往上发给网络层
物理层	⑦ 物理层将数据帧转换为二进制比特流，通过介质发送出去	⑧ 接收到二进制比特流以后，将二进制比特流转换为数据帧，将数据帧往上发送给数据链路层

　　发送方和接收方做的工作刚好相反。发送方最重要的工作是对数据进行 3 次封装，最后在物理层将数据转换为二进制比特流并通过网络介质发出；对应地，接收方最重要的工作是从网络介质接收二进制比特流，由物理层将二进制比特流转换为帧，然后自下而上，由数据链路层、网络层、传输层一共进行 3 次解封装，最后得到发送方生成的原始数据并传到应用层。

　　这个过程就像我们发快递。我们会把想要寄的东西装到一个盒子里边，然后给这个盒子贴上一张单子，上面填了很多信息，其中包括发送方的地址和接收方的地址。区别是，网络通信要进行 3 次封装，而我们发快递只需要封装一次。对于接收方，在快递的单子上看到自己的地址、名字、电话号码等信息，确认是自己的包裹，然后才会拆开。网络通信中的接收方也要做相应的工作，确认是自己的数据以后，对应地在数据链路层、网络层和传输层一共进行 3 次解封装，获取最原始的数据。

　　如果拿网络数据的转发和快递的运送做一个类比，那么按网络数据传输的方式运送快递，就是把要寄送的货物先封装在小盒子内，贴个单子，然后再将小盒子放入中盒子，贴第二个单子，最后将中盒子放入大盒子，贴第三张单子，完成 3 次封装的过程。接收方拿到快递，则要先拆开大盒子，再拆开中盒子，最后拆开小盒子，拿到发送方发送的货物。

　　为什么要封装这么多次？简单地说，是为了确保数据能顺利传输。例如有人从国外网购一部手机，商家并不是将手机直接丢到船上，让其经历长时间的风吹、雨打、日晒去到用户手中。为了保护好手机，厂家先将手机封装到手机盒子里边，然后商家将手机盒子装进快递盒子，最后上船的时候，将快递盒子装入集装箱。每一次封装都是有价值和意义的，是经过精心设计的，而不是想当然或可有可无的。网络参考模型每一层处理数据的方式不一样，需要不同的封装。即使在同一层，不同的协议封装的数据单元也都是不一样的。

OSI 网络参考模型 3 次封装生成的协议数据单元（Protocol Data Unit，PDU）的名称都是不一样的。第一次封装由传输层完成，封装后的 PDU 叫数据段（Segment）；第二次封装由网络层完成，封装后的 PDU 叫数据包（Package）；第三次封装由数据链路层完成，封装后的 PDU 叫数据帧（Frame）。

课堂练习：用自己的语言描述一次完整的数据通信过程。

素养拓展 OSI 网络参考模型一共 7 层，每一层各司其职，同时各层与自己的相邻层协同完成每次数据通信。我们除了要专注干好本职工作，还要深刻地意识到，各行业的分工越来越细，几乎每项工作任务都需要团队相互协作来完成。我们要正确认识团队和个人的辩证统一关系：一方面，个人离不开团队，团队把每个劳动者的智慧和力量凝聚在一起，形成巨大的创造力；另一方面，团队是由其中的每一个人组成的，个人的积极性不被调动起来，就不会有集体的创造力。

任务 3 交换机参与数据通信——数据链路层

任务目标：理解交换机的工作过程。

交换机工作在 OSI 网络参考模型的数据链路层，负责处理数据帧，是计算机网络中使用最多的设备。因为它负责的是 OSI 网络参考模型第二层的工作，所以有时候习惯上被称为二层设备。

4.3 交换机参与数据通信——数据链路层

1. 交换机依靠 MAC 地址表转发数据帧

交换机负责的工作很简单，就是将数据帧从某个端口接收进来，然后从另一个端口转发出去。问题是，交换机有这么多个端口，它是如何决定要从哪个端口将数据帧转发出去的呢？

图 4.3 所示为研发部的网络拓扑。Laptop2 和 Laptop3 主机的 MAC 地址分别为 0001.42 D1.E839 和 0060.5C74.2C99。

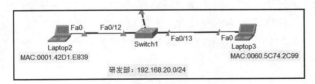

图 4.3 研发部的网络拓扑

交换机的缓存中有一个记录主机 MAC 地址信息的表（MAC address table），在交换机的特权模式下可以用"show mac-address-table"命令查看，如图 4.4 所示。

```
Switch1#show mac-address-table
          Mac Address Table
-------------------------------------------

Vlan    Mac Address      Type        Ports
----    -----------      --------    -----

   1    0001.c774.3002   DYNAMIC     Fa0/24
  20    0001.42d1.e839   DYNAMIC     Fa0/12
  20    0060.5c74.2c99   DYNAMIC     Fa0/13
```

图 4.4 交换机中记录主机 MAC 地址信息的表

MAC 地址表中各字段的意义见表 4.2。

表 4.2　MAC 地址表中各字段的意义

序号	字段	意义	备注
1	Vlan	端口所在的 VLAN	
2	Mac Address	接入该端口的主机的 MAC 地址	
3	Type	获得该主机 MAC 地址的方式（类型）	DYNAMIC：动态
4	Ports	端口号	

如果 Laptop2 要发送一个数据帧给 Laptop3，过程如下：

① Laptop2 在封装数据帧的时候，源 MAC 地址为自己的 MAC 地址，目的 MAC 地址为 Laptop3 的 MAC 地址（0060.5C74.2C99）；

② 封装完成后，Laptop2 将数据帧发送给交换机；

③ 交换机拿到数据帧以后，去读取数据帧上的目的 MAC 地址；

④ 交换机根据数据帧上的目的 MAC 地址查交换机缓存的 MAC 地址表，确定 MAC 地址为 0060.5C74.2C99 的主机在 Fa0/13 端口上，于是就将数据帧从 Fa0/13 端口转发出去；

⑤ Laptop3 得到 Laptop2 发来的数据帧，整个通信完成。

这个过程跟快递员送包裹的方式类似。快递员拿到快递后，要先看包裹上的目的地址，然后根据这个目的地址去送包裹。

2.　学习数据帧的源 MAC 地址，填充 MAC 地址表

对于交换机而言，MAC 地址非常重要，所有数据帧的转发都依赖于这个 MAC 地址表。那么这个表是怎么来的呢？它是不是一开始就存在的呢？

其实它并不是一开始就存在的。交换机中的 MAC 地址表是设备启动后临时生成的，保存在缓存中，一开始只是一个空表。表中的记录是交换机在后续转发数据的时候一条一条学习得到的。

交换机如何学习 MAC 地址记录，并不断地去填充 MAC 地址表？

交换机从某个端口获得一个数据帧时，会去读取数据帧上的源 MAC 地址，就知道了这个端口是哪台主机在使用，其 MAC 地址是多少。然后将该 MAC 地址和对应交换机的端口号添加到 MAC 地址表中，形成 MAC 地址表中的一条记录。在本任务的案例中，一开始交换机并不知道 Fa0/12 端口被哪台设备占用，更不知道该设备的 MAC 地址是多少。直到某一刻，交换机从 Fa0/12 端口接收到了一个数据帧，然后去读取数据帧上的源 MAC 地址，才知道连接到 Fa0/12 端口的设备的 MAC 地址是 0001.42D1.E839。

3.　数据帧的泛洪

如果交换机在 MAC 地址表中无法查找到目的 MAC 地址的记录，该如何处理呢？

既然 MAC 地址表一开始是空的，如果交换机拿到一个数据帧以后，立即根据数据帧上的目的 MAC 地址去查 MAC 地址表，一定无法找到该目的 MAC 地址相应的记录，因此也就无法确定目标主机在哪个端口上。此时交换机会如何处置收到的这个数据帧呢？

答案是泛洪。既然不知道目的主机在哪个端口上，就采用类似"广播"的方式，将数据帧复制很多份，给每个端口发一份。即使一个端口都不对，损失的资源也不多。

这种泛洪的方式是不得已而产生的，它会带来一些安全问题。它会占用交换机的 CPU 和缓存的资源，但这不是最主要的。风险更大的是，泛洪行为将数据帧发到每个端口，会给在网络中的嗅探者提供非法获取数据的机会，从而导致信息泄露。同时，黑客有可能会利用工具伪造不同 MAC

地址的无效的数据帧，不断发给交换机。交换机学习到新的记录以后，会将记录写入 MAC 地址表，直到 MAC 地址表被填满。真正的用户数据发来的时候，交换机学习到的新的有效的 MAC 地址记录无法写入已经填满的 MAC 地址表中。之后如果有数据帧要发给该 MAC 地址的主机，交换机就无法在 MAC 地址表中找到目的 MAC 地址的记录，于是只能通过泛洪的方式转发数据帧。我们可以用与交换机端口安全的相关技术去解决这个问题，本书的项目 7 会深入讨论数据链路层的安全问题。

课堂练习：用自己的语言描述交换机的工作过程。

素养拓展 交换机根据 MAC 地址表作出转发数据帧的决定：若在 MAC 地址表中找到目的 MAC 地址的记录，则按记录的端口转发出去；如果在 MAC 地址表中找不到目的 MAC 地址的记录，则采用泛洪的方式将数据帧发出。如果忽略安全的因素，泛洪的方式尽可能地减少了数据帧丢失的可能性。我们在学习和将来的工作中，不可避免地会面临各种困难和挫折，要尽可能去做更多的尝试而不轻言放弃。我们只有树立崇高的理想信念，才能不断获取前进的动力，才能增加面对挫折的勇气和克服困难的信心。

任务 4 路由器参与数据通信——网络层

任务目标：理解路由器（三层交换机）的工作过程。

路由器（三层交换机）工作在 OSI 网络参考模型的网络层，负责处理 IP 数据包，也是计算机网络中使用最多的设备之一。因为它负责的是 OSI 网络参考模型的第三层，所以有时候习惯性地被称为三层设备。

4.4 路由器参与数据通信——网络层

1. 路由器转发 IP 数据包的过程

R0 是公司网络的边界路由器，左边连着公司内网，右边连着运营商的网络，如图 4.5 所示。

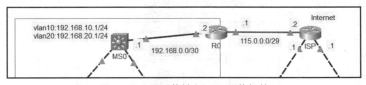

图 4.5 公司网络接入 ISP 网络拓扑

路由器负责的工作也很简单，就是将 IP 数据包从某个端口接收进来，然后从另一个端口转发出去。问题是，路由器也有很多个端口，它怎么知道要从哪个端口将 IP 数据包转发出去，才能将 IP 数据包送到接收方？

答案是查路由表。路由器的缓存中也有一个表，可以在特权模式下用"show ip route"命令查看，如图 4.6 所示。

路由器接收到 IP 数据包时，会去读取 IP 数据包上的目的 IP 地址，然后根据获取的目的 IP 地址去查路由表，再根据子网掩码的最长匹配原则找到相应的路由条目，最后决定通过路由条目中指定的端口将 IP 数据包转发出去。

例如路由器接收到一个 IP 数据包，发现目的地址是 192.168.0.1，则根据这个地址去查自己的路由表，匹配到表中第二条记录——192.168.0.0的路由条目，然后将IP数据包从FastEthernet0/0端口转发出去。这个过程也和快递员根据包裹上的目的地址来决定如何进行投递类似。

```
R0#show ip route
Codes: C - connected, S - static, I - IGRP, R - RIP, M - mobile, B - BGP
       D - EIGRP, EX - EIGRP external, O - OSPF, IA - OSPF inter area
       N1 - OSPF NSSA external type 1, N2 - OSPF NSSA external type 2
       E1 - OSPF external type 1, E2 - OSPF external type 2, E - EGP
       i - IS-IS, L1 - IS-IS level-1, L2 - IS-IS level-2, ia - IS-IS inter area
       * - candidate default, U - per-user static route, o - ODR
       P - periodic downloaded static route

Gateway of last resort is 115.0.0.2 to network 0.0.0.0

     115.0.0.0/29 is subnetted, 1 subnets
C       115.0.0.0 is directly connected, FastEthernet1/0
     192.168.0.0/30 is subnetted, 1 subnets
C       192.168.0.0 is directly connected, FastEthernet0/0
S    192.168.10.0/24 [1/0] via 192.168.0.1
S    192.168.20.0/24 [1/0] via 192.168.0.1
S*   0.0.0.0/0 [1/0] via 115.0.0.2
```

图4.6　路由器R0的路由表

值得注意的是，路由器将数据包转发出去以后，任务就结束。至于对端是否能收到，路由器不用管，甚至不用理会目的主机是否存在。只要在路由表里边匹配到相应的路由条目，它就根据路由条目标记的端口号去转发。

2．路由器丢弃IP数据包

如果在路由表里边匹配不到相应的路由条目怎么办？

对于路由器而言，要转发一个IP数据包，它会根据数据包上的目的IP地址去查路由表；如果匹配不到相应的路由条目，则将该IP数据包丢弃。这一点和交换机不一样，交换机在MAC地址表中如果找不到目的MAC地址对应的记录，会采用泛洪的方式将数据帧发到每一个端口。

路由器在丢弃IP数据包之后，有一个细节显得特别"绅士"。那就是路由器会给发送方发一个ICMP（Internet Control Message Protocol，Internet控制报文协议）包，告诉发送方：因为我这里匹配不到路由条目，所以你的IP数据包被我丢弃了！

3．IP数据包进出路由器的细节

习惯上，我们说路由器工作在OSI网络参考模型的网络层，但其实它要完成的是包括网络层以下的所有3层的工作。数据包进出路由器的过程如图4.7所示。

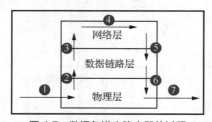

图4.7　数据包进出路由器的过程

路由器处理数据的整个过程如下：

① 路由器从物理层接收二进制比特流，将得到的二进制比特流转换为数据帧；

② 路由器的物理层将数据帧往上传输给数据链路层；

③ 路由器的数据链路层得到数据帧后，读取数据帧上的目的MAC地址，判断是否有权接受（如果MAC地址是自己的，或者这个目的MAC地址是二层广播地址，则接受该帧），然后将数据帧解封装，得到IP数据包，最后数据链路层将IP数据包往上传给网络层；

④ 路由器的网络层拿到 IP 数据包以后，读取数据包上的目的 IP 地址，根据这个 IP 地址去查路由表的条目，如果匹配不到，则将数据包丢弃；

⑤ 如果匹配到了，就根据匹配到的路由条目决定从哪个端口发出，但是端口工作在物理层，于是将 IP 数据包往下发给数据链路层；

⑥ 路由器的数据链路层得到 IP 数据包以后，将 IP 数据包封装成新的数据帧，并且将新的源 MAC 地址（自己的转出接口的 MAC 地址）和新的目的 MAC 地址（下一跳节点的 MAC 地址）写到数据帧上往下发给物理层；

⑦ 路由器的物理层得到数据帧后，将数据帧转换成二进制比特流，通过网络接口转发出去，给下一个节点。

路由器用于连接不同的网络，而广播包被限制在网络内传输，因此路由器很好地隔离了广播流量。

课堂练习：用自己的语言描述路由器的工作过程。

> **素养拓展** 路由器根据路由表中的路由条目决定如何转发数据：匹配到路由条目就转发，没有匹配到就丢弃。丢弃数据包是为了防止一些数据包占用过多的网络资源，从而影响网络正常通信。有时候，放弃也不一定是件坏事。我们不要拘泥于眼前的得失，而要树立正确的大局观和得失观，正确认识和对待人生发展过程中的得与失，走好人生之路，实现人生价值。

任务 5 　TCP 确保可靠的数据传输——传输层

任务目标：理解 TCP 是如何保证数据的可靠传输的。

要深入探索 OSI 网络参考模型的传输层，就要先观察传输层在 OSI 网络参考模型中的位置，如图 4.8 所示。

4.5　TCP 确保可靠的数据传输——传输层

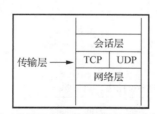

图 4.8　传输层在 OSI 网络参考模型中的位置

传输层介于会话层和网络层之间，为会话层提供服务，依赖于网络层进行数据传输。当主机有数据要发送时，数据从应用层一路往下传，一直到传输层。传输层要负责的工作包括：对大的数据进行分片，将数据片封装成数据段，在数据段的头部填充信息（包括源端口号和目的端口号）。

端口号是什么？这里说的端口号不是设备物理端口的编号，而是系统的服务或是某种应用程序在参与网络通信时被分配的编号，是一个抽象的概念。也就是说，端口号用于标记一台主机上的不同应用或服务。数据段上的源端口号标记了数据是从发送方的哪个应用程序发出来的，而目的端口号标记的是数据要发到接收方的哪个应用程序。

传输层用端口号来标记应用层参与网络通信的应用程序或者服务。发送方的传输层负责标记数据从主机的哪个应用程序发出来；接收方的传输层从网络层拿到数据段后，根据目的端口号将数据发给相应的应用程序。至于自己属于哪台主机，以及数据准备发往哪台主机，这些任务交给网络层负责，传输层不管。

根据本项目任务 2 的分析结果，数据通信双方的传输层主要负责的工作内容是不一样的。发送方的传输层主要负责的工作包括：对数据进行分片，将数据片封装成数据段，在数据段的头部填写各种参数信息（包括源端口号和目的端口号）。接收方的传输层主要负责的工作包括：对获得的数据段进行解封装，得到数据片，对数据片进行重组，得到最初完整的数据，根据目的端口号将数据发给相应的服务或应用。

为了完成 OSI 网络参考模型规定的传输层的工作，我们在传输层中设计了很多协议，主要是TCP（Transmission Control Protocol，传输控制协议）和 UDP（User Datagram Protocol，用户数据报协议）。这两个协议都能独立完成传输层规定的任务，TCP 和 UDP 不需要彼此协作。

TCP 和 UDP 的主要区别在于提供的数据传输的质量不一样。TCP 是面向连接的，更能确保数据传输的可靠性；UDP 是面向非连接的，为上层提供的是不可靠的、尽力而为的数据传输服务，它不保证能将数据顺利地送给接收方。简单地说，发送方如果将数据交给 TCP 传输，则发送方的TCP 会事先和接收方的 TCP 同步（面向连接），达成一致以后才开始传输数据。但是发送方如果将数据交给传输层的 UDP 传输，则情况完全不一样。发送方的 UDP 会很努力地发送数据，但是它不会事先去和接收方的 UDP 同步（面向非连接）。它不关心接收方是否做好了接收数据的准备，甚至不会管接收方是否在网络中存活。只要上层有数据需要发送，它就只管发送，不保证数据能到达对方。显然，这样的传输方式是不可靠的。

这里来具体分析一下 TCP，它主要采取以下 4 种措施以确保通信双方数据的可靠传输。

1．面向连接（三次握手）

面向连接，就是在数据传输之前，发送方和接收方相互发送消息，实现同步，确定收发双方都已经准备就绪。具体过程如图 4.9 所示。

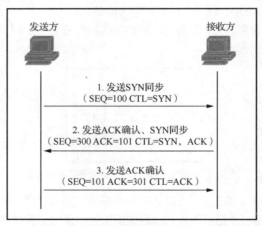

图 4.9　TCP 三次握手过程

TCP 的收发双方要取得通信前的同步，需要相互发送自己的同步消息（Synchronize Sequence Numbers，SSN，同步序列编号）给对方，同时在收到对方的消息后，要返回确认（Acknowledge，ACK）消息给对方。这个过程双方需要一共相互发送 3 次消息，被称为 TCP 的三次握手（Three-way handshake）。

第一次握手：由发送方发起，发送一个同步消息给接收方，表示想要发送数据给接收方，提醒它做好准备。同步消息的"序号"（SEQ 值）是一个随机数，这里是 100。

第二次握手：接收方收到发送方发来的同步消息，按规则必须给发送方一个确认（ACK 的值为收到的 SSN 的 SEQ 值加 1，这里第一次握手的时候发送的 SEQ 值为 100，接收方为了表示已经接收到这个 SSN，则将 SEQ 值加上 1 的值 101 发回给发送方），表示消息已经收到。同时，接收方要将自己的 SSN 同步消息发送给发送方。此时发出的 SEQ 值也是随机的，这里是 200。

第三次握手：发送方收到接收方的第二次握手的同步 SSN 消息后，按规则要给予确认，ACK 的值也等于第二次握手的 SEQ 值加 1（这里是 301）。此时的 SEQ 值不再是随机的，而是第二次握手的 ACK 值。

三次握手完成后，发送方和接收方完成同步（准备就绪），即接收方准备好接收，发送方准备好发送，于是通信可以开始。

2. 数据的分片、重组机制

发送方的传输层从上层接到数据以后，首先做的事情就是对用户数据进行分片，并对数据片进行封装，得到数据段；然后给这些数据段编号，将编号填写在数据段的头部。

发送方对数据进行编号的作用是，方便接收方在收到一组数据段后进行重组的工作，保证数据按原来顺序再组建回来，从而保证数据不会出错。

在错综复杂的网络中，传输的数据并不都能按理想的方式到达接收方。同一组数据中不同编号的数据段在传输的过程中可能经过的路径不一样，从而导致先发送的数据段可能比后发送的数据段还要晚到。发送方按数据段的编号顺序发送，但是到达发送方的顺序有可能会变化。为了保证数据的完整性，接收方的 TCP 会先按数据段的编号进行排序，再进行重组，保证无差错得到原始数据，如图 4.10 所示。

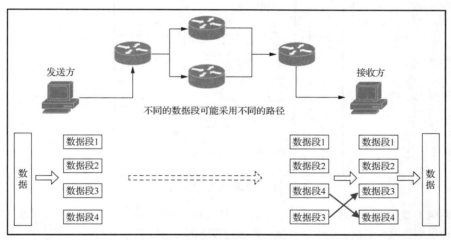

图 4.10　接收方的 TCP 将数据段排序后重组

3. 滑动窗口的流量控制机制

TCP 同时提供流量控制机制，即确保接收方能够可靠地接收并处理数据量。流量控制机制可以调整给定会话中源和目的地址之间的数据流速，有助于保持 TCP 传输的可靠性。为此，TCP 报头包括一个称为"窗口大小"的 16 位字段。

初始窗口大小在三次握手期间建立 TCP 会话时确定。发送方必须根据目的设备的窗口大小限制发送到接收方的字节的数量。发送方只有收到数据段已接收的确认消息（ACK 的值）之后，才能继续发送更多数据段。通常情况下，接收方不会等待其窗口大小的所有字节接收后才给予确认应答。当接收和处理字节时，接收方就会发送确认消息，以告知发送方可以继续发送更多字节。

接收方处理接收的数据段，并不断调整向发送方返回确认消息的窗口大小，这个过程称为滑动窗口。通常，接收方每收到两个数据段之后就发送确认消息，确认之前收到的数据段的数量可能有所不同。滑动窗口的优势在于，只要接收方确认之前传输的数据段，就可以让发送方持续传输数据段。

接收方一般会根据自己缓存的大小和数据段的丢失率来调整窗口大小。如果自己的缓存已经很小了，则接收方会将窗口调小，告诉发送方减小发送的数据段的数量，以免造成接收方因缓存不够而将收到的数据段丢弃。反之，如果接收方还有很大的缓存，则接收方会将窗口调大，然后通知发送方。如果接收方接收到的数据段丢失率很高，则其判断可能是，传输的网络出现阻塞，网络设备为了避免拥塞，丢弃了一部分数据。此时接收方也会将窗口调小，告诉发送方减少发送的数据段的数量，以减小传输通道上的流量，在一定程度上缓解网络路径的阻塞，提高数据传输的成功率。反之，如果接收方发现数据的丢失率很低，则会将窗口调大，然后将窗口大小通知发送方。

4．确认、重传机制

按 TCP 传输数据的规则，接收方在收到发送方发来的数据后，要给发送方一个确认消息，以这样的方式告诉发送方发来的数据段已经收到，这就是确认机制。

接收方给发送方的确认消息还有另外一层含义：请将与 ACK 等值的序号的数据段发送给我，如图 4.11 所示。

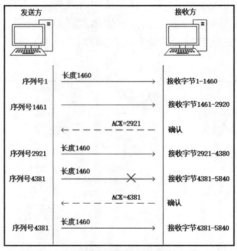

图 4.11　TCP 确认、重传机制

由于网络的复杂性和环境的影响，数据在传输的过程中难免会出现差错或者出现丢失的情况，确认和重传机制在很大程度上确保了数据在传输过程中的完整性。

课堂练习：用自己的语言描述 OSI 网络参考模型的传输层中 TCP 和 UDP 工作方式的异同。

素养拓展　TCP 为了确保数据的可靠传输，主要采取了三次握手、数据的分片和重组、滑动窗口的流量控制、确认和重传等机制。TCP 是一个可靠的、负责任的协议。我们也要培养自己的责任意识。学会对自己负责，对亲人负责，对周围的人和更多的人负责，进而对民族、国家、社会负责，做一个有价值、负责任的人。此外，我们要正确认识和处理人生中遇到的各种问题，不能得过且过、放纵生活、游戏人生，否则会虚掷光阴，甚至误入歧途。

////////// **小结与拓展**

1. 比较 OSI 网络参考模型和 TCP/IP 模型

网络参考模型是计算机网络的一种抽象的表达。ISO 发布的计算机网络模型叫 OSI 网络参考模型，分 7 层。还有一种更简洁的同样被业界认可和接受的模型，叫 TCP/IP 模型。这两个模型的对应关系如图 4.12 所示。

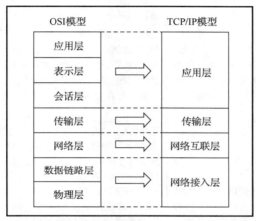

图 4.12　OSI 网络参考模型和 TCP/IP 模型的对应关系

计算机网络的作用就是实现数据传输，而网络参考模型只是计算机网络的一种抽象的描述。可以采用很多种描述方式，同时可以提出很多种网络参考模型，但是不管怎样去描述，计算机网络的功能是不变的。也就是说，不管用什么模型来描述计算机网络，这些模型所定义的网络的功能是一样的。

TCP/IP 模型和 OSI 网络参考模型只是对计算机网络的不同描述，而这些描述并不会影响到计算机网络的本质——实现数据传输。

两者的区别在于，TCP/IP 模型对计算机网络的描述更简洁。TCP/IP 模型将 OSI 网络参考模型中上三层（会话层、表示层、应用层）的功能统一为一层——"应用层"来描述；下两层（物理层、数据链路层）的功能统一为一层——"网络接入层"（Network Access layer）来描述；中间的传输层依然对应传输层；网络层也对应另外一层，但换了个名字，叫"网络互联层"（Internet Layer）。

OSI 网络参考模型用 7 层结构描述计算机网络，而 TCP/IP 模型用 4 层结构描述计算机网络，但并不意味着 TCP/IP 模型所要完成的工作量就少。其实它们所要完成的工作量是一样的，只不过对工作进行了不同的分组。

2. 比较 TCP 和 UDP

传输层有两个主要协议，一个是 TCP，另一个是 UDP。这两个协议是并行的，是不相干的，它们各自都能独立完成传输层规定的工作。那么它们有什么区别呢？既然都能独立完成传输层规定的工作，为什么要在传输层设计两个协议而不是只开发一个协议呢？

TCP 是一个可靠的协议，UDP 是一个不可靠的协议。传输重要数据的时候，我们会更多地考虑将数据交给 TCP，而对于一些不是很重要，对延迟要求比较高的数据，就可以考虑交给 UDP 传输。

那么，相对于 TCP 而言，UDP 究竟不可靠到什么程度呢？我们将这两个协议做一个对比，结果见表 4.3。

表 4.3　TCP 和 UDP 对比

序号	TCP	UDP	备注
1	面向连接：TCP 在传数据之前，发送方和接收方的 TCP 要通过"三次握手"取得同步，准备好数据的发送和接收	面向无连接：UDP 发送数据的时候，不会进行同步。发送方的 UDP 只管发送，它不会关心接收方是否做好了接收的准备，甚至不管接收方是否存在	TCP 通过"三次握手"在收发双方之间建立了虚电路，需要时间以及其他开销；数据传输开始之前，UDP 不需要任何开销
2	确认和重传：接收方的 TCP 接收到数据以后，会给发送方一个确认消息，表示数据段已经收到；如果数据在传输的过程中损坏或丢失，接收方也会通过确认消息要求发送方再次发送对应序号的数据段	无确认：接收方的 UDP 在接收到数据段以后，不会给发送方的 UDP 发送确认消息。收发双方就像两个生闷气的小孩，你发送的时候没通知我，那我接收到的时候也不会通知你	TCP 通过确认和重传的方式确保数据无差错到达对端，增加了工作量，影响数据传输效率；UDP 没有任何措施，数据传输可能会出错，但是效率很高
3	排序重组：发送方的 TCP 在对数据进行分片的时候，会对不同的数据段进行编号；当数据段到达目的地的时候，接收方的 TCP 会根据数据段的编号进行重组，确保数据的完整性	无序重组：发送方的 UDP 在对数据进行分片的时候，不会进行编号；封装好数据段以后，就发送出去。显然，大多数时候，数据到达接收方的顺序是乱的。此时接收方的 UDP 按数据到达的顺序进行重组。因为发送方没有对数据段进行编号，所以无法按编号重组，会导致数据混乱	接收方的 TCP 必须预留更多缓存，存放同一组数据的所有数据段，必须等到所有数据段到达后，才可以排序重组；如果用 UDP 来传输，则接收方按先到先重组的方式进行，不需要太多缓存，同时工作效率也得到了提高
4	滑动窗口流量控制：TCP 的收发双方在第三次握手的时候，确定好了窗口大小，接收方会根据自身缓存大小和数据段的丢失率来调整窗口大小，并通知发送方。发送方会根据窗口大小来发送数据，以缓解可能的网络阻塞，确保数据传输的成功率	没有流量控制机制：UDP 在有数据需要发送的时候，努力（以最大可能的数据量）去发送，不管网络是否出现阻塞，不进行任何的控制，有可能会导致网络更拥堵，从而产生雪崩效应	
5	报头大小：20 字节	报头大小：8 字节	TCP 报头比 UDP 报头大，因此开销更大

从表中的对比可以看出，UDP 虽然不那么可靠，但开销小，传输数据的效率比 TCP 要高。TCP 的确可以保障数据传输的可靠性，但是也付出了很多的资源，影响数据传输效率。实际上，在计算机网络设备制造工艺不是很先进的时候，网络设备处理数据的确会存在一些数据丢失的现象。但是随着工业工艺技术水平的提高，网络数据传输质量得到了很大的提升。所以很多时候，我们可以不用考虑太多的因素，例如要借助于 TCP 来保障数据的可靠传输。

3. 交换机转发数据的两种方式：广播和泛洪的区别

交换机对数据帧进行广播或泛洪，其行为都是一样的：将数据帧复制 N 份，给每个活动端口发一份。区别在于，广播帧的目的 MAC 地址是一个广播地址；泛洪帧的目的 MAC 地址是目的主机的地址，是特定的某台设备的 MAC 地址。

以太网（Ethernet）是一种广播型网络。其数据链路层在封装以太网帧的时候，要将源 MAC 地址和目的 MAC 地址写入帧的头部。源 MAC 地址就是发送数据主机自己的 MAC 地址，这个是可以确定的。

但是发送方要发送一个帧给网络中的所有主机时，会在数据帧头部的目的 MAC 地址字段写入二层广播地址（全 F）。交换机转发这类帧的行为叫广播。

交换机接到一个数据帧时，会根据这个数据帧上的目的 MAC 地址去查询 MAC 地址表，如果在表中找不到，则采用泛洪的方式将数据帧发出。

4．ARP 查询

先分析发送方和接收方在同一个网络中的情况，例如发送方要发送一组数据给主机192.168.0.1。

对于发送方，当数据一路往下传到数据链路层准备进行第三次封装时，需要在数据帧头部填写源 MAC 地址和目的 MAC 地址。源 MAC 地址是自己的地址，发送方是知道的。但是要填写目的MAC 地址的时候，发送方却不知道目的主机的 MAC 地址。

为了完成帧的封装，发送方必须询问接收方的 MAC 地址，可是不知道目的主机是哪台设备，因此发出一个广播帧（帧的目的地址是全 F）。这个广播帧就是 ARP 查询，其内容如下：请问谁是192.168.0.1，请把你的 MAC 地址发给我。目的主机收到请求以后，返回一个应答，将自己的 MAC地址告诉发送方。发送方得到目的主机的 MAC 地址后，数据链路层帧的封装得以继续。

因为 ARP 查询是以广播方式发出来的，而 ARP 广播帧无法跨网络传输，所以如果发送方和接收方不在同一个网络，收发双方直接的 ARP 查询则无法实现。数据帧只负责网络内的数据传输，在跨网络的环境下，数据是一跳一跳往下传输的。每经过一个网络，数据链路层必须封装新的帧，以便将数据帧发送给下一跳设备，如图 4.13 所示。

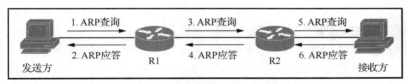

图 4.13　不同网络间的 ARP 查询

如果发送方和接收方不在同一个网络，则 ARP 解析的过程如下：

① 发送方先将数据发给网关（R1）。

② R1 将自己的 MAC 地址返回给发送方，发送方完成数据帧的封装以后，将数据发送给 R1。

③ R1 拿到数据帧以后，对数据帧进行解封装，得到 IP 数据包以后发送到网络层进行路由查询。R1 完成路由查询后，决定将数据转发给 R2，于是 R1 ARP 查询的方式询问 R2 的 MAC 地址。

④ R2 将自己的 MAC 地址返回给 R1，R1 的数据链路层根据查询得到的 R2 的 MAC 地址封装新的数据帧，然后将新的数据帧发送给 R2。

⑤ R2 向接收方发出 ARP 查询。

⑥ 接收方将自己的 MAC 地址返回给 R2，R2 封装新的帧后发给接收方，完成最后一跳的数据传输。

5．路由器的递归查询

递归（Recursion）在数学与计算机科学中是指在函数的定义中使用函数自身的方法。在路由表查询的案例中，递归指的是对路由表进行的多次查询，即根据前一次查询路由表得到的结果去进行第二次查询。

路由器 R0 的路由表如图 4.14 所示。

```
R0#sh ip route
Codes: C - connected, S - static, I - IGRP, R - RIP, M - mobile, B - BGP
       D - EIGRP, EX - EIGRP external, O - OSPF, IA - OSPF inter area
       N1 - OSPF NSSA external type 1, N2 - OSPF NSSA external type 2
       E1 - OSPF external type 1, E2 - OSPF external type 2, E - EGP
       i - IS-IS, L1 - IS-IS level-1, L2 - IS-IS level-2, ia - IS-IS inter area
       * - candidate default, U - per-user static route, o - ODR
       P - periodic downloaded static route

Gateway of last resort is 115.0.0.2 to network 0.0.0.0

     115.0.0.0/29 is subnetted, 1 subnets
C       115.0.0.0 is directly connected, FastEthernet1/0
     192.168.0.0/30 is subnetted, 1 subnets
C       192.168.0.0 is directly connected, FastEthernet0/0
S    192.168.10.0/24 [1/0] via 192.168.0.1
S    192.168.20.0/24 [1/0] via 192.168.0.1
S*   0.0.0.0/0 [1/0] via 115.0.0.2
```

图 4.14　路由器 R0 的路由表

如果 R0 收到一个 IP 数据包，目的网络为 192.168.10.0，则其查询路由表的过程是怎样的？
R0 会根据 IP 数据包上的目的地址匹配到路由表中的条目：

S　　192.168.10.0/24　　[1/0] via　192.168.0.1

决定将数据包转发给下一跳 192.168.0.1，但是不知道这台设备连接的是 R0 的哪个接口。对路由器进行第二次查询，匹配到路由表中的另外一个条目：

C　　192.168.0.0/24　is directly connected, FastEtherner0/0

从该路由条目得知主机 192.168.0.1 所在的网络连接到端口 FastEtherner0/0，从而决定将 IP 数据包从 FastEtherner0/0 端口发出去。

显然，为了将 IP 数据包转发出去，这里要查询两次路由表，后面的查询以前面的查询结果为依据。

6．IP 数据包的生命周期（Time To Live，TTL）

TTL 值是 IP 数据包报头的一个字段（8bit），用于限制数据包的生命周期。

IP 数据包的初始 TTL 由数据包的源设备负责设置，数据包每被路由器（三层设备）处理一次，TTL 值就减 1。如果 TTL 字段的值减到 0，则三层设备将丢弃该数据包，并向源设备发送一个 ICMP 超时消息。这个消息用于告诉 IP 包的发送方数据包的生命周期已经结束，但还找不到目的主机，该数据包已经被丢弃。

7．可变长子网掩码（Variable Length Subnet Mask，VLSM）

先回顾一下 IP 地址。我们已经知道，IP 地址用于识别互联网中不同的主机，用子网掩码来确定 IP 地址中哪些位是主机位，哪些位是网络位。主机位的位数决定了该网络中能表达的不同的 IP 地址数量。假设某个 IP 地址的主机位是 n 位，可以算出该网络中最多有 2^n 个不同的 IP 地址。在这些 IP 地址中，最小的地址叫网络地址，用于标识不同的网络；最大的地址叫广播地址，用于封装广播数据包；剩下的 $2^n - 2$ 个地址可以分配给网络内的主机，用于通信。

当一个网络的主机数量很多，IP 地址不够用时，可以允许主机位向网络位借位，增加主机位的位数，实现 IP 地址扩容。同样地，如果需要的 IP 地址不用这么多，不想导致 IP 地址浪费，则可以从主机位借出子网位，减小网络的 IP 地址容量。

再来了解一下固定长度的子网掩码。如果一个公司申请了一个 C 类的地址（211.1.1.0/24），公司有 4 个部门，需要划分 4 个子网，则主机位借两个位出来作为子网位。此时网络位的总长度不再是 24，而是 26，如图 4.15 所示。

按照子网划分的结果，每个部门的 IP 地址空间为 64 个，减掉网络地址和广播地址，还有 62 个 IP 地址可以分配给主机使用。也就是说，每个部门最多可以容纳 62 台计算机（包括网关）。

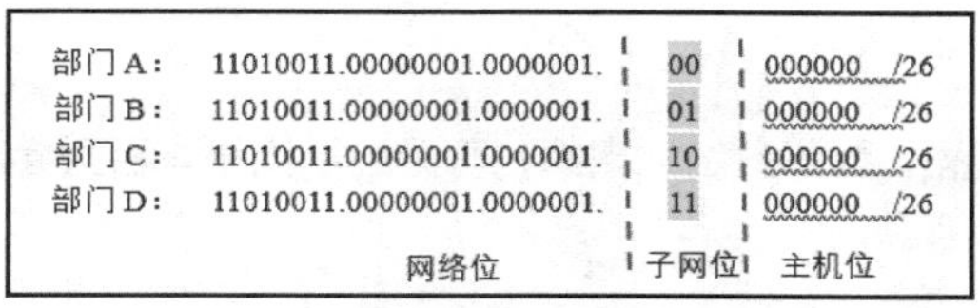

图 4.15　对原有 IP 地址空间进行划分

如果考虑各部门的人数，则采用固定长度子网掩码的方式划分子网，各部门的 IP 地址数量统计见表 4.4。

表 4.4　各部门的 IP 地址数量统计

部门	计算机（台）	分配的主机地址数量（个）	浪费的地址数量（个）
A	2	62	60
B	28	62	34
C	10	62	52
D	50	62	12

显然，对于 A、B、C 3 个部门而言，浪费了很多 IP 地址。可不可以再优化 IP 地址的划分，以节约更多 IP 地址，用于今后网络的扩展呢？

采用可变长子网掩码，可以最大限度避免 IP 地址的浪费。思路和计算步骤见表 4.5。

表 4.5　可变长子网掩码划分子网的思路及步骤

步骤	项目	部门 A	部门 B	部门 C	部门 D	备注
1	计算机数量	2	28	10	50	确定计算机数量
2	需要的主机地址数	2	28	10	50	每台计算机需要一个 IP 地址
3	需要的 IP 地址数	4	30	12	52	主机地址加两个特殊地址（网络地址和广播地址）
4	分配的 IP 地址数	$2^2=4$	$2^5=32$	$2^4=16$	$2^6=64$	不能任意分配。只能按 2^n（n 为主机位数）个来分配，以刚好满足需要为准
5	每个子网的 IP 地址范围	211.1.1.112～211.1.1.115	211.1.1.64～211.1.1.95	211.1.1.96～211.1.1.111	211.1.1.0～211.1.1.63	按 IP 地址需求量从大到小分配，这里按 D—B—C—A 的顺序分配
6	子网掩码长度	/30	/27	/28	/26	子网掩码长度为 $32-n$
7	网络地址	211.1.1.112/30	211.1.1.64/27	211.1.1.96/28	211.1.1.0/26	子网中最小的 IP 地址
8	广播地址	211.1.1.115/30	211.1.1.95/27	211.1.1.111/28	211.1.1.63/26	子网中最大的 IP 地址
9	可用的主机地址	211.1.1.113/30～211.1.1.114/30	211.1.1.65/27～211.1.1.94/27	211.1.1.97/28～211.1.1.110/28	211.1.1.1/26～211.1.1.62/26	子网中 IP 地址段的中间范围

注意 分配 IP 地址的时候，要先分给大网络，再分给小网络，否则会导致 IP 地址碎片化，不利于将来网络的扩展。

8. 端口号基础知识

传输层的端口号用于区分同一台主机上不同的应用或服务。互联网数字分配机构（The Internet Assigned Numbers Authority，IANA）是负责分配各种编址标准（包括端口号）的标准机构。端口号有如下不同类型。

（1）公认端口号（0 到 1023）。这些端口号用于服务和应用程序，如 Web 浏览器、电子邮件客户端以及远程访问客户端等。为服务器应用程序定义公认端口号，可以将客户端应用程序设定为请求特定端口及其相关服务的连接。

（2）注册端口号（1024 到 49151）。这些端口号由 IANA 分配给请求实体，以用于特定进程或应用程序。这些进程主要是用户选择安装的一些应用程序，而不是已经分配了公认端口号的常用应用程序。例如思科公司已将端口 1985 注册为其热备份路由器协议（Hot Standby Routing Protocol，HSRP）进程。

（3）动态或私有端口号（49152 到 65535）。这些端口号也称为临时端口号。它们通常是在主机向服务器发起连接时由客户端操作系统动态分配。动态端口号用于在通信期间识别客户端应用程序。

常见应用或服务的端口号见表 4.6。

表 4.6 常见应用或服务的端口号

端口号	传输层协议	应用或服务	缩写词
20	TCP	文件传输协议（数据）	FTP
21	TCP	文件传输协议（控制）	FTP
22	TCP	安全外壳	SSH
23	TCP	telnet	——
25	TCP	简单邮件传输协议	SMTP
53	TCP、UDP	域名服务	DNS
67	UDP	动态主机配置协议（服务器）	DHCP
68	UDP	动态主机配置协议（客户端）	DHCP
69	UDP	简单文件传输协议	TFTP
80	TCP	超文本传输协议	HTTP
110	TCP	邮局协议第 3 版	POP3
143	TCP	Internet 消息访问协议	IMAP
161	UDP	简单网络管理协议	SNMP
443	TCP	安全超文本传输协议	HTTPS

了解一些常见应用或服务的端口号非常重要，首先是网络管理工作经常会涉及，其次是在设计网络访问策略的时候，能避免影响正常应用或服务。

9. 套接字

为了清楚表达一个数据通信的双方，我们要同时借助于 IP 地址和端口号这两个概念。

这里要把 IP 地址和端口号做一个区分。IP 地址标记的是网络中不同的主机，端口号则标记一台主机中参与网络通信的不同的应用程序或服务。源 IP 地址标记数据从哪一台主机发出来，而目的 IP 地址标记数据要发到网络中的哪一台主机。源端口号标记数据从源设备上的哪个应用程序发出来，目的端口号则标记数据要发到目的主机的哪个应用程序。

套接字（Socket）将 IP 地址和端口号整合在一起，描述了完整的通信双方。套接字用 IP 地址和端口号来一起表述，格式为"IP 地址:端口号"，描述了某台主机上的某个参与通信的应用程序或服务。可以用套接字来详细表示一个数据通信：主机 192.168.0.1 上端口号为 8080 的应用程序，发送一组数据给主机 192.168.0.2 上端口号为 80 的应用程序或服务，如图 4.16 所示。

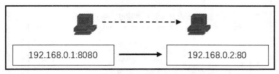

图 4.16　用套接字描述数据通信过程

用套接字描述数据通信比单独用 IP 地址描述主机之间的通信或单独用端口号描述不同应用程序之间的通信更详细、准确。这是因为，如果仅用 IP 地址描述通信双方，则只能描述数据从哪台主机发往哪台主机，而无法表达传输的这些数据来自主机上的哪个应用；如果单独用端口号来表述通信双方，则只能描述数据是从哪个应用程序发出来的，要发给哪个应用程序，但无法描述应用程序是哪台主机上的。

10. TCP 的三次握手——协同攻击难题

发送方和接收方的 TCP 在传输数据之前实现同步，相互之间通信的次数为什么是 3 次，而不是 2 次、4 次或其他次数？

这来自一个经典的协同攻击难题：将军的困境。

故事说的是 A、B 两位将军各带领自己的部队埋伏在相距一定距离的两座山上，等候敌人。将军 A 得到可靠情报说敌人刚刚到达前方十里处，立足未稳。如果两支部队一起进攻敌军，就能够获得胜利；如果只有一方进攻，进攻方将失败。

将军 A 遇到了一个难题：如何与将军 B 协同一致，一起进攻。

那时没有电话之类的通信工具，只有传递消息的情报员。将军 A 派遣一个情报员去告诉将军 B：敌人没有防备，两军于"黎明一起进攻"。然而可能发生的情况是，情报员失踪或者被敌人抓获，即将军 A 虽然派遣情报员向将军 B 传达"黎明一起进攻"的信息，但不能确定将军 B 是否收到信息。事实上，即使情报员回来了，将军 A 也会陷入迷茫：将军 B 怎么知道我的情报员安全返回了？将军 B 如果不能肯定情报员已经安全返回，则必定不会贸然进攻。于是将军 A 又将该情报员派遣到将军 B 处。然而，他不能保证情报员这次肯定到了将军 B 那里。

对于这个问题，A、B 两位将军不管互派多少次情报员，都无法协同进攻。在这里，我们将问题优化一下。我们假设环境是安全的。两位将军约定，如果收到对方的消息，只需要给对方确认即可。那么在优化后的理想条件下（环境安全，情报员没有遇到任何危险），两位将军互派情报员的情境如图 4.17 所示。

可见，在理想状态下，两位将军至少需要进行 3 次通信，才能实现协同。TCP 三次握手的思路与此是一致的：发送方和接收方至少需要进行 3 次通信，才能实现同步。

对应于 TCP 的三次握手，具体如下。

① 发送方：我已经准备好发送（SYN）。

② 接收方：消息收到（ACK），我已经准备好接收（SYN）。

③ 发送方：消息收到（ACK）。

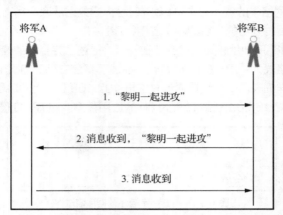

图 4.17　理想状态下协同攻击难题中的消息通信过程

11．TCP 三次握手带来的安全问题

如果接收方收到发送方发来的 SYN 后，回了 SYN+ACK 给发送方，此时发送方离线了，接收方没有收到发送方返回来的 ACK，则第三次握手失败，如图 4.18 所示。

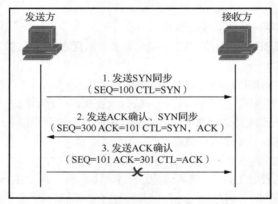

图 4.18　第三次握手消息发送失败

那么，TCP 的三次握手就处于一个中间状态，既没成功，也没失败。如果接收方在一定时间内没有收到发送方发出的第三次握手消息，接收方的 TCP 就会重发第二次握手消息（ACK+SYN）给发送方。对 Linux 系统而言，默认重试 5 次，重试的间隔时间从 1 秒开始每次都翻倍。5 次的重试时间间隔为 1 秒、2 秒、4 秒、8 秒、16 秒，一共 31 秒；第 5 次发出后还要等 32 秒才知道第 5 次也超时了。所以总共需要 1 秒+2 秒+4 秒+8 秒+16 秒+32 秒=63 秒，接收方的 TCP 才会断开这个连接，释放相关资源。

如果重试延时机制被恶意利用，发送方向接收方发出大量的 TCP 请求，但故意不发出第三次握手的消息（ACK），则会消耗接收方大量的资源，最终有可能导致接收方因资源耗尽而无法提供正常的服务。

Linux 系统使用 3 个 TCP 参数来调整重试延时的行为：_synack_retries 参数用于调整重试次数，_max_syn_backlog 参数用于调整 SYN 连接数，TCP_abort_on_overflow 参数用于调整超出连接能力时的行为。

12. TCP 是可靠的，但它将数据发给不可靠的 IP 负责传输，那么结果是可靠的还是不可靠的呢？

我们先看一下 OSI 网络参考模型中 TCP 和 IP 的关系。TCP 工作在传输层，而 IP 工作在网络层，如图 4.19 所示。

图 4.19　OSI 网络参考模型中 TCP 和 IP 的关系

IP 为上层提供服务。TCP 有数据需要发送的时候，将数据段往下发送给 IP，由 IP 发到目的主机。正如前面的分析，由于网络的复杂性和传输环境的干扰，数据在传输过程中难免会出现差错。如果出现数据丢失的情况，则接收方的 TCP 会发送 ACK 消息，通知发送方的 TCP 再将数据发送一次。

这就像不可靠的 IP 上面有一个可靠的 TCP 上司。IP 在传输过程中把数据弄丢了不要紧，TCP 发现了以后，会再把数据传给 IP，要求 IP 再发一次，直到数据成功到达接收方。

虽然 IP 是一个尽力而为却不可靠的协议，但是由于有一个可靠的 TCP 来监控，所以就数据传输的整个过程来说，还是可靠的。

这个过程类似于我们在线购物。卖家通过快递公司发货物给买家，快递公司有可能会把货物弄丢。此时，卖家可以再发一份货物，确保买家能顺利拿到货物。所以快递公司不可靠不要紧，只要卖家是可靠的，就能确保整个交易顺利完成。

思考与训练

实验题

基于 OSI 网络参考模型，描述图 4.20 中内网用户 Laptop1 访问 Internet 网络 Web 服务器的数据通信过程细节。

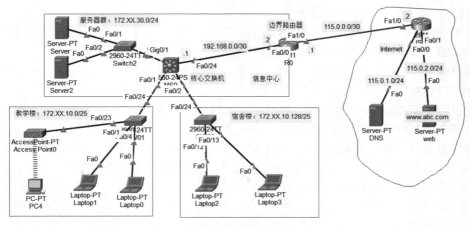

图 4.20　任务拓扑图

项目5
排除网络故障

网络故障将会严重影响企业业务的正常开展。如何快速找到并排除计算机网络故障，是本项目重点要解决的问题。本项目基于OSI网络参考模型描述计算机网络各层的故障现象，介绍排除故障的工具及一般方法。读者通过练习可以掌握网络故障的排除技巧。

知识目标

- 理解网络故障的排除思路；
- 理解不同故障排除命令的工作原理；
- 理解OSI网络参考模型中不同层的故障表现。

技能目标

- 掌握网络故障诊断工具及其排除方法；
- 掌握数据链路层网络故障的诊断与排除方法；
- 掌握网络层故障的诊断与排除方法。

1. 网络故障排查一般思路

当网络遭遇故障时，最困难的不是修复网络故障本身，而是迅速查出故障点，确定发生故障的原因。网络工程师要有一个清晰的排除网络故障的思路。

根据所学的 OSI 网络参考模型，从故障的实际现象出发，以网络诊断工具为手段获取诊断信息，有两种方式逐步排查故障：自下而上或者自上而下。

自下而上就是沿着 OSI 网络参考模型的 7 层，从物理层开始依次向上排查，逐步确定网络故障点，查找问题的根源，排除故障，让网络正常运行。

自上而下则刚好相反。沿着 OSI 网络参考模型，从第七层开始，先检查应用层，层层往下，排查每一层可能的故障点，直到网络服务恢复正常。

然而无论是自下而上还是自上而下，周期都比较长。例如采用自下而上的方法时，如果故障出现在应用层，则要排查完所有 7 层才可以检查到故障，因为是从物理层开始排查。采用自上而下的方式时如果遇到物理层的故障，则也会遇到这样的问题。

最常用的方法是二分法，即从中间入手，先检查网络层的故障，如果网络层没有问题，则沿着 OSI 网络参考模型往上检查;如果网络层有故障，则从网络层沿着 OSI 网络参考模型往下检查各层。

2. 常见故障点

园区网络通信故障的问题一般主要出现在物理层故障（第一层）、数据链路层故障（第二层）、网络层故障（第三层）等。

第一层物理层的故障主要有硬件故障、线路故障及逻辑故障。硬件故障常见为网络设备、网卡物理本身的故障，一般为设备硬件损坏、接口损坏、插头松动等；线路故障表现为网线或者光纤线路本身物理损坏；逻辑故障一般为配置错误，例如线缆两端的工作速率、工作方式不一致等。在 Cisco Packet Tracer 所搭建的园区网络中，物理层的故障主要表现为线缆的选择错误，线缆两端的工作速率、工作方式不一致，更换正确的线缆，把工作速率、工作方式设置一致即可解决问题，此处暂不详细阐述。

第二层数据链路层的故障常表现为 VLAN 协议故障。在以太网交换技术中，VLAN 技术是最为重要的技术之一，也是应用最为广泛的技术之一。VLAN 故障排除基本思路如下：首先，分析 VLAN 是否存在且一致；其次，检查端口是否属于指定的 VLAN；再次，检查交换机两端 trunk 端口是否配置正确；最后，检查交换机虚拟端口 SVI 是否配置正确。

常见的 VLAN 故障排除步骤见表 5.1。

表 5.1 常见的 VLAN 故障排除步骤

可能的原因	判断方法	解决办法
该 VLAN 没有创建，且 VLAN 名不一致	使用 "show vlan" 命令检查 VLAN 是否已经存在、名字是什么	通过 "VLAN XX" 命令进行创建；通过 "name XXX" 命令修改 VLAN 名
端口没有划入指定的 VLAN 中	使用 "show vlan" 命令检查端口是否已经划入指定的 VLAN 中	先把端口设置为 access 模式，再把端口划入指定 VLAN 中
交换机两端 trunk 配置有误	使用 "show interface trunk" 命令检查交换机两端 trunk 是否配置正确，状态是否正常	① 没有配置 trunk： 把端口类型设置为 trunk。 ② 封装的协议有误： 把交换机两端封装的协议改为一致。 ③ 允许通过的 VLAN 信息有误： 允许通过对应的 VLAN
SVI 配置有误	使用 "show ip int brief" 命令检查交换机 SVI 配置是否正确	① SVI 配置错误： 修改交换机 SVI 地址为 PC 的网关。 ② SVI 错误地配置到二层交换机： 取消二层交换机的 SVI 配置

第三层网络层故障主要表现为路由表条目不完整，NAT 配置出错等。使用路由追踪 "tracert" 命令检查路径走向即可解决问题。

//////任务 1 排除网络第二层故障——VLAN、trunk、SVI

任务目标：找出网络中的第二层故障点并排除故障。

这里基于项目 3 的案例进行分析。为了开展本项目的学习，我们在项目中的网络设备预设了错误的配置，即销售部客户端 PC 无法访问网络，需要进行故障排除。项目网络拓扑结构如图 5.1 所示。

5.1 排除网络第二层故障——VLAN、trunk、SVI

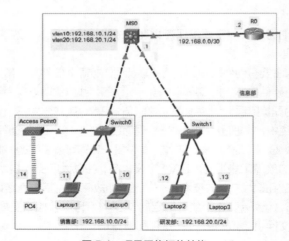

图 5.1　项目网络拓扑结构

1．检查客户端 PC 地址信息配置是否正确和到网关的连通性是否正常

根据如图 5.1 所示的网络拓扑结构，数据的流向为客户端 Laptop1->Switch0->MS0->R0->Internet。

客户端 PC 要访问互联网。因为这属于跨网络的通信，所以客户端 PC 需要先把信息发送到网关。

先检查计算机的地址是否配置正确。在客户端 Laptop0 中输入"ipconfig"查看 IP 地址信息，如图 5.2 所示。

```
C:\>ipconfig

FastEthernet0 Connection:(default port)

    Link-local IPv6 Address.........: FE80::201:42FF:FE15:703A
    IP Address......................: 192.168.10.10
    Subnet Mask.....................: 255.255.255.0
    Default Gateway.................: 192.168.10.1
```

图 5.2　查看客户端 IP 地址信息

查到自己的 TCP/IP 的参数：IP 地址（IP Address）是 192.168.10.10，子网掩码（Subnet Mask）是 255.255.255.0，默认网关（Default Gateway）是 192.168.10.1。这些参数都是配齐了的。一般会直接去测试客户端 PC 与网关之间的连通性，如图 5.3 所示。

```
C:\>ping 192.168.10.1

Pinging 192.168.10.1 with 32 bytes of data:

Request timed out.
Request timed out.
Request timed out.
Request timed out.

Ping statistics for 192.168.10.1:
    Packets: Sent = 4, Received = 0, Lost = 4 (100% loss),

C:\>
```

图 5.3　测试客户端 PC 与网关之间的连通性

分析图 5.2 和图 5.3 可知，客户端的 IP 地址信息配置正确，但是无法访问网关。

出问题要先从自己身上检查。Laptop0 和网关 ping 各自的 IP 地址，测试自身的 TCP/IP 栈工作是否正常，结果如图 5.4 和图 5.5 所示。

```
C:\>ping 192.168.10.10

Pinging 192.168.10.10 with 32 bytes of data:

Reply from 192.168.10.10: bytes=32 time=3ms TTL=128
Reply from 192.168.10.10: bytes=32 time<1ms TTL=128
Reply from 192.168.10.10: bytes=32 time=2ms TTL=128
Reply from 192.168.10.10: bytes=32 time=4ms TTL=128
```

图 5.4　Laptop0 主机 ping 自己的结果

```
MS0#ping 192.168.10.1

Type escape sequence to abort.
Sending 5, 100-byte ICMP Echos to 192.168.10.1, timeout is 2 seconds:
!!!!!
Success rate is 100 percent (5/5), round-trip min/avg/max = 1/5/14 ms
```

图 5.5　网关 MS0 ping VLAN 10 接口的结果

Laptop0 和网关 ping 自己的 IP 地址都没有问题，于是几乎可以判断这属于第二层网络故障。而第二层网络的故障点经常出现在 VLAN、trunk、SVI 的配置上，下面将逐一排除故障点。

2. 检查接入层交换机的 VLAN 配置是否正确

首先，在交换机 Switch0 中检查 VLAN 数据库信息是否有误，用命令“show vlan brief”查询 VLAN 数据库的信息，结果如图 5.6 所示。

```
Switch0#show vlan brief

VLAN Name                             Status    Ports
---- -------------------------------- --------- -------------------------------
1    default                          active    Fa0/2, Fa0/3, Fa0/4, Fa0/5
                                                Fa0/6, Fa0/7, Fa0/8, Fa0/9
                                                Fa0/10, Fa0/11, Fa0/12, Fa0/13
                                                Fa0/14, Fa0/15, Fa0/16, Fa0/17
                                                Fa0/18, Fa0/19, Fa0/20, Fa0/21
                                                Fa0/22, Gig0/1, Gig0/2
10   Sales                            active    Fa0/1, Fa0/23
20   Development                      active
1002 fddi-default                     active
1003 token-ring-default               active
```

图 5.6　查看交换机 VLAN 数据库的信息

图 5.6 显示了 VLAN 10 的端口成员只有两个（标①处），连接计算机 Laptop0 的 Fa0/4 端口（标②处）被错误地放入了 VLAN1 中。

在“Switch0”中修正错误信息，把 Fa0/4 端口划入 VLAN 10 中，命令如下：

```
Switch0(config)#int fa0/4
Switch0(config-if)#switchport mode access
Switch0(config-if)#switchport access vlan 10
Switch0(config-if)#exit
```

然后，检查 VLAN 配置是否正确，结果如图 5.7 所示。

```
Switch0#show vlan brief

VLAN Name                             Status    Ports
---- -------------------------------- --------- -------------------------------
1    default                          active    Fa0/2, Fa0/3, Fa0/5, Fa0/6
                                                Fa0/7, Fa0/8, Fa0/9, Fa0/10
                                                Fa0/11, Fa0/12, Fa0/13, Fa0/14
                                                Fa0/15, Fa0/16, Fa0/17, Fa0/18
                                                Fa0/19, Fa0/20, Fa0/21, Fa0/22
                                                Gig0/1, Gig0/2
10   Sales                            active    Fa0/1, Fa0/4, Fa0/23
1002 fddi-default                     active
1003 token-ring-default               active
1004 fddinet-default                  active
1005 trnet-default                    active
```

图 5.7　正确配置后的 VLAN 数据库的信息

用同样的方法，检查其他接入层交换机的 VLAN 配置是否正确。

3. 检查交换机的 trunk 端口状态是否正确

交换机 Switch0 和交换机 MS0 之间的链路为 trunk，需要检查 trunk 状态信息是否有误。在交换机特权模式输入"show interfaces trunk"命令可以看到端口 trunk 状态信息。交换机 Switch0 和交换机 MS0 端口 trunk 状态信息分别如图 5.8 和图 5.9 所示。

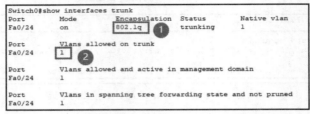

图 5.8　交换机 Switch0 端口 trunk 状态信息

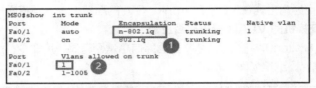

图 5.9　交换机 MS0 端口 trunk 状态信息

通过查看两个交换机的 trunk 状态信息，发现以下两个故障点。

第一个故障点：对比图 5.8 和图 5.9 标①处，可以看出，交换机 Switch0 封装的是 802.1q 协议，而交换机 MS0 封装的是 n-802.1q 协议，Switch0 和交换机 MS0 之间封装的协议不同，有误。

第二个故障点：图 5.8 和图 5.9 标②处表明，交换机 Switch0 和交换机 MS0 之间的 trunk 链路仅允许通过的 VLAN 为 1，有误。

找到故障点后，需要进行修正。对于第一个故障点，在交换机 MS0 中把 trunk 封装的协议修改为 802.1q，保持两端交换机一致，命令如下：

```
MS0(config)#interface fa0/1
MS0(config-if)#switchport trunk encapsulation dot1q    //三层交换机 MS0 trunk 封装协议改为
802.1q
```

对于第二个故障点，需要在交换机 Switch0 和交换机 MS0 中添加允许通过的 VLAN 10，命令如下：

```
Switch0(config)#int fa0/24
Switch0(config-if)#switchport trunk allowed vlan 10 //添加允许 VLAN 10 通过的 trunk
```

完成后，再次检查 trunk 配置信息，结果如图 5.10 所示。

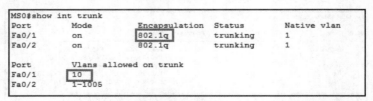

图 5.10　修正后的交换机 MS0 端口 trunk 状态信息

4. 检查交换机的 SVI 配置是否正确

交换机的 SVI 一般配置在三层交换机中，充当客户端 PC 网关的角色。客户端 PC 访问外网时，首先把数据包送到三层交换机的 SVI，然后由三层交换机转发出去。如果 SVI 的地址不是 PC 网关的地址，或者 SVI 错误地配置到了二层交换机上，就会导致网络不通。

检查交换机的 SVI 配置正确与否，命令如下：

MS0#show ip interface brief　　//查看三层交换机的 SVI 配置

检查二层交换机和三层交换机的 SVI 配置，结果如图 5.11 和图 5.12 所示。

```
Switch0#show ip interface brief
Interface            IP-Address       OK? Method Status              Protocol
        此处忽略部分非关键性信息

GigabitEthernet0/1   unassigned       YES manual down                down
GigabitEthernet0/2   unassigned       YES manual down                down
Vlan1                unassigned       YES manual administratively down down  ①
Vlan10               192.168.10.1     YES manual up                  up
```

图 5.11　二层交换机 Switch0 的 SVI 信息

```
MS0#show ip interface brief
Interface            IP-Address       OK? Method Status              Protocol
        此处省略部分非关键性信息

Vlan1                unassigned       YES unset  administratively down down  ①
Vlan10               192.168.10.1     YES manual administratively down down
Vlan20               192.168.20.1     YES manual up                  up
```

图 5.12　三层交换机 MS0 的 SVI 信息

分析图 5.11 和图 5.12 可以发现，标①处本来应该配置在三层交换机 MS0 的 SVI 信息被错误地配置到了二层交换机 Switch0 上，而二层交换机是无法实现网关的功能的；且配置了与网关一样的 IP 地址，会和三层交换机真正的网关的 IP 地址冲突；三层交换机 MS0 的 SVI 被人为关闭了。

修正方法为把二层交换机 Switch0 的 SVI 地址删除，把三层交换机 MS0 的 SVI 启用，命令如下：

Switch0(config)#interface vlan 10　　//进入二层交换机 Switch0 的 VLAN 10 接口
Switch0(config-if)#no ip address　　//删除原有的 IP 地址配置

MS0(config)#interface vlan 10　　//进入三层交换机 MS0 的 VLAN 10 接口
MS0(config-if)#no shut　　//启用该 SVI

完成后，再次检查交换机的 SVI 配置信息，结果如图 5.13 和图 5.14 所示。

```
MS0#show ip interface brief
Interface            IP-Address       OK? Method Status              Protocol
    此处省略部分非关键性信息
Vlan1                unassigned       YES unset  administratively down down
Vlan10               192.168.10.1     YES manual up                  up
Vlan20               192.168.20.1     YES manual up                  up
```

图 5.13　三层交换机 MS0 的 SVI 信息

```
Switch0#show ip interface brief
Interface            IP-Address       OK? Method Status              Protocol
    此处省略部分非关键性信息
Vlan1                unassigned       YES manual administratively down down
Vlan10               unassigned       YES manual up                  up
```

图 5.14　二层交换机 Switch0 的 SVI 信息

用同样的方法，排除交换机 MS0 和 Switch1 的二层网络常见的故障点之后，再测试各个 PC 的网络连通性。此时网络已经正常，PC 能成功访问互联网，结果如图 5.15 所示。

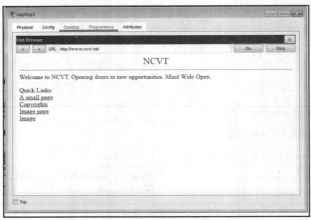

图 5.15　PC 能正常访问互联网

课堂练习： 完成电子资源库中配套的二层故障网络模型的故障排除，实现内网用户访问 Internet 资源。

素养拓展　掌握网络故障排除技巧是一名网络工程师的必备技能。但由于网络故障有很多不确定性，所以故障排除容易让初学者感到困惑，初学者必须勇敢去面对。纵观人类社会发展史，任何一个理想的实现都不是轻而易举的，必然会遇到各种各样的困难和波折，充满着艰险和坎坷。大学生要正确认识、处理生活中各种各样的困难和问题，保持认真务实、乐观向上、积极进取的人生态度。

任务 2　排除网络第三层故障——路由追踪 tracert、NAT

任务目标： 找出网络中的第三层故障点并排除故障。

这里以项目 3 的案例进行分析，任务网络拓扑结构如图 5.16 所示。网络设备被错误地配置，客户端 PC 无法使用网络，需要进行故障排除。

5.2　排除网络第三层故障——路由追踪 tracert、NAT

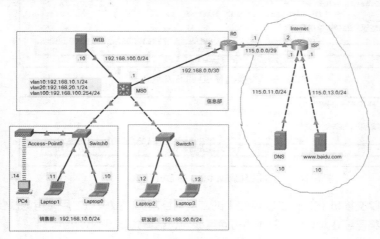

图 5.16　任务网络拓扑结构

1. 检查客户端 PC 地址信息配置是否正确和客户端 PC 与网关的连通性是否正常

首先通过"ipconfig"命令查询客户机的 IP 地址信息,然后用"ping"命令检测 PC 与网关的连通性是否正常,查看客户端 IP 地址信息的结果如图 5.17 所示,查看客户端 PC 与网关的连通性的结果如图 5.18 所示。

```
Packet Tracer PC Command Line 1.0
C:\>ipconfig

FastEthernet0 Connection:(default port)

   Link-local IPv6 Address.........: FE80::201:63FF:FE2A:C2A2
   IP Address.....................: 192.168.10.11
   Subnet Mask....................: 255.255.255.0
   Default Gateway................: 192.168.10.1          PC网关
```

图 5.17 查看客户端 IP 地址信息

```
C:\>ping 192.168.10.1

Pinging 192.168.10.1 with 32 bytes of data:

Reply from 192.168.10.1: bytes=32 time<1ms TTL=255
Reply from 192.168.10.1: bytes=32 time<1ms TTL=255
Reply from 192.168.10.1: bytes=32 time<1ms TTL=255
Reply from 192.168.10.1: bytes=32 time<1ms TTL=255

Ping statistics for 192.168.10.1:
    Packets: Sent = 4, Received = 4, Lost = 0 (0% loss),
Approximate round trip times in milli-seconds:
    Minimum = 0ms, Maximum = 1ms, Average = 0ms
```

图 5.18 查看客户端 PC 与网关的连通性

分析图 5.17 和图 5.18 可知,客户端 PC 的地址信息配置正确,客户端 PC 与网关的连通性正常,但仍然无法访问互联网,可初步判断故障属于网络第三层故障。而网络第三层的故障点经常表现在路由信息不完整或者 NAT 的配置有误,下面逐步排除。

2. 使用 tracert(路由追踪)确定 IP 数据包访问目标主机途中的故障点

tracert 是一个路由追踪的实用程序,用于确定 IP 数据包访问目标主机所经过的路径,"tracert"命令用生存时间字段和 ICMP 错误消息来确定从一个主机到网络上其他主机的路由 IP 地址,因此可以用于追踪路由信息。

命令如下:

C:\>tracert 目标主机 IP   //对发送到目标主机的 ICMP 数据包进行路由跟踪

网络正常时返回的结果如图 5.19 所示。

```
C:\>tracert 115.0.13.10

Tracing route to 115.0.13.10 over a maximum of 30 hops:

  1    0 ms       0 ms       0 ms       192.168.10.1
  2    0 ms       0 ms       0 ms       192.168.0.2
  3    2 ms       1 ms       1 ms       115.0.0.2
  4    0 ms       1 ms       0 ms       115.0.13.10

Trace complete.
```

图 5.19 网络正常时返回的结果

从图中可以看出,数据包先送到网关,再送往路由器 R0 的内网接口,接着送到 ISP 的网关,最后到达目标主机 115.0.13.10。数据包每到一个网络节点都会有一个应答,并被记录下来。

然而，此处网络通信并不正常，在客户端 PC 上 tracert 目标主机，会返回如图 5.20 所示的异常结果。

```
C:\>tracert 115.0.13.10

Tracing route to 115.0.13.10 over a maximum of 30 hops:

  1    0 ms       1 ms       1 ms     192.168.10.1
  2    0 ms       *          0 ms     192.168.10.1
  3    *          0 ms       *        Request timed out.
  4    8 ms       *          0 ms     192.168.10.1
  5    *          1 ms       *        Request timed out.
  6    0 ms       *          0 ms     192.168.10.1
  7    *          0 ms       *        Request timed out.
  8    1 ms       *          0 ms     192.168.10.1
  9    *          1 ms       *        Request timed out.
```

图 5.20   网络异常时返回的结果

该如何进行诊断呢？

首先，分析输出信息，可以看出数据在到达网关后就不可达了，然后重新发给网关，再超时，如此反复。初步判断是交换机 MS0 的路由表出错。

然后，在交换机上查看路由表，命令如下：

MS0#show ip route　　//查看三层交换机的路由表

从图 5.21 所示的交换机 MS0 的路由表中看出，交换机 MS0 的路由表仅有直连路由，并没有到达目标网络的路由。

```
MS0#show ip route
Codes: C - connected, S - static, I - IGRP, R - RIP, M - mobile, B - BGP
       D - EIGRP, EX - EIGRP external, O - OSPF, IA - OSPF inter area
       N1 - OSPF NSSA external type 1, N2 - OSPF NSSA external type 2
       E1 - OSPF external type 1, E2 - OSPF external type 2, E - EGP
       i - IS-IS, L1 - IS-IS level-1, L2 - IS-IS level-2, ia - IS-IS inter area
       * - candidate default, U - per-user static route, o - ODR
       P - periodic downloaded static route

Gateway of last resort is not set

     192.168.0.0/30 is subnetted, 1 subnets          路由表仅有
C       192.168.0.0 is directly connected, FastEthernet0/24    直连路由
C    192.168.10.0/24 is directly connected, Vlan10
C    192.168.20.0/24 is directly connected, Vlan20
```

图 5.21　交换机 MS0 的路由表

接下来，检查下交换机的 MS0 的配置文件，检查下三层交换机 MS0 的路由功能是否开启，以及路由协议是否正确配置，检查命令如下：

MS0#show run　　//查看三层交换机的配置

交换机 MS0 的配置文件如图 5.22 所示，标①处表明交换机开启了路由功能，是正确的；标②处表示交换机配置了一条默认路由，下一跳指向了 192.168.0.254 这个 IP 地址，这是故障点，因为对照网络拓扑图，发现此处的下一跳 IP 地址写错了。

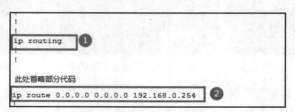

图 5.22　交换机 MS0 的配置文件

最后，删除错误的路由信息，添加新的路由条目，命令如下：

```
MS0(config)# no ip route 0.0.0.0 0.0.0.0 192.168.0.254     //删除错误的默认路由
MS0(config)#ip route 0.0.0.0 0.0.0.0 192.168.0.2     //设置默认路由下一跳为 192.168.0.2
```

修改了错误的默认路由后，重新查看交换机的路由表，就能显示出正确的下一跳地址了，交换机 MS0 正确的路由表如图 5.23 所示。

```
MS0#show ip route
Codes: C - connected, S - static, I - IGRP, R - RIP, M - mobile, B - BGP
       D - EIGRP, EX - EIGRP external, O - OSPF, IA - OSPF inter area
       N1 - OSPF NSSA external type 1, N2 - OSPF NSSA external type 2
       E1 - OSPF external type 1, E2 - OSPF external type 2, E - EGP
       i - IS-IS, L1 - IS-IS level-1, L2 - IS-IS level-2, ia - IS-IS inter area
       * - candidate default, U - per-user static route, o - ODR
       P - periodic downloaded static route

Gateway of last resort is 192.168.0.2 to network 0.0.0.0

     192.168.0.0/30 is subnetted, 1 subnets
C       192.168.0.0 is directly connected, FastEthernet0/24
C       192.168.10.0/24 is directly connected, Vlan10
C       192.168.20.0/24 is directly connected, Vlan20
S*   0.0.0.0/0 [1/0] via 192.168.0.2
```

图 5.23　交换机 MS0 正确的路由表

3. 解决路由器 NAT 故障

修正了三层交换机 MS0 的路由条目后，客户机仍然无法访问互联网。

按前面的方法通过 tracert 发现，数据包已经能正确到达路由器 R0 的接口，但是无法到达下一跳，如图 5.24 所示。

```
C:\>tracert 115.0.13.10

Tracing route to 115.0.13.10 over a maximum of 30 hops:

  1    1 ms      0 ms      0 ms     192.168.10.1
  2    1 ms      1 ms      0 ms     192.168.0.2
  3    *         *         *        Request timed out.
  4    *         *         *        Request timed out.
  5    *         *         *        Request timed out.
  6    *         *         *        Request timed out.
  7    *         *         *        Request timed out.
  8    *         *         *        Request timed out.
  9    *         *         *        Request timed out.
```

图 5.24　重新 tracert 的结果

在路由器 R0 上检查路由表，如图 5.25 所示，标①处为路由器返回内网 VLAN 10、VLAN 20 的静态路由，标②处为路由器到达 ISP 网关的默认路由，路由信息及下一跳地址均正确无误。

```
R0#show ip route
Codes: C - connected, S - static, I - IGRP, R - RIP, M - mobile, B - BGP
       D - EIGRP, EX - EIGRP external, O - OSPF, IA - OSPF inter area
       N1 - OSPF NSSA external type 1, N2 - OSPF NSSA external type 2
       E1 - OSPF external type 1, E2 - OSPF external type 2, E - EGP
       i - IS-IS, L1 - IS-IS level-1, L2 - IS-IS level-2, ia - IS-IS inter area
       * - candidate default, U - per-user static route, o - ODR
       P - periodic downloaded static route

Gateway of last resort is 115.0.0.2 to network 0.0.0.0

     115.0.0.0/29 is subnetted, 1 subnets
C       115.0.0.0 is directly connected, FastEthernet1/0
     192.168.0.0/30 is subnetted, 1 subnets
C       192.168.0.0 is directly connected, FastEthernet0/0
S    192.168.10.0/24 [1/0] via 192.168.0.1        ①
S    192.168.20.0/24 [1/0] via 192.168.0.1
S*   0.0.0.0/0 [1/0] via 115.0.0.2        ②
```

图 5.25　路由器 R0 的路由表

同时，在路由器 R0 上 ping 运营商的网关地址，结果是正常的，如图 5.26 所示。

```
R0#ping 115.0.0.2

Type escape sequence to abort.
Sending 5, 100-byte ICMP Echos to 115.0.0.2, timeout is 2 seconds:
!!!!!
Success rate is 100 percent (5/5), round-trip min/avg/max = 0/0/1 ms
```

图 5.26　检测路由器 R0 与 ISP 网关的连通性

接下来，利用在项目 3 中所学的知识进行分析，可知道，实现内网用户访问互联网服务器的方法是使用 PAT 技术。排除了路由器的路由配置及连通性问题，就可判断故障点在 PAT 了。

在路由器 R0 上查看配置信息，从图 5.27 所示的结果可发现有 4 个错误点：

```
R0#show run
Building configuration...

! 此处省略部分非关键性代码
interface FastEthernet0/0
 ip address 192.168.0.2 255.255.255.252
 ip nat outside          ①
 duplex auto
 speed auto
!
interface FastEthernet0/1
 no ip address
 duplex auto
 speed auto
 shutdown
!
interface FastEthernet1/0
 ip address 115.0.0.1 255.255.255.248
 ip nat inside           ②
!
interface Vlan1
 no ip address
 shutdown
!                        ③              ④
ip nat inside source list 2 interface FastEthernet0/0 overload
ip nat inside source static tcp 192.168.20.13 8080 115.0.0.3 80
ip classless
ip route 192.168.20.0 255.255.255.0 192.168.0.1
ip route 192.168.10.0 255.255.255.0 192.168.0.1
ip route 0.0.0.0 0.0.0.0 115.0.0.2
!
ip flow-export version 9
!
!
access-list 1 permit 192.168.20.0 0.0.0.255
access-list 1 permit 192.168.10.0 0.0.0.255
```

图 5.27　路由器 R0 的配置故障点

① 端口 FastEthernte0/0 本该为内网端口，被错误地配置成外网端口；

② 端口 FastEthernte1/0 本该为外网端口，被错误地配置成内网端口；

③ 后面的 ACL 定义的编号为"1"，调用的时候被错误地写成了"2"；

④ 端口 FastEthernet0/0 不是连接外网的端口。

这 4 个故障点均是初学者较容易犯的错误。

然后，对照故障点把原有错误的配置删除，重新修正路由器 R0 的配置，正确的路由器 R0 配置如图 5.28 所示。

最后，客户端 PC 通过"tracert"命令跟踪访问互联网，使用浏览器访问百度服务器，均已成功，分别如图 5.29 和图 5.30 所示。

```
R0#show run
Building configuration...
!
! 此处省略部分非关键性代码
!
interface FastEthernet0/0
 ip address 192.168.0.2 255.255.255.252
 ip nat inside
 duplex auto
 speed auto
!
interface FastEthernet0/1
 no ip address
 duplex auto
 speed auto
 shutdown
!
interface FastEthernet1/0
 ip address 115.0.0.1 255.255.255.248
 ip nat outside
!
interface Vlan1
 no ip address
 shutdown
!
ip nat inside source list 1 interface FastEthernet1/0 overload
ip nat inside source static tcp 192.168.20.13 8080 115.0.0.3 80
ip classless
ip route 192.168.20.0 255.255.255.0 192.168.0.1
```

图 5.28　修正故障后的路由器 R0 配置

```
C:\>tracert 115.0.13.10

Tracing route to 115.0.13.10 over a maximum of 30 hops:

  1    0 ms      1 ms      0 ms      192.168.10.1
  2    0 ms      1 ms      0 ms      192.168.0.2
  3    2 ms      0 ms      0 ms      115.0.0.2
  4    0 ms      0 ms      0 ms      115.0.13.10

Trace complete.
```

图 5.29　客户端 PC 使用"tracert"命令跟踪访问互联网

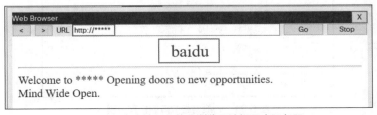

图 5.30　客户端 PC 使用浏览器访问百度服务器

课堂练习： 完成电子资源库中配套的三层故障网络模型的故障排除，实现内网用户能访问 Internet 资源。

素养拓展　使用"tracert""ping"等命令，并结合各种工具可进行三层网络故障的定位和排查，读者可快速积累故障排除经验，提升技术水平。我们要善于利用各种工具提高解决各种问题的效率。马克思主义揭示了事物的本质、内在联系及发展规律，是"伟大的认识工具"，是人们观察世界、分析问题的有力思想武器。大学生确立了马克思主义信仰，更有利于树立正确的理想信念，在错综复杂的社会现象中看清本质、明确方向，为服务人民、奉献社会作出更大的贡献。

////// **小结与拓展**

1. 网络故障排除经验总结

网络故障一般分为两大类：连通性问题和性能问题。

（1）连通性问题

连通性问题主要表现在硬件、系统、电源、传输介质，IP 地址配置等方面。

（2）性能问题

性能问题主要表现为网络拥塞、到目的地不是最佳路径、转发异常、路由环路等。

要想排除故障，则需要一步一步找出故障原因并具有针对性地解决问题。它的基本思想是系统地将可能导致故障的原因所构成的一个大集合缩减（或隔离）成几个小的子集，从而使问题的复杂度迅速下降。进行故障排除时，秉持有序的思路有助于解决所遇到的问题。图 5.31 所示为一般网络故障的处理流程。

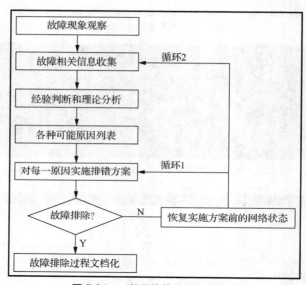

图 5.31　一般网络故障的处理流程

2. 日常使用的网络故障排查命令总结

（1）ping

在网络故障排除中，使用最频繁的是"ping"命令，它不仅可以用于检查网络是否连通，而且可以用于判断网络故障。其常用方法如下。

① ping 本机 IP。本机始终都应该对该"ping"命令作出应答，如没有，则表示本地 TCP/IP 栈存在问题。

② ping 网关 IP。可以检查本机与本地网络连接是否正常。

③ ping 远程 IP。如果收到 4 个应答，则表示网络正常。

④ ping 局域网内其他 IP。数据包会经过网卡及网线到达其他计算机后再返回。若收到回送应答，则表明在本地网络中运行正常；但若收到 0 个回送应答，则表示子网掩码不正确、网卡配置错误或网线产生问题。

⑤ ping 127.0.0.1。ping127.0.0.1 环回地址是为了检查本地的 TCP/IP 是否设置正确。

⑥ ping www.xxx.com （如 www.baidu.com）。检查 DNS 能否解析出正确的 IP 地址，以及到达目标服务器是否正常。

（2）tracert

"tracert"命令的作用是探测源节点到目的节点之间数据报文经过的路径。如果产生网络连通性问题，就可以使用"tracert"命令来检查到达的目标 IP 地址的路径并记录结果。结果会显示用于将数据包从计算机传递到目标位置的一组 IP 路由器，以及每个跃点所需的时间。数据包如果不能传递到目标，那么结果将显示成功转发数据包的最后一个路由器。当数据包从我们的计算机经过多个网关传送到目的地时，我们可以使用"tracert"命令跟踪数据传输过程中使用的路由（路径）。"tracert"命令的使用很简单，我们只需要在"tracert"后面跟一个 IP 地址或者域名即可判断网络在哪个环节出了问题。

思考与训练

1. 简答题

（1）局域网常见的故障有哪些？故障产生的原因可能有哪些？

（2）常用的网络故障排除的命令有哪几个？它们各有什么功能？

（3）局域网故障诊断的方法主要有哪些？

（4）网络出现故障时，分析的具体步骤是什么？请用自己的语言进行描述。

2. 实验题

完成配套电子资源库项目 5 的故障排除，最终实现内网用户访问到 Internet 资源，同时允许外部网络用户访问到内网服务器。

第二部分

项目6
提升网络可靠性

06

与前面项目实现计算机网络主机之间的相互通信不一样的是，本项目的任务是实现网络的可靠通信。现在用户已经不满足于能访问到网络资源，而是更多地希望访问网络的时候不会出现数据传输断断续续的情况。本项目通过部署冗余链路和冗余设备的方式，让读者掌握将网络故障发生后的负面影响控制在最小范围内的技术和思路。

知识目标

- 理解链路聚合的作用；
- 理解STP解决环路的方法；
- 理解OSPF的特点及选路方法；
- 理解HSRP的工作原理；
- 理解DHCP的地址分配过程。

技能目标

- 掌握配置EtherChannel链路聚合的方法；
- 掌握利用STP有选择性地堵塞指定端口控制数据流走向的方法；
- 掌握配置OSPF协议实现路由信息动态获取的方法；
- 掌握配置HSRP实现网络的负载均衡及冗余备份的方法；
- 掌握配置DHCP实现客户端自动获取IP地址信息的方法。

1. 网络的单点故障

在网络规划与设计中，出于成本等多方面因素的考虑，一些小型园区网络采用单链路设计思路，如图 6.1 所示。

如果某条链路出现故障，会影响网络的一部分甚至全部的业务。例如对于如图 6.1 所示的网络，假设销售部的接入交换机 Switch0 与信息部的核心交换机 MS0 之间的链路出现故障，则销售部整个部门的计算机无法访问网络，从而影响公司正常业务。一个故障点导致网络通信受影响的情况叫单点故障。在网络工程设计的过程中，在预算允许的条件下应该尽量避免单点故障。

2. 交换环路造成严重后果

解决单点故障的办法是链路冗余和设备冗余。链路冗余就是允许数据源到目的主机之间有多条冗余线路可以走；设备冗余指的是部署多台设备相互备份，以提高网络的可靠性。

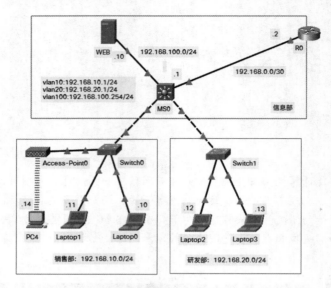

图 6.1　企业网络的单链路设计方式

为了解决销售部的计算机因为接入交换机 Switch0 与信息部的核心交换机 MS0 之间的链路出现故障而导致的业务问题，可以将销售部到信息部之间设计成双链路的形式，即增加销售部和信息部之间的冗余链路，如图 6.2 所示。

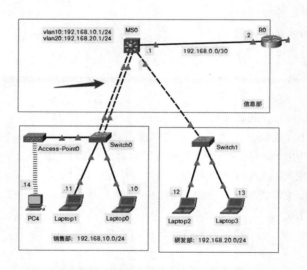

图 6.2　增加销售部和信息部之间的冗余链路

在这种链路冗余的环境下，会出现新的问题：交换环路。交换环路会带来广播风暴以及接收方会收到重复帧的问题。广播帧在交换环路的环境中会无休止地传播，过程如图 6.3 所示。交换环路环境中的广播帧越来越多，会产生广播风暴，于是交换机的数据传输效率急剧下降，直到交换设备资源耗尽，出现"雪崩"。广播风暴带来的影响是灾难性的，最终必然会导致整个网络瘫痪，严重影响网络业务。

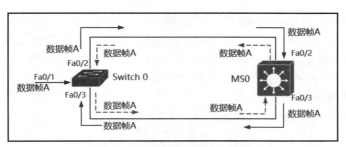

图 6.3　交换环路环境中的广播风暴

具体过程如下：

① Switch0 接收到一个广播帧 A，按规则，Switch0 必须将该帧复制 N 份，从其他所有端口发出；

② 从 Switch0 的 Fa0/2 端口发出的帧到达 MS0 的 Fa0/2 端口；

③ MS0 接到广播帧 A，也必须按规则广播出去，包括要从自己的 Fa0/3 端口发出；

④ 从 MS0 的 Fa0/3 端口发出的广播帧 A 到达 Switch0 的 Fa0/3 端口；

⑤ Switch0 从 Fa0/3 端口又收到了广播帧 A，而这个广播帧 A 原本是 Switch0 发出去的，现在兜了一圈回到 Switch0，但是按规则，Switch0 不得不再次广播（复制 N 份，从其他所有端口发出）；

⑥ 如此重复，直到资源耗尽。

以上我们只分析了 Switch0 从 Fa0/2 端口发出的广播帧，而另外 N 个端口发出的广播帧也执行这样的过程。这样的情况在交换环路的环境下会变得越来越糟糕，因为广播包会越来越多，包括合法的 ARP 查询也可能被不法分子利用发出恶意的广播帧，最终导致网络瘫痪。总之，交换环路会给网络业务带来灾难性后果。我们在部署网络的时候一定要注意这一点。

任务 1　解决交换环路问题——生成树协议（STP）

任务目标：通过配置 STP 来解决交换环路问题，并控制数据流的走向。

为了避免交换环路产生的严重后果，IEEE 802.1D 文档中定义了生成树协议（Spanning Tree Protocol，STP）。STP 通过在交换机之间传递一种特殊的协议报文——网桥协议数据单元（Bridge Protocol Data Unit，BPDU），来确定网络的拓扑结构，按照一定的算法规则阻塞环路上的某个端口，消除网络中的环路，避免环路存在造成的广播风暴问题，如图 6.4 所示。

6.1　解决交换环路问题——生成树协议（STP）

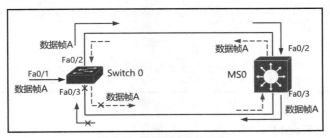

图 6.4　STP 阻断交换环路

STP 通过算法，决定阻塞 Switch0 的 Fa0/3 端口，消除了交换环路。不再将广播帧从 Fa0/3

端口发出，也不再从 Fa0/3 端口接收用户的数据帧，解决了广播风暴和重复帧的问题。

一个环路上有很多交换机端口，STP 是通过什么机制决定阻塞某个端口的呢？

STP 通过生成树算法决定阻塞某个交换机端口以解除环路。生成树算法可以归纳为以下 3 个步骤，下面结合本项目的例子，分析整个 STP 决策过程。

1. 选举根桥（Root Bridge）

每个交换机都有唯一的桥 ID（Bridge ID，BID），桥 ID 值最小的交换机被选举为根桥。桥 ID 由桥优先级（Priority）和 MAC 地址两个参数组成：桥 ID（8 个字节）=桥优先级（2 个字节）+桥 MAC（6 个字节）。桥优先级默认为 32768+VLAN ID。例如 VLAN 1 的 ID 为 1，则其生成树的桥 ID 默认就是 32768+1=32769。在交换机命令行特权模式下，可以通过"show spanning-tree"命令查看桥 ID，结果如图 6.5 所示。

```
Switch#show spanning-tree
VLAN0001
  Spanning tree enabled protocol ieee
  Root ID    Priority    32769
             Address     0001.64C2.E253
             This bridge is the root
             Hello Time  2 sec  Max Age 20 sec  Forward Delay 15 sec

  Bridge ID  Priority    32769   (priority 32768 sys-id-ext 1)
             Address     0001.64C2.E253
             Hello Time  2 sec  Max Age 20 sec  Forward Delay 15 sec
             Aging Time  20
```

图 6.5　查看交换机的桥 ID

本项目 Switch0 和 MS0 的 VLAN 1 的桥 ID 如图 6.6 所示。

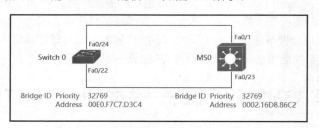

图 6.6　Switch0 和 MS0 的 VLAN1 的桥 ID

① 比较桥 ID，Switch0 和 MS0 都是"32769"，无法区分大小；

② 比较 MAC 地址，MS0 的 MAC 地址（0002.16D8.86C2）比 Switch0 的 MAC 地址（00E0.F7C7.D3C4）小，则 MS0 在根桥的选举过程中获胜，成为根交换机。

在交换机命令行特权模式下，可以通过"show spanning-tree"命令查看根桥的桥 ID。如果设备自身就是根桥，则会显示"This bridge is the root"（这台交换机就是根），如图 6.7 所示。

```
Switch1#show spanning-tree
VLAN0001
  Spanning tree enabled protocol ieee
  Root ID    Priority    32769
             Address     0000.0C1D.196C
             This bridge is the root
             Hello Time  2 sec  Max Age 20 sec  Forward Delay 15 sec
```

图 6.7　查看 STP 的根桥的桥 ID

2. 选举根端口（Root Port）

（1）根端口选举的第一个规则：非根桥会以自己为源，计算从不同端口出发到达根桥的不同开销（Cost），总"路径开销"最小的端口获胜，成为该交换机的根端口。

本任务中 Switch0 在根桥的选举中失败，成为非根桥。它发现自己可以通过 Fa0/22 端口和 Fa0/24 端口到达根桥（MS0），于是计算从这两个端口出发，各自到达根桥的总开销是多少，然后进行比较。

不同链路速度对应的开销见表 6.1。

表 6.1　不同链路速度对应的开销

链路速度	开销（最新修订）	开销（以前）
10Gbit/s	2	1
1Gbit/s	4	1
100Mbit/s	19	10
10Mbit/s	100	100

对应于交换机 Switch0 的 Fa0/22 端口和 Fa0/24 端口，各自到达根桥的总开销见表 6.2。

表 6.2　Switch0 的两个端口到根桥的总开销

端口号	链路速度	端口开销	总开销
Fa0/22	100Mbit/s	19	19
Fa0/24	100Mbit/s	19	19

比较交换机 Switch0 的 Fa0/22 端口和 Fa0/24 端口到达根桥的开销，两条链路的开销都是 19，如图 6.8 所示。

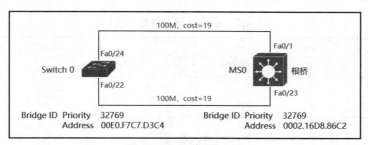

图 6.8　不同链路的开销

依然无法区分出大小，因此还无法确定哪个端口被选为根端口。

（2）根端口选举的第二个规则：如果非根桥所有端口到达根桥的总链路开销一样，则比较这些端口收到的对端交换机的桥 ID，收到对端交换机的桥 ID 小的端口在选举中获胜，成为交换机的根端口。

这个规则比较的不是端口参数，而是对端的交换机的桥 ID。

对本任务而言，Switch0 的 Fa0/22 端口和 Fa0/24 端口收到的桥 ID 都是 32769：0002.16D8.86C2，因为这两个端口连接的是同一台设备。利用第二个规则依然无法选举出根端口。

（3）根端口选举的第三个规则：如果非根桥所有端口收到的桥 ID 都是一样的，则比较各自接收到的对端设备发来的端口 ID（Port ID），小的获胜。

端口 ID 由端口优先级和端口号组成，中间用英文句号隔开。端口优先级的默认值为 128。在交换机命令行特权模式下，可以通过"show spanning-tree"命令查看端口的 ID 信息，Switch0 和 MS0 交换机的端口 ID 信息如图 6.9 和图 6.10 所示。

```
Switch0#show spanning-tree
VLAN0001
  Spanning tree enabled protocol ieee
  Root ID    Priority    32769
             Address     0000.0C1D.196C
             Cost        38
             Port        24(FastEthernet0/24)
             Hello Time  2 sec  Max Age 20 sec  Forward Delay 15 sec

  Bridge ID  Priority    32769  (priority 32768 sys-id-ext 1)
             Address     00E0.F7C7.D3C4
             Hello Time  2 sec  Max Age 20 sec  Forward Delay 15 sec
             Aging Time  20

Interface        Role Sts Cost      Prio.Nbr Type
---------------- ---- --- --------- -------- --------------------------------
Fa0/22           Altn BLK 19        128.22   P2p
Fa0/24           Root FWD 19        128.24   P2p
```

图 6.9　Switch0 交换机的端口 ID 信息

```
MS0#sh spanning-tree
VLAN0001
  Spanning tree enabled protocol ieee
  Root ID    Priority    32769
             Address     0000.0C1D.196C
             Cost        19
             Port        2(FastEthernet0/2)
             Hello Time  2 sec  Max Age 20 sec  Forward Delay 15 sec

  Bridge ID  Priority    32769  (priority 32768 sys-id-ext 1)
             Address     0002.16D8.86C2
             Hello Time  2 sec  Max Age 20 sec  Forward Delay 15 sec
             Aging Time  20

Interface        Role Sts Cost      Prio.Nbr Type
---------------- ---- --- --------- -------- --------------------------------
Fa0/1            Desg FWD 19        128.1    P2p
Fa0/2            Root FWD 19        128.2    P2p
Fa0/23           Desg FWD 19        128.23   P2p
```

图 6.10　MS0 交换机的端口 ID 信息

根据结果进行信息清洗，提取交换环路上各端口信息，如表 6.3 所示。

表 6.3　交换环路上各端口信息

Switch0		MS0	
端口号	端口 ID	端口号	端口 ID
Fa0/22	128.22	Fa0/23	128.23
Fa0/24	128.24	Fa0/1	128.1

Switch0 比较 Fa0/22 端口和 Fa0/24 端口收到对端的端口 ID。Fa0/22 端口对端是 MS0 的 Fa0/23 端口，其端口 ID 为 128.23；Fa0/24 端口对端是 MS0 的 Fa0/1 端口，其端口 ID 为 128.1。显然，128.1 小于 128.23，则 Switch0 的 Fa0/24 端口在根端口的选举中获胜，成为根端口。在交换机命令行特权模式下，可以通过 "show spanning-tree" 命令查看各端口状态，如图 6.11 所示。

```
Switch0#show spanning-tree
VLAN0001
  Spanning tree enabled protocol ieee
  Root ID    Priority    32769
             Address     0000.0C1D.196C
             Cost        38
             Port        24(FastEthernet0/24)
             Hello Time  2 sec  Max Age 20 sec  Forward Delay 15 sec

  Bridge ID  Priority    32769  (priority 32768 sys-id-ext 1)
             Address     00E0.F7C7.D3C4
             Hello Time  2 sec  Max Age 20 sec  Forward Delay 15 sec
             Aging Time  20

Interface        Role Sts Cost      Prio.Nbr Type
---------------- ---- --- --------- -------- --------------------------------
Fa0/22           Altn BLK 19        128.22   P2p
Fa0/24           Root FWD 19        128.24   P2p
```

图 6.11　Switch0 各端口状态

Switch0 的 Fa0/22 端口状态为"BLK",是 Blocking(阻塞)的简写;Fa0/24 端口状态为"FWD",是 Forwarding(转发)的简写。显然 Fa0/24 端口被选举为根端口后,处于转发状态,负责转发用户数据。

3. 确定指定端口

STP 中的指定端口是专门指定的,判断依据如下:

① 根桥的所有端口都是指定端口;

② 根端口对端交换机的端口必须为指定端口;

③ 通过交换机的非根端口到达根桥开销最小的端口为指定端口,如果开销一样,则桥 ID 小的为指定端口。

4. 确定非指定端口

选出根端口和指定端口后,剩下的端口就是非指定端口。非指定端口进入阻塞状态,不转发用户数据帧。被阻塞的端口只是处于备份状态,当需要时,会被启用。

STP 的计算是周期性的。当网络拓扑结构出现变化时,STP 会根据最新的拓扑结构和设备 ID 信息计算出新的状态,确保网络处于可用状态,从而提升了网络的可靠性。

课堂练习:完成本项目思考与训练第 1 题。

素养拓展 在网络规划中,通常会设计多条路径到达目的地,避免单条链路故障导致网络中断。STP 通过生成树算法可避免网络环路的出现,并在主链路出现故障时进行自动切换,保证网络可靠性。新时代为大学生提供了良好的社会环境和发展机遇。大学生要乐于学、立于德、重于行,借助于多种方式成长成才,勇担历史使命。

任务 2 多链路聚合提升链路可靠性——链路聚合（EtherChannel）

任务目标:通过链路聚合提高链路的带宽和可靠性。

在本项目任务 1 中,经过 STP 的计算,竞选结束后,交换环路上各端口的角色如图 6.12 所示。

6.2 多链路聚合提升链路可靠性——链路聚合（EtherChannel）

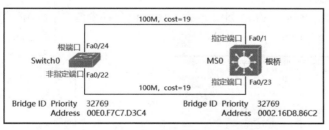

图 6.12　交换环路上各端口的角色

由于 Switch0 的 Fa0/22 端口在各种选举中失败,最终被选为非指定端口,进入阻塞状态,所以该链路成了备份链路。在现有各种参数不变的情况下,只有当 Switch0 的 Fa0/24 端口到 MS0 的链路出故障,才会启用备份链路。如果一个网络得到良好的维护,那么这样的故障其实是很少发生的。也就是说,启用备份链路的可能性非常小。

备份链路可能会造成资源的浪费：投入资金建造了一条备份链路，但是几乎不会使用，无法帮用户传输流量。解决问题的办法有多个，例如调整不同 VLAN 的 STP 参数，通过阻塞不同的端口改变不同 VLAN 的流量，但最佳的做法是链路聚合。

链路聚合把两台交换机之间的多条物理链路组合成一条逻辑链路使用，同时传输数据流量。链路聚合在园区网中经常使用，一方面，链路聚合可以提高链路的带宽，理论上，链路聚合可使聚合端口的带宽为所有成员端口的带宽总和；另一方面，链路聚合可以提高网络的可靠性，若配置了链路聚合的端口中有一个端口出现故障，则该故障端口的流量就会自动切换到其他链路中去，保障了网络传输的可靠性。

下面，我们通过将销售部接入交换机 Switch0 和信息部核心交换机 MS0 之间的物理链路聚合成一条逻辑链路，来提升链路的可用性和可靠性。Switch0 和 MS0 的链路拓扑结构如图 6.13 所示。

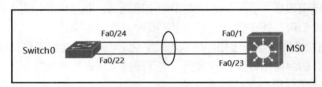

图 6.13　Switch0 和 MS0 的链路拓扑结构

1. 将需要聚合的物理端口划入同一个组

配置 Switch0：

Switch0(config)#interface range fastEthernet 0/22，fastEthernet 0/24　　//进入交换机端口，可以用 range 参数同时对多个物理端口进行同样的操作
Switch0(config-if-range)#channel-group 1 mode on　　//将物理端口划入聚合组 1 中

配置 MS0：

MS0(config)#interface range fastEthernet 0/1，fastEthernet 0/23　　//进入交换机端口，可以用 range 参数同时对多个物理端口进行同样的操作
MS0 (config-if-range)#channel-group 1 mode on　　//将物理端口划入聚合组 1 中

 注意　Switch0 和 MS0 的聚合组的组号是不相关的，可以取任意值。但是同一台设备上的不同端口如果要聚合，则必须在同一个组里边，聚合组的组号必须一致。

2. 检查链路聚合是否成功

在交换机的特权模式下用"show etherchannel summary"命令查看聚合端口的状态信息，结果如图 6.14 所示。

```
Switch0#show etherchannel summary
Flags:  D - down         P - in port-channel
        I - stand-alone  s - suspended
        H - Hot-standby (LACP only)
        R - Layer3       S - Layer2
        U - in use       f - failed to allocate aggregator
        u - unsuitable for bundling
        w - waiting to be aggregated
        d - default port


Number of channel-groups in use: 1
Number of aggregators:           1

Group Port-channel Protocol    Ports
------+-------------+-----------+-----------------------------------------
1     Po1(SU)         -         Fa0/22(P) Fa0/24(P)
Switch0#
```

图 6.14　聚合端口的状态信息

Cisco 交换机将 Port channel（端口隧道）简写为 Po，表示一个逻辑聚合端口。Po1 有两个物理端口——Fa0/22 和 Fa0/24，其状态为 SU。从图 6.14 中的"Flags"区域可以看出，"S"是"Layer2"（第二层）的意思，而"U"是"in use"（在用）的意思，表示交换机的聚合端口是可用的。

3. 把链路聚合后的端口设置为中继端口

配置 Switch0：

```
Switch0(config)# interface Port-channel1      //进入聚合端口
Switch0(config-if-range)# switchport mode trunk     //将端口的工作模式设置为 trunk
```

配置 MS0：

```
MS0(config)#interface range fastEthernet 0/1 , fastEthernet 0/23      //进入聚合端口
MS0 (config-if-range)# switchport trunk encapsulation dot1q     //定义端口的封装
MS0 (config-if-range)# switchport mode trunk      //将端口的工作模式设置为 trunk
```

用"show interfaces trunk"命令检查端口的中继状态，如图 6.15 所示。

```
MS0#show interfaces trunk
Port         Mode         Encapsulation    Status      Native vlan
Po1          on           802.1q           trunking    1
Fa0/2        on           802.1q           trunking    1
```

图 6.15　端口的中继状态

Po1 的状态（Status）为"trunking"，说明端口的状态是正常的。这样，聚合链路就替代了原来的两条相互备份的物理链路，同时启用两个端口传输数据，提高了数据转发效率。

课堂练习：在研发部的接入交换机 Switch1 和信息部的核心交换机 MS0 之间增加一条冗余链路，并用 EtherChannel 技术将两条物理链路组合成一条逻辑链路，提高网络的可靠性。

> **素养拓展**　链路聚合将多条物理链路组合成一条逻辑链路，提升了网络带宽和可靠性，解决了单根线缆传输中带宽不足和单点故障的问题。单丝不成线，独木不成林。个人的力量是微弱的，整体的力量是巨大的，团结的集体更有力量和智慧。在几千年历史长河中，我国人民始终团结一心、同舟共济，建立了统一的多民族国家，形成了 56 个民族多元一体、交织交融的融洽民族关系，形成了守望相助的中华民族大家庭。今天，我国取得的令世人瞩目的发展成就，是全国各族人民同心同德、同心同向努力的结果。团结就是力量，团结才能前进。

任务 3　配置双核心网络系统——热备份路由协议（HSRP）

任务目标：配置 HSRP，提高网络的可靠性。

本项目任务 2 通过冗余链路提高了网络的可靠性，避免了一些网络故障带来的问题，但仅仅这样还是不够的。我们来分析一下任务 1 中的拓扑结构：当核心交换机 MS0 出现故障时，公司内网不同部门之间无法相互访问，内网用户也无法访问到 Internet 资源，企业网络可以说是处于瘫痪的状态。

6.3　配置双核心网络系统——热备份路由协议（HSRP）

1. 部署双核心交换机

在工程实践当中，我们经常会考虑通过增加冗余核心交换机的方式，来更好地提升网络的可靠性。我们在本任务的拓扑结构中增加一台核心交换机 MS1，实现 MS0 和 MS1 之间的相互备份，如图 6.16 所示。

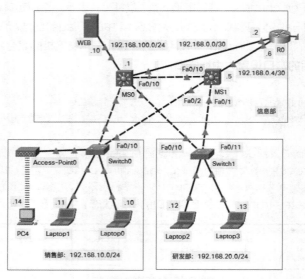

图 6.16　双核心架构的企业网络

由于冗余链路和冗余设备的存在，用户接入交换机和核心交换机之间形成了交换环路，所以需要调整 STP，干预生成树的选举，让核心交换机 MS0 和 MS1 成为 STP 的根桥，确保流量往根桥方向转发。

（1）在交换机上划分 VLAN，并把连接 PC 的端口划入 VLAN 中。

根据项目 2 的 VLAN 规划，在交换机 MS1 上为销售部创建 VLAN 10，为研发部创建 VLAN 20。命令如下：

```
MS1(config)#vlan 10        //创建 VLAN 10
MS1 (config-vlan)#name Sales        //为 VLAN 10 定义名字：Sales
MS1(config)#vlan 20        //创建 VLAN 20
MS1 (config-vlan)#name Development    //为 VLAN 20 定义名字：Development
MS1 (config-vlan)#exit            //退出 VLAN 配置模式
```

（2）将交换机之间的链路设置为 trunk。

核心交换机 MS0 的配置：

```
MS0(config)# interface range fastEthernet 0/10        //进入 fastEthernet 0/10 端口
MS0(config-if)#switchport trunk encapsulation dot1q      //定义封装协议为 dot1q
MS0(config-if)#switchport mode trunk        //将端口工作模式设置为 trunk
```

注：两台核心交换机之间通过 FastEthernet 0/10 端口连接。

核心交换机 MS1 的配置：

```
MS1(config)# interface range fastEthernet 0/1-2, fastEthernet 0/10      //进入连接两台接入交换
机 Switch0、Switch1 的端口和连接 MS0 的端口
MS1(config-if)#switchport trunk encapsulation dot1q       //定义封装协议为 dot1q
MS1(config-if)#switchport mode trunk        //将端口工作模式设置为 trunk
```

接入交换机 Switch0 的配置：

```
Switch0(config)# interface fastEthernet 0/10    //进入端口
Switch0(config-if)#switchport mode trunk      //将端口工作模式设置为 trunk
```

接入交换机 Switch1 的配置：

```
Switch1(config)# interfacerange fastEthernet 0/10-11      //进入端口
```

```
Switch1(config-if)#switchport mode trunk    //将端口工作模式设置为 trunk
```

（3）干预选举，让 MS0 成为 VLAN 10 的 STP 的根桥。

对于销售部所在的 VLAN 10，期待的数据走向为 PC->Switch0->MS0。因此，在 VLAN 10 中，设置交换机 MS0 为根桥（优先级最低），交换机 MS1 为备用根桥（优先级次低）。

设置三层交换机 MS0：

```
MS0(config)#spanning-tree vlan 10 root primary    //设置交换机 MS0 为 VLAN 10 的根桥
```

设置三层交换机 MS1：

```
MS1(config)#spanning-tree vlan 10 root secondary //设置交换机 MS1 为 VLAN 10 的次根桥
```

（4）干预选举，让 MS1 成为 VLAN 20 的 STP 的根桥。

对于研发部所在的 VLAN 20，期待的数据走向为 PC->Switch1->MS1。因此，在 VLAN 20 中，设置交换机 MS1 为根桥（优先级最低），交换机 MS0 为备用根桥（优先级次低）。

设置三层交换机 MS1：

```
MS1(config)#spanning-tree vlan 20 root primary    //设置交换机 MS1 为 VLAN 20 的根桥
```

设置三层交换机 MS0：

```
MS0(config)#spanning-tree vlan 20 root secondary //设置交换机 MS0 为 VLAN 20 的次根桥
```

这样的双核心是独立工作的。MS0 作为 VLAN 10 的网关，发生故障时，会影响 VLAN 10 所有用户的上网业务；MS1 作为 VLAN 20 的网关，发生故障时，也会影响 VLAN 20 所有用户的上网业务。

能不能考虑一种情况：当 MS0 发生故障的时候，VLAN 10 的网关自动切换到 MS1，让 MS1 继续承担流量的转发，保持 VLAN 10 用户的上网业务不受影响；当 MS1 发生故障的时候，VLAN 20 的网关自动切换到 MS0，让 MS0 继续承担流量的转发，保持 VLAN 20 用户的上网业务不受影响。

使用网关热备份技术可以解决这个问题。

2. 热备份路由协议

热备份路由协议（Hot Standby Router Protocol，HSRP）是思科公司私有的一种技术。它由多台三层设备组成一个"热备份组"，形成一个虚拟路由器，虚拟路由器的 IP 就是网络内 PC 的网关。这个组内只有一个路由器是活跃的，并由它来转发数据；如果活动路由器发生了故障，备份路由器将成为活动路由器，负责转发数据包。但对用户来说，这种网络变化是无感知的，是透明的。

HSRP 利用优先级决定备份组中哪台路由器成为活动路由器。如果一台路由器的优先级比其他路由器的优先级高，则该路由器成为活动路由器。路由器的默认优先级是 100，组中优先级最高的路由器将成为活动路由器，次优先级的路由器为备份路由器。如果优先级相同，则比较备份组中成员 LAN 口的 IP 地址。IP 地址大的路由器将成为活动路由器。

HSRP 路由器利用 Hello 数据包来互相监听各自的存在。如果路由器长时间没有接收到对端发送的 Hello 包，则认为活动路由器出现了故障，备份路由器就会成为活动路由器。

一个 HSRP 组内有一台活动路由器、一台备份路由器、一台虚拟路由器和若干台其他路由器（也可以没有）。

虚拟路由器：主要功能是向用户提供一台可以连续工作的路由器。虚拟路由器有自己的 IP 地址和 MAC 地址，但并不实际转发数据包，虚拟路由器的 IP 地址就是用户的网关。

活动路由器：主要功能是转发虚拟路由器的数据包。活动路由器通过发送 Hello 数据包来承担和保持它活跃的角色。

备份路由器：主要功能是监视 HSRP 组的运行状态。如果活动路由器不能运行，它就迅速承担起转发数据包的责任。备份路由器也会传输 Hello 数据包，告知组中所有路由器备份路由器的角色和状态变化。

其他路由器：这些路由器监视 Hello 数据包，但不做应答。这些路由器转发任何经由它们的数据包，但并不转发经由虚拟路由器的数据包。

（1）规划热备份组。在本任务中，利用两台三层交换机组成两个热备份组 10 和 20。在正常的时候，热备份组 10 中交换机 MS0 为活动路由器，用于为销售部（VLAN 10）PC 提供实际的数据转发功能，交换机 MS1 为备份路由器。热备份组 20 中交换机 MS1 为活动路由器，用于为研发部（VLAN 20）提供实际的数据转发功能，交换机 MS0 为备份路由器。当某个交换机发生故障时，另一台交换机能转变角色，承担起数据转发的任务，HSRP 热备份组规划如图 6.17 所示。

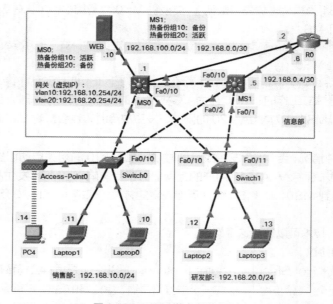

图 6.17　HSRP 热备份组规划

（2）配置 SVI。分别在两台核心交换机上配置 IP 地址，以实现两台三层交换机之间可以相互发送 Hello 数据包，竞选活动路由器。

配置三层交换机 MS0：

```
MS0(config)#int vlan 10
MS0(config-if)#ip address 192.168.10.1 255.255.255.0
MS0(config-if)#exit
MS0(config)#int vlan 20
MS0(config-if)#ip address 192.168.20.1 255.255.255.0
MS0(config-if)#exit
```

配置三层交换机 MS1：

```
MS1(config)#int vlan 10
MS1(config-if)#ip address 192.168.10.2 255.255.255.0
MS1(config-if)#exit
MS1(config)#int vlan 20
MS1(config-if)#ip address 192.168.20.2 255.255.255.0
MS1(config-if)#exit
```

（3）为 VLAN 10 配置 HSRP 虚拟组，组号是 10，指定 MS0 为活动路由器，MS1 为备份路由器。

配置三层交换机 MS0：

```
MS0(config)#int vlan 10
MS0(config-if)#standby 10 ip 192.168.10.254   //配置虚拟组 10，虚拟网关为 192.168.10.254
MS0(config-if)#standby 10 priority 200   //虚拟组 10 的优先级为 200
MS0(config-if)#standby 10 preempt   //配置抢占模式
MS0(config-if)#exit
```

配置三层交换机 MS1：

```
MS1(config)#int vlan 10
MS1(config-if)#standby 10 ip 192.168.10.254 //配置虚拟组 10，虚拟网关为 192.168.10.254
MS1(config-if)#standby 10 priority 100   //虚拟组 10 的优先级为 100，默认优先级为 100，该语句可
以省略
MS1(config-if)#standby 10 preempt   //配置抢占模式
MS1(config-if)#exit
```

 注意 备份组的编号与 VLAN 号无关。这里将两者对应起来，是为了便于记忆和管理。

（4）为 VLAN 20 配置 HSRP 虚拟组，组号是 20，指定 MS1 为活动路由器，MS0 为备份路由器。

配置三层交换机 MS1：

```
MS1(config)#int vlan 20
MS1(config-if)#standby 20 ip 192.168.20.254   //配置虚拟组 20，虚拟网关为 192.168.20.254
MS1(config-if)#standby 20 priority 200   //虚拟组 20 的优先级为 200
MS1(config-if)#standby 20 preempt   //配置抢占模式
MS1(config-if)#exit
```

配置三层交换机 MS0：

```
MS0(config)#int vlan 20
MS0(config-if)#standby 20 ip 192.168.20.254 //配置虚拟组 20，虚拟网关为 192.168.20.254
MS0(config-if)#standby 20 priority 100   //虚拟组 20 的优先级为 100，默认优先级为 100，该语句可
以省略
MS0(config-if)#standby 20 preempt   //配置抢占模式
MS0(config-if)#exit
```

（5）检查。检查三层交换机 MS0：

```
MS0#show standby brief
Interface Grp  Pri P  State   Active            Standby        Virtual IP
Vl10      10   200 P  Active  local             192.168.10.2   192.168.10.254
Vl20      20   100 P  Standby 192.168.20.2      local          192.168.20.254
```

检查三层交换机 MS1：

```
MS1#show standby brief
Interface  Grp  Pri  P  State    Active        Standby  Virtual IP
Vl10       10   100  P  Standby  192.168.10.1  local    192.168.10.254
Vl20       20   200  P  Active   local         192.168.20.1  192.168.20.254
```

可以看出，在虚拟组 10 中，交换机 MS0 的优先级为 200，状态为活动路由器，交换机 MS1 为备份路由器；在虚拟组 20 中，交换机 MS1 的优先级为 200，状态为活动路由器，交换机 MS0 为备份路由器。

> **注意** 此时 VLAN10 的虚拟 IP 地址为 192.168.10.254，则销售部电脑的网关参数要相应改成 192.168.10.254。同理，研发部电脑的网关参数也要改成 192.168.20.254。

课堂练习：参照本任务，为企业网络部署双核心系统，同时利用 HSRP 技术实现双核心热备份。为提高资源利用率，要避免所有流量都集中到同一台核心交换机的情况发生。

> **素养拓展** 在双核心的网络架构中，HSRP 技术实现了网关的相互备份，避免了单点故障，提升了网络可靠性。在网络运维日常工作中，出现故障是正常现象，但我们要尽可能通过尝试各种技术来优化网络，避免单点故障造成网络业务中断。大学生要能够正确认识、处理生活中各种各样的困难和问题，保持认真务实、乐观向上、积极进取的人生态度。

任务4　让路由器自己计算转发路径——动态路由协议（OSPF）

任务目标：配置动态路由协议，实现路由信息的自动学习。

开放最短路径优先（Open Shortest Path First，OSPF）是一种链路状态路由协议。OSPF 是由互联网工程任务组（Internet Engineering Task Force，IETF）开发的，它的使用不受任何厂商的限制，任何人都可以使用。最短路径优先（Shortest Path First，SPF）是 OSPF 的核心思想，每一台路由器都拥有整个网络的拓扑结构，能根据网络拓扑信息独立地作出决策，OSPF 采用 SPF 算法计算到达目的地的最短路径。

6.4　让路由器自己计算转发路径——动态路由协议

OSPF 是一种被广泛使用的动态路由协议，它的管理距离 AD 值为 110。OSPF 属于链路状态路由协议，具有路由变化收敛速度快、无路由环路、支持可变长子网掩码（VLSM）和路由汇总、层次区域划分等优点。在网络中使用 OSPF 协议后，大部分路由将由 OSPF 协议自行计算和生成，无须网络管理员人工配置。当网络拓扑发生变化时，协议可以自动计算、更正路由，极大地方便了网络管理。

OSPF 拥有 3 张表，分别是邻居表、拓扑表和路由表。

邻居表（neighbor table）：记录邻居的信息。OSPF 用邻居机制来发现和维持路由的存在，邻居表中记录了所有建立邻居关系的路由器，路由器会周期性地向邻居表中的邻居发送 Hello 报文，以检查邻居的状态。它如果在一定时间间隔内没有收到邻居的 Hello 报文，就会认为该邻居已经失效。

拓扑表（Link State Database，LSDB）：也称拓扑数据库、链路状态数据库，记录所有收到的 LSA（Link State Advertisement，链路状态通告）信息，存储本网络中所有运行 OSPF 路由器的链路状态。OSPF 是一种基于链路状态的动态路由协议，每台 OSPF 路由器都用 LSA 来描述网络拓扑信息，并将这些 LSA 通告出去。其他路由器收到 LSA 后，会将它们存放在 LSDB 中，最终形成整个网络的拓扑表。

路由表（routing table）：记录到达目标网络的最佳路径信息。路由器根据形成的 LSDB 运行

SPF 算法，形成 SPF 树。每个路由器把自己作为 SPF 树的根，把每一个目标网络作为 SPF 树的节点，找到最佳路径放到路由表里面，最终形成 OSPF 的路由表。

简单地说，要得到 OSPF 的路由表，必须经过以下 3 个阶段。

① 邻居发现：每个路由器定期发送 Hello 报文，发现邻居并形成邻居关系，得到第一张表，即邻居表。

② 路由发现：运行了 OSPF 路由协议的路由器定期发送链路状态通告的数据包，每一个路由器根据自己收到的链路状态数据包，在本地形成一个 LSDB。

③ 路由选择：路由器根据形成的 LSDB 运行 SPF 算法，选择最佳的路径信息写进路由表。

下面，我们通过配置 OSPF 路由协议让路由器自己计算转发路径。

1. 为两台核心交换机规划独立通信的网段

为交换机 MS0、MS1 创建一个 VLAN 99，并分别给 VLAN 99 配置 IP 地址，该 VLAN 用于交换机之间交换路由信息。

配置三层交换机 MS0：

```
MS0(config)#vlan 99
MS0(config-vlan)#exit
MS0(config)#int vlan 99
MS0(config-if)#ip address 192.168.99.1 255.255.255.252
MS0(config-if)#exit
```

配置三层交换机 MS1：

```
MS1(config)#vlan 99
MS1(config-vlan)#exit
MS1(config)#int vlan 99
MS1(config-if)#ip address 192.168.99.2 255.255.255.252
MS1(config-if)#exit
```

2. 配置 OSPF 路由协议

配置三层交换机 MS0：

```
MS0(config)#router ospf 1              //启动 OSPF 路由协议，进程号为 1
MS0(config-router)#router-id 1.1.1.1     //配置路由器的路由 ID
MS0(config-router)#network 192.168.10.0 0.0.0.255 area 0 //在区域 0 中向外宣告 192.168.10.0
的网段
MS0(config-router)#network 192.168.20.0 0.0.0.255 area 0
MS0(config-router)#network 192.168.0.0 0.0.0.3 area 0
MS0(config-router)#network 192.168.99.0 0.0.0.3 area 0
MS0(config-router)#passive-interface vlan 10   //VLAN 10 端口为被动端口
MS0(config-router)#passive-interface vlan 20   //VLAN 20 端口为被动端口
```

配置三层交换机 MS1：

```
MS1(config)#router ospf 1              //启动 OSPF 路由协议，进程号为 1
MS1(config-router)#router-id 2.2.2.2     //配置路由器的路由 ID
MS1(config-router)#network 192.168.10.0 0.0.0.255 area 0 //在区域 0 中向外宣告 192.168.10.0
的网段
MS1(config-router)#network 192.168.20.0 0.0.0.255 area 0
MS1(config-router)#network 192.168.0.4 0.0.0.3 area 0
MS1(config-router)#network 192.168.99.0 0.0.0.3 area 0
MS1(config-router)#passive-interface vlan 10   //VLAN 10 端口为被动端口
MS1(config-router)#passive-interface vlan 20   //VLAN 10 端口为被动端口
```

配置路由器 R0：

R0(config)no ip route 192.168.10.0 255.255.255.0 192.168.1.1　　//删除之前配置的静态路由
R0(config)no ip route 192.168.20.0 255.255.255.0 192.168.1.1　　　//删除之前配置的静态路由
R0(config)#router ospf 1　　　　　//启动 OSPF 路由协议，进程号为 1
R0(config-router)#router-id 3.3.3.3　　//配置路由器的路由 ID
R0(config-router)#network 192.168.0.0 0.0.0.3 area 0 //在区域 0 中向外宣告 192.168.0.0/30 的网段
R0 (config-router)#network 192.168.0.4 0.0.0.3 area 0　//在区域 0 中向外宣告 192.168.0.4/30 的网段

路由器支持 OSPF 多进程，可以根据业务类型划分不同的进程。进程号是本地概念，不影响与邻居路由器之间的报文交换。不同的路由器之间，进程号可以不同，进程的取值范围是 1～65535。

每个 OSPF 进程的 Router ID 要保证在 OSPF 网络中唯一，否则会导致邻居不能正常建立、路由信息不正确等问题。默认情况下，路由器选择 Router ID 的规则如下。

① 如果手动配置了 Router ID，则其自然成为路由器的 ID。必须保证自治系统中任意两台 Router ID 都不相同，建议在 OSPF 设备上单独为每个 OSPF 进程配置全网唯一的 Router ID。

② 如果没有手动配置 Router ID，则路由器会从自己的环回端口（loopback 端口）中取最大的地址作为 Router ID。

③ 如果没有配置环回端口，则路由器从当前活动端口中选取一个最大 IP 地址作为 Router ID。

在宣告 OSPF 的网段时，要使用通配符掩码（反掩码）的方式。通配符掩码跟子网掩码刚好相反，通配符掩码的计算方式为用 255.255.255.255 减去网络的子网掩码。例如一个网段的子网掩码为 255.255.255.0，则通配符掩码就是 0.0.0.255。

"passive-interface"是"被动端口"，使用了这个命令后，特定的路由协议的更新就不会从这个端口发送出去了。

3. 检查 OSPF 邻居的状态

在命令行的特权模式下，用"show ip ospf neighbor"命令可以查看 OSPF 邻居的信息，如图 6.18 所示。

```
R0#show ip ospf neighbor


Neighbor ID    Pri   State      Dead Time   Address       Interface
1.1.1.1         1    FULL/BDR   00:00:30    192.168.0.1   FastEthernet0/0
2.2.2.2         1    FULL/DR    00:00:33    192.168.0.5   FastEthernet0/1
R0#
```

图 6.18　OSPF 邻居的信息

发现 R0 与路由 ID 为 1.1.1.1 和 2.2.2.2 的邻居的状态是"FULL"（完全的），说明 R0 和 MS0、MS1 的 OSPF 邻居正常，它们之间可以相互收发 LSA 信息。

4. 在边界路由器 R0 向 OSPF 域中注入默认路由

先在 MS0 上删除之前配置的默认路由，命令如下：

MS0(config)#no ip route 0.0.0.0 0.0.0.0 192.168.1.2

在边界路由器中，用"default-information orginate"命令向 OSPF 域中注入默认路由，从边界路由器开始，向整个 OSPF 域传播一条默认路由。命令如下：

R0(config)#router ospf 1
R0 (config-router)# default-information orginate　//向域内其他 OSPF 邻居注入默认路由

注：使用"default-information orginate"命令注入默认路由之前，R0 自身要有一条默认路由；否则需要在"default-information orginate"后加"always"参数。

至此，所有传播到的路由都学习到一条"O*E2"的路由。这样就不用每台三层设备都设置一条默认路由，将用户访问 Internet 的数据发送到边界路由器，从而极大地减小了网络管理员的工作量。

5. 检查路由表

通过 OSPF 的自动选路，每个设备都学到了目标网络的路由。路由器 R0、交换机 MS0、交换机 MS1 的路由表分别如图 6.19、图 6.20、图 6.21 所示。

```
R0#sh ip route
Codes: C - connected, S - static, I - IGRP, R - RIP, M - mobile, B - BGP
       D - EIGRP, EX - EIGRP external, O - OSPF, IA - OSPF inter area
       N1 - OSPF NSSA external type 1, N2 - OSPF NSSA external type 2
       E1 - OSPF external type 1, E2 - OSPF external type 2, E - EGP
       i - IS-IS, L1 - IS-IS level-1, L2 - IS-IS level-2, ia - IS-IS inter area
       * - candidate default, U - per-user static route, o - ODR
       P - periodic downloaded static route

Gateway of last resort is 115.0.0.2 to network 0.0.0.0

     115.0.0.0/29 is subnetted, 1 subnets
C       115.0.0.0 is directly connected, FastEthernet1/0
     192.168.0.0/30 is subnetted, 2 subnets
C       192.168.0.0 is directly connected, FastEthernet0/0
C       192.168.0.4 is directly connected, FastEthernet0/1
O    192.168.10.0/24 [110/2] via 192.168.0.1, 00:00:14, FastEthernet0/0
                      [110/2] via 192.168.0.5, 00:00:14, FastEthernet0/1
O    192.168.20.0/24 [110/2] via 192.168.0.1, 00:00:04, FastEthernet0/0
                      [110/2] via 192.168.0.5, 00:00:04, FastEthernet0/1
O    192.168.99.0/24 [110/2] via 192.168.0.1, 00:41:02, FastEthernet0/0
                      [110/2] via 192.168.0.5, 00:41:02, FastEthernet0/1
S*   0.0.0.0/0 [1/0] via 115.0.0.2
```

图 6.19　路由器 R0 的路由表

通过 OSPF 学习到的内网几个网络的路由标记为“o”。这些路由的 LSA 信息是 MS0 和 MS1 发过来的，所以路由条目的下一跳指向 MS0 和 MS1。同时，R0 记录了接收这些 LSA 信息的接口，并将其标记为送出接口。

```
MS0>
MS0>sh ip rou
Codes: C - connected, S - static, I - IGRP, R - RIP, M - mobile, B - BGP
       D - EIGRP, EX - EIGRP external, O - OSPF, IA - OSPF inter area
       N1 - OSPF NSSA external type 1, N2 - OSPF NSSA external type 2
       E1 - OSPF external type 1, E2 - OSPF external type 2, E - EGP
       i - IS-IS, L1 - IS-IS level-1, L2 - IS-IS level-2, ia - IS-IS inter area
       * - candidate default, U - per-user static route, o - ODR
       P - periodic downloaded static route

Gateway of last resort is 192.168.0.2 to network 0.0.0.0

     192.168.0.0/30 is subnetted, 2 subnets
C       192.168.0.0 is directly connected, FastEthernet0/24
O       192.168.0.4 [110/2] via 192.168.10.2, 00:44:19, Vlan10
                     [110/2] via 192.168.20.2, 00:44:19, Vlan20
                     [110/2] via 192.168.99.2, 00:44:19, Vlan99
                     [110/2] via 192.168.0.2, 00:44:19, FastEthernet0/24
C    192.168.10.0/24 is directly connected, Vlan10
C    192.168.20.0/24 is directly connected, Vlan20
C    192.168.99.0/24 is directly connected, Vlan99
O*E2 0.0.0.0/0 [110/1] via 192.168.0.2, 00:44:29, FastEthernet0/24
```

图 6.20　交换机 MS0 的路由表

MS0 学习到了内网其他网络的路由信息，并将其标记为“o”。它同时也学习到了从 R0 下发的默认路由，标记为“O*E2”，下一跳指向 R0。

```
MS1#sh ip route
Codes: C - connected, S - static, I - IGRP, R - RIP, M - mobile, B - BGP
       D - EIGRP, EX - EIGRP external, O - OSPF, IA - OSPF inter area
       N1 - OSPF NSSA external type 1, N2 - OSPF NSSA external type 2
       E1 - OSPF external type 1, E2 - OSPF external type 2, E - EGP
       i - IS-IS, L1 - IS-IS level-1, L2 - IS-IS level-2, ia - IS-IS inter area
       * - candidate default, U - per-user static route, o - ODR
       P - periodic downloaded static route

Gateway of last resort is 192.168.0.6 to network 0.0.0.0

     192.168.0.0/30 is subnetted, 2 subnets
O       192.168.0.0 [110/2] via 192.168.0.6, 00:51:00, FastEthernet0/24
                     [110/2] via 192.168.10.1, 00:51:00, Vlan10
                     [110/2] via 192.168.20.1, 00:51:00, Vlan20
                     [110/2] via 192.168.99.1, 00:51:00, Vlan99
C       192.168.0.4 is directly connected, FastEthernet0/24
C    192.168.10.0/24 is directly connected, Vlan10
C    192.168.20.0/24 is directly connected, Vlan20
C    192.168.99.0/24 is directly connected, Vlan99
O*E2 0.0.0.0/0 [110/1] via 192.168.0.6, 00:51:10, FastEthernet0/24
MS1#
```

图 6.21　交换机 MS1 的路由表

MS1 学习到了内网其他网络的路由信息，并将其标记为“o”。它同时也学习到了从 R0 下发的默认路由，标记为“O*E2”，下一跳指向 R0。

课堂练习：参照本任务，在企业网络系统中用 OSPF 替换原有的静态路由，提高网络路由的灵活性。

> **素养拓展** 动态路由协议通过算法自主学习到它认为的到达目的网络的最佳路径，为路由器维护路由表多提供了一种方式。路由器可以通过动态路由协议维护路由表，减少管理员的干预，也能及时发现网络变化并更新路由表，适合于更大的网络。自主学习是一个人获取知识的能力的体现，自主学习能力是职场的一项必备能力。知识是重要的，但比知识更重要的是一个人的学习能力，那才是他的核心竞争力。 在互联网时代，信息技术的更新发展日新月异，我们需要不断学习，终身学习，才能跟得上时代发展的步伐。

任务 5　实现 IPv4 地址自动分发及管理——动态主机配置协议（DHCP）

任务目标：配置 DHCP 服务，实现计算机自动获取 IP 地址。

之前所有项目中的计算机都是通过手动配置 IP 地址来实现主机访问网络的。这给网络管理带来一个问题：IP 地址谁来配置？如果是用户自己去配置，那么有多少用户知道如何配置 IP 地址呢？毕竟不是每个用户都熟悉计算机技术。即使用户知道如何去配置，也要去问网络管理员配哪个网段的 IP 地址，主机号用哪个，网关是多少，DNS 服务器的 IP 又是多少。其实网络管理员可以提供这些信息，但很多用户

6.5　实现 IPv4 地址自动分发及管理——动态主机配置协议（DHCP）

不会去保存它们，等下一次需要 IP 地址的时候，会再次向网络管理员进行咨询。这样的人很多，无形中增加了网络管理员的工作量。更糟糕的是，有些用户找不到网络管理员或者不想浪费时间去找网络管理员的时候，就找隔壁工位的同事询问，然后随意设置了一个同网段的 IP 地址，这有可能导致网络内 IP 地址冲突，影响合法用户访问网络。如果规定不允许用户自己设置 IP 地址信息，而需要网络管理员来设置，对小型网络而言，主机数量不多，日常管理是没有问题的。但是如果网络中的主机数量很多，那么配置并维护 IP 地址信息会产生不小的工作量。

有没有一种服务能帮我们管理用户上网参数的配置，减小网络管理员的工作量呢？答案是肯定的。DHCP（Dynamic Host Configuration Protocol，动态主机配置协议）服务就能很好地满足我们的需求。

1. DHCP 概述

DHCP 主要用来给局域网中的计算机动态地分配 IP 地址和其他网络配置信息，实现地址的自动分发及管理。配置 DHCP 后，计算机将自动获得 IP 地址、子网掩码、网关、DNS 等地址信息，代替了手动配置的繁重工作，减少了手动配置可能出现的错误，极大地提高了工作效率。

DHCP 的地址获取分为 4 个阶段：发现阶段、提供阶段、选择阶段和租约确认阶段。DHCP 地址分配过程如图 6.22 所示。

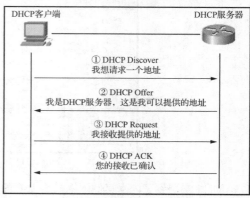

图 6.22　DHCP 地址分配过程

① 发现阶段：DHCP 客户机寻找 DHCP 服务器。

当 DHCP 客户机第一次登录网络的时候（客户机上没有任何 IP 地址数据时），它会通过向网络发出一个 DHCP 发现信息（DHCP Discover）来寻找 DHCP 服务器。客户机因为还没有有效的 IP 地址，所以会在网络中进行广播。网络上每一台安装了 TCP/IP 的主机都会接收到这个广播信息，但只有 DHCP 服务器会作出响应。

② 提供阶段：DHCP 服务器提供 IP 地址。

当 DHCP 服务器收到 DHCP 发现信息时，会选取一个未分配的 IP 地址向 DHCP 客户端发送 DHCP 提供信息（DHCP Offer）。此报文中包含分配给客户端的 IP 地址和其他配置信息。如果存在多个 DHCP 服务器，则每个 DHCP 服务器都会作出响应。同时，DHCP 服务器为此客户保留它提供的 IP 地址，不会为其他 DHCP 客户分配此 IP 地址。

③ 选择阶段：DHCP 客户机选择某台 DHCP 服务器提供的 IP 地址。

如果有多个 DHCP 服务器向 DHCP 客户端发送 DHCP 提供信息，DHCP 客户端将会选择收到的第一个 DHCP 提供信息，然后发送 DHCP 请求信息（DHCP Request），报文中包含请求的 IP 地址。

④ 租约确认阶段：DHCP 服务器确认所提供的 IP 地址。

收到 DHCP 请求信息后，提供该 IP 地址的 DHCP 服务器会向 DHCP 客户端发送一个 DHCP 确认信息（DHCP ACK），包含提供的 IP 地址和其他配置信息。DHCP 客户端收到 DHCP 确认信息后，会发送免费 ARP 报文，检查网络中是否有其他主机使用分配的 IP 地址。如果指定时间内没有收到 ARP 应答，DHCP 客户端会使用这个 IP 地址。如果有主机使用该 IP 地址，DHCP 客户端会向 DHCP 服务器发送 DHCP 拒绝报文，通知服务器该 IP 地址已被占用，然后 DHCP 客户端会向服务器重新申请一个 IP 地址。

此外，因为客户机申请的 IP 地址有一定的时间限制，DHCP 服务器向 DHCP 客户端分配 IP 地址都设置了租借期限，所以客户端在地址到期之前还会向 DHCP 服务器发送一个续约的请求。

客户机会在租期过去 50% 的时候，直接向为其提供 IP 地址的 DHCP 服务器发送 DHCP 请求信息。客户机如果接收到该服务器回应的 DHCP 确认信息，就根据包中所提供的新的租期以及其他已经更新的 TCP/IP 参数更新自己的配置，完成 IP 租用的更新。客户机如果没有收到该服务器的回复，则继续使用现有的 IP 地址，因为当前租期还有 50%。

客户机如果在租期过去 50% 的时候没有进行更新，则将在租期过去 87.5% 的时候再次向为其提供 IP 地址的 DHCP 服务器发送 DHCP 请求信息。如果还不成功，到达租期的 100% 时，客户机就必须放弃这个 IP 地址，重新申请。

2. 在核心交换机上部署 DHCP 服务

下面我们通过在交换机 MS0 上配置 DHCP 服务，实现计算机自动获取 IP 地址，减少网络管理员的工作量。

（1）定义分配的地址池

为 VLAN 10 用户的计算机配置 DHCP 地址池：

```
MS0(config)#ip dhcp excluded-address 192.168.10.254   //将网关的地址排除在地址池外，以免将该地址分发给用户，造成 IP 地址冲突
MS0(config)#ip dhcp excluded-address 192.168.10.1 192.168.10.2   //将网关的地址排除在地址池外，以免将该地址分发给用户，造成 IP 地址冲突
MS0(config)#ip dhcp pool v10        //定义一个 DHCP 池，名称为 v10
MS0(dhcp-config)#network 192.168.10.0 255.255.255.0   //分配网络和子网掩码
MS0(dhcp-config)#default-router 192.168.10.254   //设定网关的 IP 地址
```

```
MS0(dhcp-config)#dns 115.0.11.10   //定义 DNS 服务器的 IP 地址
MS0(dhcp-config)#exit
```

为 VLAN 20 用户的计算机配置 DHCP 地址池：

```
MS0(config)#ip dhcp excluded-address 192.168.20.254   //将网关的地址排除在地址池外，以免将
该地址分发给用户，造成 IP 地址冲突
MS0(config)#ip dhcp excluded-address 192.168.20.1 192.168.20.2   //将网关的地址排除在地址池
外，以免将该地址分发给用户，造成 IP 地址冲突
MS0(config)#ip dhcp pool v20
MS0(dhcp-config)#network 192.168.20.0 255.255.255.0
MS0(dhcp-config)#default-router 192.168.20.254
MS0(dhcp-config)#dns 115.0.11.10
MS0(dhcp-config)#exit
```

（2）将计算机的 IP 设置为 DHCP

计算机的 IP 设置为 DHCP 后，就会自动获取 IP 地址，如图 6.23 和图 6.24 所示。

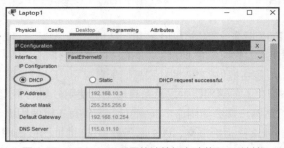

图 6.23　VLAN 10 所属的计算机自动获取 IP 地址

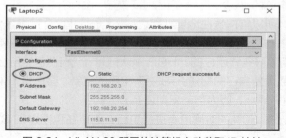

图 6.24　VLAN 20 所属的计算机自动获取 IP 地址

用户计算机能自动获取 IP 地址，说明核心交换机上部署的 DHCP 服务能正常提供服务。DHCP 服务减少了网络管理员维护网络的工作量，同时也方便了网络用户。

课堂练习：在核心交换机 MS1 上部署 DHCP 服务，让所有用户都通过自动获取 IP 地址的方式自动配置网络参数。

素养拓展　DHCP 使计算机能自动获取 IP 地址，创新性地简化了网络管理流程，减少了管理员的工作量。创新是民族进步的灵魂，是一个国家兴旺发达的不竭动力，是推动人类社会向前发展的重要力量。新时代大学生应当置身于实现中华民族伟大复兴的时代洪流之中，以时代使命为己任，把握时代脉搏，迎接时代挑战，增强创新创造的能力和本领，勇做改革创新的实践者，将弘扬改革创新精神贯穿于实践中、体现在行动上。

////////// **小结与拓展**

1. STP 的 5 种端口状态及其负责的工作

① 禁用（Disabled）：不收发任何报文。

② 阻塞（Blocking）：不接收或者转发数据，接收但不发送 BPDU（Bridge Protocol Data Unit，桥协议数据单元），不进行地址学习，默认状态时间 20 秒。

③ 侦听（Listening）：不接收或者转发数据，接收并发送 BPDU，不进行地址学习，默认状态时间 15 秒。

④ 学习（Learning）：不接收或者转发数据，接收并发送 BPDU，开始进行地址学习，开始形成 MAC 地址表，默认状态时间 15 秒。

⑤ 转发（Forwarding）：接收或者转发数据，接收并发送 BPDU，进行地址学习。

根据生成树定义的阻塞、侦听、学习 3 种状态的时间，交换机的一个端口从开始启用到可以正常转发数据，至少要经过 50 秒的时间。这影响了用户体验。于是 IEEE 组织在 2001 年推出了快速生成树协议（Rapid Spanning Tree Protocol，RSTP），它被纳入 IEEE802.1w 中，在网络结构发生变化时能比 STP 更快地收敛网络。

2. RSTP

RSTP 与 STP 一样，都用于在局域网中消除数据链路层物理环路，其核心是快速生成树算法。

RSTP 完全向下兼容 STP。除了和传统的 STP 一样具有避免回路、动态管理冗余链路等功能外，RSTP 还极大地缩短了拓扑收敛时间。在理想的网络拓扑规模下，所有交换设备均支持 RSTP 且工作正常，拓扑发生变化（链路 UP/DOWN）后网络收敛的时间可以控制在秒级。RSTP 的主要功能如下：

① 发现并快速生成局域网的一个最佳树形拓扑结构；

② 发现拓扑故障并随之进行快速恢复，自动更新网络拓扑结构，启用备份链路，同时保持最佳树形结构。

运行 RSTP 的网络交换设备将自身网桥信息和接收到的 BPDU 中来自其他网桥的信息进行比较，利用 RSTP 算法进行计算，更新系统状态机，选举端口角色并阻塞某些端口，将环形网络裁剪成树形网络，防止环形网络中的报文增生和无限循环产生广播风暴，避免因此带来的报文处理能力下降问题的发生。

要启用快速生成树协议，只需要设置生成树的模式就可以，命令如下：

```
MS0(config)#spanning-tree mode rapid-pvst    //定义交换机的生成树模式为 rapid-pvst（快速生成树）
```

需要注意的是，虽然快速生成树是向下兼容的，但是全网的交换机必须都启用快速生成树。哪怕全网只有一台交换机还工作在传统 STP 模式下，全网都要工作在旧版本的 802.1D 下，而不是工作在快速生成树的 802.1W。

3. 多生成树协议（Multiple Spanning Tree Protocol，MSTP）

在实际应用中，交换机划分了多个 VLAN，而 STP 为单实例生成树协议，会对每个 VLAN 进行一次 STP 计算，反复的 STP 计算会占用较多交换机资源，从而影响设备性能。

IEEE 802.1s 定义了 MSTP。MSTP 通过设置 VLAN 和生成树的映射表，把多个 VLAN 整合到一个实例中，以实例为单位计算 STP 树，对每个实例只进行一次 STP 计算。这样就大大减少了

STP 的计算量，从而节省了通信开销，降低了资源占用率。MSTP 兼容 STP，可以弥补 STP 的缺陷，既可以快速收敛，也能使不同 VLAN 的流量沿各自的路径分发，从而为冗余链路提供负载分担机制。

4. HSRP 的工作机制

负责转发数据包的路由器称为活动路由器。一旦活动路由器出现故障，HSRP 将激活备份路由器取代活动路由器。

HSRP 使用虚拟的 IP 地址和 MAC 地址为用户提供服务。它提供了一种决定是使用活动路由器还是备份路由器的机制，并指定了一个虚拟的 IP 地址作为网络系统的默认网关地址，同时使用虚拟 MAC 地址（0000.0C07.ACXX，XX 表示 HSRP 组号）为用户提供服务。如果活动路由器出现故障，备份路由器就承接活动路由器的所有任务，并且不会导致主机连通中断。

HSRP 运行在 UDP 上，采用端口号 1985。路由器转发协议数据包的源地址使用的是实际 IP 地址，而并非虚拟地址。正是基于这一点，HSRP 路由器间能相互识别。

HSRP 利用一个优先级方案来决定哪个配置了 HSRP 的路由器成为默认的活动路由器。如果一个路由器的优先级比其他所有路由器的优先级高，那么该路由器成为活动路由器。路由器的默认优先级是 100，可以通过调整 HSRP 组成员路由器的优先级的方式，干预 HSRP 组的选举，让某台特定的路由器处于活动状态。

在设置了 HSRP 的路由器之间发组播（地址 224.0.0.2）可以得知各自的 HSRP 优先级，HSRP 能选出当前的活动路由器。当在预先设定的一段时间内活动路由器不能发送 Hello 数据包时，优先级最高的备份路由器变为活动路由器。路由器之间的 Hello 数据包传输对网络上的所有主机来说都是透明的。

5. VRRP

HSRP 是思科公司的专有协议，其他厂家的设备并不支持。1998 年，IEEE 推出正式的 RFC2338 协议标准。它定义的 VRRP（Virtual Router Redundancy Protocol，虚拟路由器冗余协议）在网络中几乎发挥了与 HSRP 相同的作用。甚至在配置的时候，只需要把 HSRP 的 standby 命令换成 vrrp 命令就可以起到效果。

VRRP 和 HSRP 非常相似，两者皆是路由器冗余协议，作用都是把一组路由器虚拟成一个路由器，防止单设备故障造成网络中断；两者皆可分为活动路由器和备份路由器两种类型，选举的规则也相同，优先级高的选举为活动路由器，优先级低的为备份路由器，在优先级相同的情况下，接口 IP 地址大的为活动路由器。

VRRP 的状态比 HSRP 的要简单，HSRP 有 6 个状态：初始（Initial）状态，学习（Learn）状态，监听（Listen）状态，对话（Speak）状态，备份（Standby）状态，活动（Active）状态。VRRP 只有 3 个状态：初始状态（Initialize）、主状态（Master）、备份状态（Backup）。

6. 交换机虚拟化技术

交换机虚拟化，就是将多台支持集群特性的交换机设备组合在一起，从逻辑上组合成一台整体的交换设备。交换机虚拟化技术将多台物理设备虚拟为一台逻辑上统一的设备，使其能够实现统一的运行，从而达到减小网络规模、提升网络可靠性的目的。交换机虚拟化技术效果如图 6.25 所示。

交换机虚拟化技术越来越流行，各个厂商的名称叫法都不一样，但实现的功能一样，都是将两台或者两台以上的交换机虚拟成一台。各厂商的交换机虚拟化名称见表 6.4。

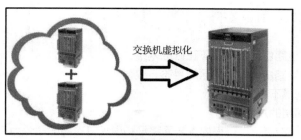

图 6.25 交换机虚拟化技术效果

表 6.4   各厂商的交换机虚拟化名称

厂商	虚拟化名称
思科	虚拟交换器（Virtual Switching Supervisor，VSS）
华三	智能弹性架构（Intelligent Resilient Framework2，IRF）
华为	集群交换机系统（Cluster Switch System，CSS）
锐捷	虚拟交换单元（Virtual Switching Unit，VSU）

传统双机热备方式的组网方式如图 6.26 所示，核心层与汇聚层双线路接入后依靠生成树实现线路冗余。这种实现方式有两个缺点，一是资源利用率不高，被阻塞的链路处于备份状态，没有流量通过；二是备份网关切换需要时间，会产生丢包现象。

使用了虚拟化技术后，两台核心交换机可看作一台交换机。这时，接入交换机连接到核心交换机的两条物理链路可以利用链路聚合技术组合成一条逻辑链路。实际上，这就相当于两台交换机通过一条逻辑链路互联。这种互联方式不存在环路，因此可以不用配置生成树。这样在实现链路冗余的同时，两根链路带宽也会叠加。交换机虚拟化组网效果如图 6.27 所示。

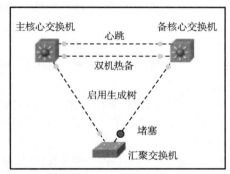

图 6.26   传统双机热备方式的组网方式

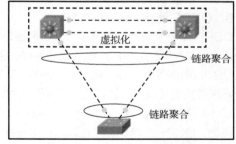

图 6.27   交换机虚拟化组网效果

多台交换机用虚拟化技术叠加在一起以后，系统内端口会重新编号。如将两台 24 个端口的交换机虚拟成一个新的交换系统，则该系统会有 48 个端口，这些端口会从 1 到 48 编号。

7. OSPF 无法建立邻居关系的几种可能

OSPF 的邻接设备之间先要建立邻居关系，相互之间才能开始学习 LSA，所以邻居关系的建立是一个很重要的前提条件。在工程实践中，经常会遇到 OSPF 邻居关系无法正常建立的情况。一般情况下，当 OSPF 无法建立邻居关系时，可以从几个方面去排除故障：

① 直连链路通信是否正常，OSPF 邻接设备之间要能相互 ping 通；

② 邻接路由器端口的子网掩码不一致；

③ 邻接路由器端口的 MTU 值不一致；

④ 路由 ID 冲突；

⑤ OSPF 两端邻接路由器宣告了不正确的网络；

⑥ OSPF 两端邻接路由器宣告的区域号不一致；

⑦ Hello/dead 间隔不一致。

8. OSPF 宣告网络的几种方式

本项目任务 4 中，在 OSPF 进程内宣告网络号和通配符掩码的命令为：

```
MS0(config-router)#network 192.168.10.0 0.0.0.255 area 0 //将 192.168.10.0/24 网络宣告到区域 0
```

还有另外两个方法可以选择。

① 在 OSPF 路由进程宣告设备接口的 IP 地址。

MS0 通过 SVI VLAN 10 连接网络 192.168.10.0/24，其 IP 地址为 192.168.10.1/24，则可以使用如下命令进行宣告：

```
MS0(config-router)#network 192.168.10.1 0.0.0.0 area 0 //将 192.168.10.1 端口所在的网络宣告到区域 0
```

这种方法的好处是，不用计算网络的网络号和通配符掩码，直接查看端口的 IP 地址，是什么就宣告什么。

② 进入端口进行宣告。

MS0 通过 SVI VLAN 10 连接到某个网络。如果要将该网络宣告到 OSPF 域，则可以使用如下命令：

```
MS0(config)#int vlan 10
MS0(config-if)#ip ospf 1 area 0     //在 OSPF 进程 1 中将 VLAN 10 端口所在的网络宣告到区域 0
```

这个方法的好处是，不用管该端口的 IP 地址是多少，也不用计算其所在网络的网络号和通配符掩码，而只需要知道连接某个网络的端口，就可以进入端口进行通告。

这 3 种方法是相互兼容的。也就是说，在 OSPF 邻居两边，任意选择其中一种方法都可以建立邻居关系，不要求双方都使用相同的宣告方法。

9. OSPF 计算 cost 值的方法

OSPF 是一个链路状态路由协议。邻居之间相互发送 LSA 信息，维护邻居表、拓扑表，根据 Dijkstra 算法计算到达目的网络的最佳路径，生成路由表的路由条目。

OSPF 根据带宽计算一条路径的开销，叫链路开销。cost=10^8/带宽（单位 bit/s）。从路由器到目的网络可能要经过很多段链路，路径开销为链路开销的总和。例如带宽是 100Mbit/s，先将带宽换算成 100000000bit/s，然后计算 cost=10^8/100000000=1。

当然，OSPF 的带宽可以在端口配置模式下通过"bandwidth"参数修改。修改带宽可以影响 cost 值的计算，从而干预路由器计算最佳路径。但是这个"bandwidth"参数的改变，只是一个参数的改变，不会影响到端口实际的数据吞吐量。

10. OSPF 的端口状态

在本项目任务 4 中，完成 OSPF 的宣告以后，我们要去检查 OSPF 的邻居关系，OSPF 的邻居关系处于 FULL 状态，才算配置成功。那么 OSPF 的邻居关系除了正常的 FULL 状态，还有其他状态吗？如果有，其他各种状态分别表示什么意思呢？

OSPF 邻居一共有以下 7 种状态。

① Down：关闭。没有启用 OSPF 的状态，邻居失效后变为该状态。

② Init：初始化状态。路由器第一次收到对端发来的 Hello 包（包含对端 route-id）时，将对

端的状态设置为 Init。

③ 2-way：邻居状态。相互间周期发送 Hello 的状态（双方建立会话）。

④ Exstart：交换信息的初始化状态。发送 DBD（包含本地的 LSA 的摘要信息）报文，选举主从路由器（利用 Hello 报文中的 ID 和优先权进行选举。不允许抢占。指定路由器没了以后，备份指定路由器才可以接替它，成为新的指定路由器）。

⑤ Exchange：交换信息的状态。该状态下，相互发送 DBD，告知对端本地所有的 LSA 的目录；同时，可以发送 LSR、LSU、LSACK 来学习对端的 LSA。

⑥ Loading：加载状态（没有学习完的状态）。发送 LSR、LSU、LSACK，专门学习对端 LSA 的详细信息。

⑦ FULL：邻接状态（学习完的状态）。彼此的 LSDB 同步，即所有的 LSA 相同。

11. OSPFv3

OSPF 分为 OSPFv2 和 OSPFv3 两个版本，OSPFv2 是 IETF 组织开发的一个基于链路状态的内部网关协议，具有适用范围广、收敛迅速、无环路、便于层级化网络设计等特点，因此在 IPv4 网络中获得了广泛应用。

IPv6 网络随着自身建设的推进，同样需要动态路由协议为 IPv6 报文的转发提供准确有效的路由信息。基于此，IETF 在保留 OSPFv2 优点的基础上针对 IPv6 网络修改形成了 OSPFv3。OSPFv3 主要用于在 IPv6 网络中提供路由功能，是 IPv6 网络中路由技术的主流协议。

12. OSPF 与其他动态路由

路由分动态路由和静态路由两种基本形式。动态路由有很多种，本项目只介绍最常用的一种——OSPF 协议。对于其他动态路由协议，例如 RIP、EIGRP、ISIS、BGP 等，在此不做讨论，只是做一个简单比较。

BGP（Border Gateway Protocol，边界网关协议）属于外部网关路由协议，用于 AS（Autonomous System，自治系统）之间的通信；与 BGP 不一样的是，OSPF、RIP、EIGRP、ISIS 等内部网关路由协议用于 AS 内部的通信。

EIGRP（Enhanced Interior Gateway Routing Protocol，增强内部网关路由协议）是思科公司私有的一个协议，与其他厂商的设备是不兼容的，在此不做讨论。ISIS 路由协议一般用于运营商等超大型网络，超出了本书的定位，也不做讨论。

这里主要比较一下 OSPF 协议和 RIP，结果见表 6.5。

表 6.5 OSPF 协议和 RIP 的比较

特性	OSPF 协议	RIPv2
协议类型	链路状态	距离矢量
支持无类网络	是	是
VLSM 支持	是	是
自动汇总	否	是
手动汇总	是	是
不连续支持	是	是
路由传播	可变化的组播	周期性组播
路径度量	带宽	跳

续表

特性	OSPF 协议	RIPv2
跳数限制	无	15
网络收敛时间	快	慢
分层网络需求	是（使用区域）	否（平面网络）
更新	事件触发	路由表更新
路由算法	Dijkstra	Bellman-Ford

13. DHCP 中继

本项目任务 5 中的案例有一个问题：当部署 DHCP 服务器的核心交换机 MS0 出故障时，DHCP 服务也会中断。而此时 MS1 还可以提供正常的数据转发，但是 MS1 并没有提供 DHCP 服务，因为网络中部署多台 DHCP 服务器将会导致混乱。

在工程实践中，一般我们会在网络中心部署一台专用的 DHCP 服务器，为全网用户提供 IP 地址的分发服务。

但是，通常情况下，DHCP 服务器部署在中心机房，出于安全考虑，会将其规划到一个独立的网络。也就是说，用户与 DHCP 服务器处于不同的网络。不同网络之间是隔离了广播包的，这就带来了一个新的问题：用户的 DHCP 发送信息请求包无法通过广播到达 DHCP 服务器，DHCP 服务器也就无法响应用户的请求，从而导致 IP 地址获取失败。

DHCP 中继能很好地解决这一问题。每个网络配置一台 DHCP 服务中继设备——通常是网关。用户将 DHCP 发送信息请求包通过广播的形式发出，DHCP 中继设备收到用户的 DHCP 发送信息请求包后，通过单播的方式，将 DHCP 发送信息请求包转发给另外一个网络的 DHCP 服务器；DHCP 服务器接收到请求以后，会将 DHCP 提供信息返回给 DHCP 中继设备，由 DHCP 中继设备转发给发出请求的客户端。DHCP 中继设备在客户端和 DHCP 服务器之间起到"传话人"的作用。

DHCP 中继工作示意图如图 6.28 所示。

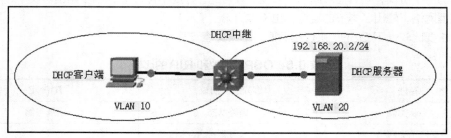

图 6.28　DHCP 中继工作示意图

DHCP 中继的配置代码也很简单，只需要进入 DHCP 客户端的 SVI 中，指定 DHCP 服务器的 IP 地址即可。命令如下：

```
MS0(config)#int vlan 10
MS0(config-if)#ip helper-address 192.168.20.2   //指定 DHCP 服务器的 IP 地址
```

这就相当于告诉 DHCP 中继设备，当有客户端要请求 DHCP 服务的时候，将请求包转发给 DHCP 服务器（192.168.20.2）。

思考与训练

1. 简答题

交换环路如图 6.29 所示。

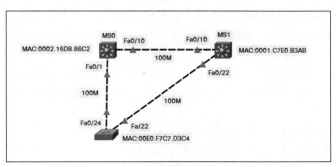

图 6.29　交换环路

所有交换机的参数都保持默认值。请回答以下问题。

① 哪台设备是根桥？为什么？

② 哪个端口是根端口？为什么？

③ 哪个端口被阻塞？为什么？

④ 如果想要干预 STP 的选举，需要调整哪些参数？如何调整？

2. 实验题

请在项目 4 的基础上将网络结构拓展为双核心网络结构网络拓扑图如图 6.30 所示，并完成以下任务。

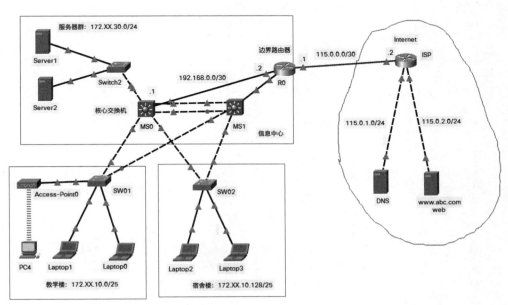

图 6.30　校园网拓扑图

① 在网络中部署冗余核心交换机 MS1，提高网络的可靠性。

② 规划新增加网络部分的 IP 地址：交换机之间的网络、MS1 和 R0 之间的网络、MS1 的 VLAN 10 和 VLAN 20 的 SVI 的 IP 地址。

③ 配置两台核心交换机 MS0 和 MS1 之间的双链路聚合。

④ 配置交换机之间的 trunk 链路。注意：所有交换机之间的链路全部为 trunk 模式。

⑤ 配置快速生成树协议。实现教学楼用户的计算机数据通过 Switch0 直接到达核心交换机 MS0；宿舍楼用户的计算机数据通过 Switch1 直接到达核心交换机 MS1；当链路出现故障时，能自动切换到备份链路（MS0 为 VLAN 10 的主根、VLAN 20 的次根；MS1 为 VLAN 20 的主根、VLAN 10 的次根）。

⑥ 配置 HSRP。正常情况下，核心交换机 MS0 负责为教学楼用户的计算机转发数据，MS1 负责为宿舍楼用户的计算机转发数据，当其中一台核心交换机出现异常时，另一台核心交换机能自动接管。

⑦ 配置 OSPF 协议，实现内网主机全部相互通信。

⑧ 在边界路由器上往 OSPF 域注入一条默认路由。

⑨ 在路由器 R0 上配置 DHCP，实现校园内网所有用户的计算机都能通过自动获取 IP 地址来访问网络。

⑩ 实现校园内网用户能通过域名顺利访问 www.***.com。

3. 完成配套电子资源库项目 6 的故障排除网络模型，最终实现内网用户访问到 Internet 资源，同时允许外部网络用户访问到内网服务器。

项目7
提升二层网络的安全性

07

安全威胁已经成为影响计算机网络通信稳定性最大的风险之一。本项目主要讨论数据链路层存在的各种安全风险，并针对数据链路层常见的DHCP攻击、端口安全、VLAN攻击、ARP攻击等威胁提出解决办法，从数据链路层保障网络数据通信的安全。

知识目标

- 了解常见的第二层攻击类型及缓解的方法；
- 了解缓解DHCP攻击的方法及配置思路；
- 了解端口安全的作用及配置思路；
- 了解缓解VLAN攻击的方法；
- 了解缓解ARP欺骗和ARP毒化的方法。

技能目标

- 学会应用配置DHCP Snooping缓解DHCP攻击；
- 学会实施端口安全限制用户接入交换机端口；
- 学会缓解VLAN攻击；
- 学会使用动态ARP监测来缓解ARP攻击。

网络安全一直是计算机网络不可或缺的一部分，而第二层（数据链路层）可能是最薄弱的部分。基于 OSI 网络参考模型下层为上层提供服务的形式，第二层如果被入侵，就无法为其上层提供服务，从而影响数据通信。

常见的数据链路层攻击

常见的第二层攻击包括链路发现侦察攻击、MAC 泛洪攻击、DHCP 欺骗及耗竭攻击、VLAN 攻击以及 ARP 欺骗攻击。

（1）链路发现侦察攻击

数据链路层的侦察攻击主要针对两种协议：CDP（Cisco Discovery Protocol，思科发现协议）和 LLDP（Link Layer Discovery Protocol，链路层发现协议）。

CDP 是专有的第二层链路发现协议。思科公司的设备默认启用该协议。CDP 可以自动发现其他启用了 CDP 的设备并帮助它自动配置连接。网络管理员可以使用 CDP 帮助进行网络设备配置和故障排除。CDP 信息会定期以未加密的广播形式从支持 CDP 的端口发送。CDP 信息包含设备的 IP 地址、IOS 软件版本、平台、性能和本征 VLAN。在进行网络故障排除时，CDP 信息非常有用。但是，CDP 提供的信息也可能会被攻击者用来发现漏洞。

由于发送的 CDP 广播未加密且不进行身份验证，所以攻击者可通过向直接连接的思科网络设备发送包含虚假设备信息的特别制作的 CDP 帧来干扰网络基础设施。

要缓解 CDP 漏洞攻击，请限制设备或端口上 CDP 的使用。例如在连接到不受信任的设备的边缘端口上禁用 CDP。

要在设备上全局禁用 CDP，请使用"no cdp run"全局配置模式命令。要全局启用 CDP，请使用"cdp run"全局配置模式命令。

要在端口上禁用 CDP，请使用"no cdp enable"端口配置命令。要在端口上启用 CDP，请使用"cdp enable"端口配置命令。

LLDP 也容易受到侦察攻击。可以使用"no lldp run"命令全局禁用 LLDP。要在端口上禁用 LLDP，请使用"no lldp transmit"和"no lldp receive"命令。

（2）MAC 泛洪攻击

MAC 泛洪攻击是一种最基本且最常见的 LAN 交换机攻击。此类攻击也称为 MAC 地址表溢出攻击或 CAM 表溢出攻击。

交换机的 MAC 地址表包含与每个物理端口相关联的 MAC 地址以及每个端口的相关 VLAN。当第二层交换机收到帧时，交换机在 MAC 地址表中查找目的 MAC 地址。所有交换机都使用 MAC 地址表来进行第二层交换。当帧到达交换机端口时，交换机会将源 MAC 地址记录到 MAC 地址表中。如果存在 MAC 地址条目，则交换机会将帧转发到正确的端口。如果 MAC 地址在 MAC 地址表中不存在，则交换机会将帧泛洪到交换机上除接收该帧的端口之外的每个端口。

MAC 地址表的大小有限，攻击者可以通过发送虚假源 MAC 地址填满 MAC 地址表，这导致交换机处于失效开放模式。在该模式中，交换机会将所有帧广播到网络中的所有计算机上。因此，攻击者可以捕获所有帧。在交换机上启用端口安全可缓解 MAC 地址表溢出攻击。

（3）DHCP 欺骗及耗竭攻击

在局域网内，我们经常使用 DHCP 服务器为用户分配有效 IP 地址。DHCP 服务是一个没有验证机制的服务，即客户端和服务器无法互相进行合法性验证。DHCP 的工作原理：客户端以广播的方式寻找服务器，并且只采用第一个响应的服务器提供的网络配置参数。

DHCP 欺骗攻击：攻击者在网络中配置虚假的 DHCP 服务器来响应客户端的 DHCP 请求。这种类型的攻击迫使客户端使用一个错误的域名系统服务器和一个攻击者控制的计算机作为其默认网关。如图 7.1～图 7.4 所示为 DHCP 欺骗攻击的过程。

DHCP 耗竭攻击：攻击者使用伪造的 DHCP 请求泛洪 DHCP 服务器，最终租用 DHCP 服务器池中的所有可用 IP 地址。合法的主机无法申请 IP 地址，这种情况将导致合法的主机不能获得网络访问权限，从而实现拒绝服务攻击。DoS 是 Denial of Service 的简称，即拒绝服务，造成 DoS 的攻击行为被称为 DoS 攻击。DoS 攻击使用非法流量超载特定设备和网络服务，从而阻止合法流量到达这些资源，目的是使计算机或网络无法提供正常的服务。

通常在 DHCP 欺骗攻击之前会使用 DHCP 耗竭以拒绝合法 DHCP 服务器的服务，这样更容易将伪造的 DHCP 服务器插入网络。在交换机上配置 DHCP 侦听和端口安全可缓解 DHCP 攻击。

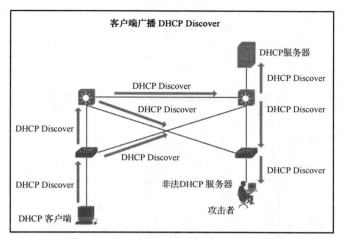

图 7.1　客户端广播 DHCP Discover 消息

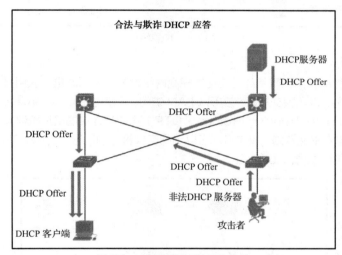

图 7.2　合法与欺诈 DHCP 应答

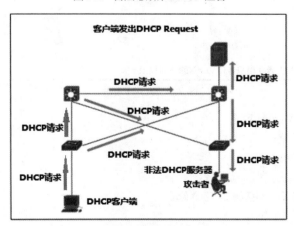

图 7.3　客户端发出 DHCP Request 消息

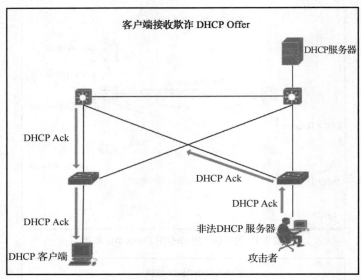

图 7.4　欺诈确认

（4）VLAN 攻击

VLAN 体系结构能够简化网络维护流程并提高网络性能，但同时也为滥用打开了方便之门。攻击者尝试通过配置主机以欺骗交换机来实现 VLAN 访问，并使用 802.1Q 中继协议和思科公司专有动态中继协议（Dynamic Trunking Protocol，DTP）功能与连接的交换机建立中继链路。如果成功，交换机与主机建立中继链路，攻击者就可以访问交换机上的所有 VLAN，并转移（发送和接收）所有 VLAN 上的流量，如图 7.5 所示。

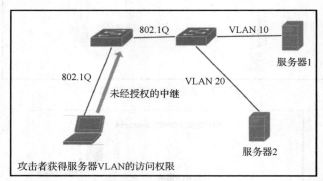

图 7.5　VLAN 攻击

以下方法可以缓解 VLAN 攻击：
- 明确配置访问链路；
- 明确禁用动态中继；
- 手动启用中继链路；
- 禁用未使用的端口，使其成为接入端口；
- 更改默认的本征 VLAN。

（5）ARP 欺骗

假设一个网络环境中有 3 台主机，它们分别为主机 A、B、C，其详细地址信息见表 7.1。

表 7.1　实验主机的详细地址信息

主机	IP 地址	MAC 地址	备注
A	192.168.10.1	AA-AA-AA-AA-AA-AA	
B	192.168.10.2	BB-BB-BB-BB-BB-BB	
C	192.168.10.3	CC-CC-CC-CC-CC-CC	

正常情况下 A 和 C 之间进行通信，但是此时 B 向 A 发送一个自己伪造的 ARP 应答，而这个应答中的数据发送方的 IP 地址是 192.168.10.3（C 的 IP 地址），MAC 地址是 BB-BB-BB-BB-BB-BB（C 的 MAC 地址本来应该是 CC-CC-CC-CC-CC-CC，这里 C 被伪造了）。A 接收到 B 伪造的 ARP 应答时，就会更新本地的 ARP 缓存（A 被欺骗了）。这时 B 伪装成 C。同时，B 同样向 C 发送一个 ARP 应答，应答包中发送方的 IP 地址是 192.168.10.1（A 的 IP 地址），MAC 地址是 BB-BB-BB-BB-BB-BB（A 的 MAC 地址本来应该是 AA-AA-AA-AA-AA-AA）。C 收到 B 伪造的 ARP 应答时，也会更新本地 ARP 缓存（C 也被欺骗了）。这时 B 就伪装成了 A。这样主机 A 和 C 都被主机 B 欺骗，A 和 C 之间通信的数据都经过了 B，主机 B 完全可以知道它们之间传输的任何信息。这就是典型的 ARP 欺骗过程。

根据 ARP 欺骗者与被欺骗者之间的角色关系的不同，我们通常可以把 ARP 欺骗攻击分为网关型 ARP 欺骗（欺骗者主机冒充其他主机对网关设备进行欺骗）和主机型 ARP 欺骗（欺骗者主机冒充网关设备对其他主机进行欺骗）两类。它们分别如图 7.6 和图 7.7 所示。

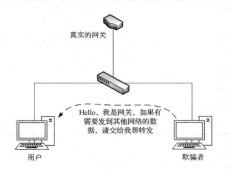

图 7.6　网关型 ARP 欺骗

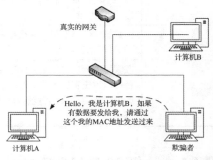

图 7.7　主机型 ARP 欺骗

ARP 欺骗攻击的表现：

- 网络时断时通；
- 网络中断，重启网关设备后网络短暂连通；
- 内网通信正常、网关不通；
- 频繁提示 IP 地址冲突；
- 硬件设备正常，局域网不通；
- 特定 IP 网络不通，更换 IP 地址，网络正常；
- 禁用—启用网卡后网络短暂连通；
- 网页被重定向。

ARP 欺骗的表象是网络通信中断，真实目的是截获网络通信数据。欺骗者通过双向攻击后，PC 发往网关的数据将被欺骗者截获，导致敏感信息被窃取。网络游戏中的木马程序多通过这种方式盗号，网银、支付宝账号密码也可以通过这种方式被窃取。主要缓解方法是实施端口安全，启用 ARP inspection，过程如图 7.8 所示。

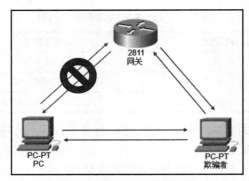

图 7.8 缓解 ARP 欺骗过程

常见 LAN 的攻击方法及缓解措施见表 7.2。

表 7.2 常见 LAN 的攻击方法及缓解措施

攻击方法	描述	缓解措施
链路发现侦察攻击 CDP 侦察攻击	CDP 用于发现直连链路设备，没有验证机制	除设备互连的端口外，关闭其他端口的 CDP
MAC 泛洪攻击	发送虚假源 MAC 地址，填满 MAC 地址表	启用端口安全
DHCP 欺骗、耗竭攻击	冒充 DHCP 客户端申请 IP 地址，耗尽 DHCP 服务器地址池中的地址，然后冒充 DHCP 服务器为客户端分配虚假的 IP 地址	启用 DHCP Snooping
VLAN 攻击	把数据帧的 VLAN 标签封装为另一个 VLAN，进行跨 VLAN 的访问和攻击	禁止端口的 trunk 协商，改掉默认的本征 VLAN
ARP 欺骗	欺骗局域网内中间设备和终端设备的 ARP 表，使终端设备错以攻击者更改后的 MAC 地址作为目的 MAC 地址。此种攻击可让攻击者获取局域网上的数据包甚至篡改数据包	启用 ARP inspection

任务1 缓解 DHCP 攻击——DHCP Snooping

任务目标：掌握 DHCP Snooping 的配置和调试方法。

下面我们通过配置 DHCP Snooping 来缓解 DHCP 欺骗攻击和耗竭攻击。DHCP 监听可识别两种类型的端口：可信端口和不可信端口。在可信端口上使用 DHCP 监听可缓解 DHCP 欺骗攻击。DHCP 监听还可通过速率限制不可信端口可以接收的 DHCP Discovery 消息数量，从而帮助缓解 DHCP 耗竭攻击。DHCP 监听会构建并维护 DHCP 监听绑定表，可供交换机用于过滤来自不受信任的来源的 DHCP 消息。DHCP 监听绑定表包括每个不受信任的交换机端口或端口上的客户端 MAC 地址、IP 地址、DHCP 租用时间、绑定类型、VLAN 编号和端口信息。DHCP 监听如图 7.9 所示。

7.1 缓解 DHCP 攻击——DHCP Snooping

可信端口是仅连接到上游 DHCP 服务器的端口。这些端口会有 DHCP Offer 和 DHCP ACK 消息应答，必须在配置中明确标识可信端口。不可信端口连接到不应提供 DHCP 服务器消息的主机接入端口。默认情况下，所有交换机端口都是不可信端口。

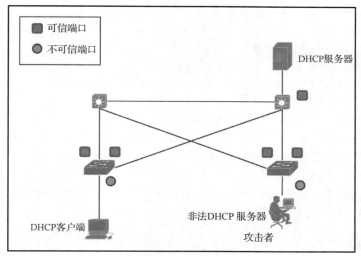

图 7.9　DHCP 监听

在网络中使用三层交换机作为 DHCP 服务器，一般三层交换机下连接的是二层交换机，我们需要在二层交换机上开启 DHCPSnooping 功能，如图 7.10 所示。

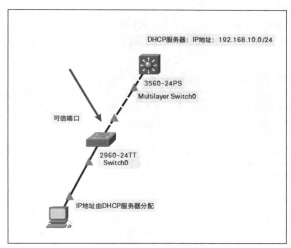

图 7.10　交换机 Switch0

步骤 1：配置三层交换机。命令如下：

```
Switch>ena
Switch#config
Switch (config)#hostname SW1
SW1(config)#int f 0/24
Sw1(config-if)#no switchport                        //关闭交换功能
Sw1(config-if)#ip add 192.168.10.1 255.255.255.0
SW1(config)#ip dhcp pool pool1                      //配置地址池
SW1(dhcp-config)#network 192.168.10.0 255.255.255.0  //地址池范围
SW1(dhcp-config)#default-router 192.168.10.1         //网关
SW1(config)#ip dhcp excluded-address 192.168.10.1    //排除地址
SW1(config)#ip dhcp relay information trust-all    //用于接收 option 82 选项的 DHCP 数据包
```

步骤 2：进入二层交换机的全局配置模式，开启 DHCP 监听功能。命令如下：

```
Switch0>
Switch0>enable        //进入特权模式
Switch0#configure terminal            //进入全局配置模式
Switch0(config)#ip dhcp snooping        // 开启 Switch0 的 DHCP 监听功能
```

步骤 3：DHCP Snooping 的配置。

开启交换机 option 82 功能。开启 DHCP 监听功能后，该功能默认开启。该功能的作用是检测不可信端口收到的 DHCP 请求报文的源 MAC 和 CHADDR 字段是否相同，以防止 DHCP 耗竭攻击。将 DHCP 监听绑定表保存在 flash 中，命名为"dhcp_snooping_s1.db"，也可以保存在 TFTP 服务器中，DHCP 监听绑定表发生更新后，等待 15 秒再写入文件。命令如下：

```
Switch0(config)#ip dhcp snooping information option      //开启交换机 option 82 功能，开启 DHCP
监听后，该功能默认开启
Switch0(config)#ip dhcp snooping verify mac-address //检测不可信端口收到的 DHCP 请求报文
的源 MAC 和 CHADDR 字段是否相同，以防止 DHCP 耗竭攻击
Switch0(config)#ip dhcp snooping database flash:dhcp_snooping_s1.db     //将 DHCP 监听绑定
表保存在 flash 中，文件名为"dhcp_snooping_s1.db"
Switch0(config)#ip dhcp snooping database write-delay 15     //DHCP 监听绑定表发生更新后，
等待 15 秒再写入文件
```

步骤 4：配置可信端口。命令如下：

```
Switch0(config)#interface fa0/24        //进入 Fa0/24 端口
Switch0(config-if)#ip dhcp snooping trust //配置可信端口
```

步骤 5：限制不可信端口的 DHCP 数据包数量。命令如下：

```
Switch0(config)#interface fa0/1      //进入 Fa0/1 端口
Switch0(config-if)# ip dhcp snooping limit rate 5        //限制不可信端口的 DHCP 数据包数量为
每秒 5 个（默认为每秒 15 个数据包）
```

步骤 6：查看 DHCP 监听的信息如图 7.11 所示。

```
Switch#show ip dhcp snooping
Switch DHCP snooping is enabled
DHCP snooping is configured on following VLANs:
none
Insertion of option 82 is enabled
Option 82 on untrusted port is not allowed
Verification of hwaddr field is enabled
Interface              Trusted      Rate limit (pps)
---------------------  -------      ----------------
FastEthernet0/1        no           5
FastEthernet0/24       yes          unlimited
Switch#
```

图 7.11　DHCP 监听的信息

课堂练习：参照本项目完成项目 6 拓扑的 DHCP 监听配置，缓解 DHCP 欺骗攻击和耗竭攻击。

素养拓展　DHCP 给人们上网带来了便利，但同时也带来了隐患。我们需要使用 DHCP Snooping 来缓解 DHCP 欺骗攻击和耗竭攻击。身处日新月异的时代，大学生要有足够的本领，更要有敏锐的洞察力，加强学习、勤奋探索，不断提升科技水平，让人们在享受科技带来的便利的同时，也能感受安全。社会的进步离不开科技的发展，科技的发展离不开青年的创新。当代大学生要坚定理想信念，践行社会主义核心价值观，做新时代的忠诚爱国者和改革创新的生力军。

任务 2　限制用户接入交换机端口——端口安全（Port Security）

任务目标：理解 MAC 泛洪攻击的原理，掌握配置端口安全的思路及步骤。

CAM 表的大小有限，MAC 泛洪攻击就利用了这一限制。攻击者使用攻击工具将大量无效的源 MAC 地址发送数据帧给交换机，直到交换机 CAM 表被填满。这种使得交换机 CAM 表溢出的攻击即为 MAC 泛洪攻击。泛洪攻击过程如图 7.12~图 7.15 所示。

7.2　限制用户接入交换机端口——端口安全（PortSecurity）

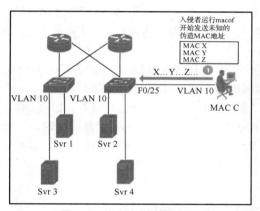

图 7.12　入侵者伪造 MAC 地址

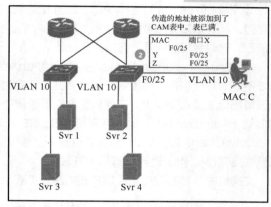

图 7.13　CAM 表被填满

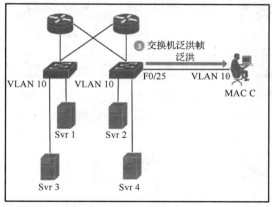

图 7.14　交换机泛洪

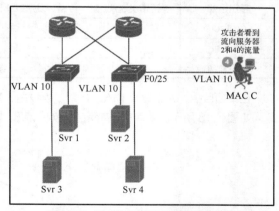

图 7.15　攻击者看到流向服务器的流量

缓解 MAC 泛洪攻击的方法是配置端口安全，配置交换机端口安全可以有效防止 MAC 泛洪攻击。端口安全允许管理员为一个端口静态指定 MAC 地址或者动态学习 MAC 地址，从而限制端口上允许的 MAC 地址数量。

端口安全的工作方式有以下 3 种。

① 静态：只允许具有特定 MAC 地址的终端设备从该端口接入交换机。如果配置静态端口安全，那么当数据包的源 MAC 地址不是静态指定的 MAC 地址时，交换机将按照设定的惩罚模式进行惩罚，并且数据包不会被转发。

② 动态：通过限制交换机端口接入的 MAC 地址数量来实现端口安全。默认情况下，交换机每个端口只允许一个 MAC 地址接入该端口。

③ 粘滞：是一种将动态端口和静态端口安全结合的方式。交换机端口通过动态学习获得终端设备的 MAC 地址，然后将信息保存到运行配置文件中。结果就像静态方式，只不过 MAC 地址不是管理员静态配置的，而是交换机自动学习的。当学习的 MAC 地址数量达到限制时，交换机就不会自动学习了。

端口安全的惩罚模式有 3 种，管理员可以根据实际需求配置惩罚模式，一旦端口出现违规，交换机就可以根据配置采取行动，具体介绍如下。

① 保护（protect）：当 MAC 地址数量达到端口所允许数量的上限或与静态配置的 MAC 地址不同时，具有未知源地址的数据包将被丢弃。在这种模式下，当发生安全违规时，不会发送警告信息。

② 限制（restrict）：当 MAC 地址数量达到端口所允许数量的上限或与静态配置的 MAC 地址不同时，具有未知源地址的数据包将被丢弃。在这种模式下，当发生安全违规时，交换机会发送警告信息，同时会增加违规计数器进行计数。

③ 关闭（shutdown）：当 MAC 地址数量达到了端口所允许数量的上限或与静态配置的 MAC 地址不同时，交换机会将该端口关闭，并立即变为错误禁用（err-disabled）状态；该端口下的所有设备都无法接入交换机，交换机会发送警告信息，同时会增加违规计数器进行计数。如果交换机端口处于 err-disabled 状态，则可以通过在端口先输入"shutdown"命令，然后再输入"no shutdown"命令重启端口；如果仍有违规终端设备接入，则继续进入 err-disabled 状态。这种惩罚模式是交换机端口安全的默认惩罚模式。

交换机的 3 种端口安全惩罚模式的比较见表 7.3。

表 7.3　交换机的 3 种端口安全惩罚模式的比较

惩罚模式	是否转发违规流量	是否发送系统日志消息	是否增加违规计数	是否关闭端口
protect	否	否	否	否
restrict	否	是	是	否
shutdown	否	是	是	是

在本项目中，为了缓解 MAC 地址泛洪攻击，需要在二层交换机上配置端口安全。项目网络拓扑结构如图 7.16 所示，公司内部有两台交换机，所以需要在交换机 Switch0 和 Switch1 配置端口安全。

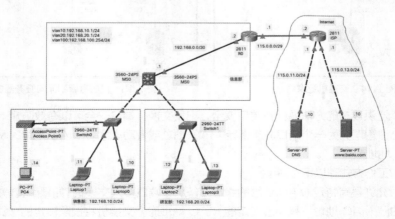

图 7.16　项目网络拓扑结构

具体配置请参照以下步骤。

步骤 1：把端口配置为接入模式。端口必须为接入模式，如果端口处于默认模式（dynamic auto），就不能被配置为安全端口。命令如下：

Switch0(config)#interface fa0/1　　　//进入 Fa0/1 端口
Switch0(config-if)#switchport mode access　　　//把端口配置为接入模式

步骤 2：在该端口开启端口安全功能，配置端口允许接入设备 MAC 地址的最大数量，范围是 1～132，默认是 1，即只允许一台设备接入。命令如下：

Switch0(config-if)#switchport port-security　　　//开启端口安全功能
Switch0(config-if)#switchport port-security maximum 1　　　//配置端口允许接入设备 MAC 地址的最大数量

步骤 3：配置端口安全的工作方式，可以配置静态端口安全，也可以配置动态端口安全，还可以配置粘滞端口安全。一般情况下连接服务器的端口适合配置静态端口安全，因为服务器不会轻易更换。

（1）配置静态端口安全。配置交换机 F0/1 静态端口安全，静态 MAC 地址为接入设备 Laptop1 的 MAC 地址，如图 7.17 箭头所示。

配置命令如下：

Switch0(config-if)#switchport port-security mac-address 0001.632A.C2A2　　　//配置端口允许接入计算机的 MAC 地址

验证交换机静态端口安全，结果如图 7.18 所示。

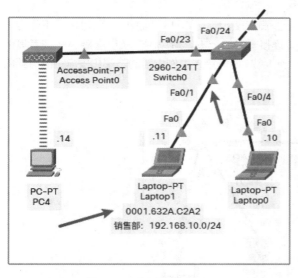

图 7.17　销售部网络拓扑

```
Switch0#show mac-address-table
          Mac Address Table
-------------------------------------------

Vlan    Mac Address       Type        Ports
----    -----------       --------    -----

 1      0001.c774.3001    DYNAMIC     Fa0/24
 10     0001.632a.c2a2    STATIC      Fa0/1
```

图 7.18　验证结果

配置端口安全违规惩罚模式，protect、restrict 和 shutdown 可任选其一，其中 shutdown 为默认模式。配置命令如下：

Switch0(config-if)#switchport port-security violation shutdown　　　//配置端口安全违规惩罚模式为 shutdown，这也是默认模式

查看交换机的端口安全信息，结果如图 7.19 所示。

其中，"Port Security:Enabled"为启用端口安全，"Port Status:Secure-up"端口状态为安全开启，"Violation Mode:Shutdown"为端口安全惩罚模式，"Aging Time:0 mins"老化时间为

0 分钟（由于是静态配置，所以不会老化）。

接下来我们看一下非法的设备能否通过启用端口安全的端口接入。将交换机连接 Laptop1 的线缆删除，然后将非法的笔记本计算机 Laptop4 接入交换机的 f0/1 端口上，为非法的笔记本计算机配置 IP 地址、子网掩码、网关，且这些参数与合法的 Laptop1 配置相同，你会发现箭头是红色的。我们进入交换机端口看一下端口信息。端口的物理状态为"down"，端口的线路协议由于处于 err-disable 状态而被置为 down 状态，如图 7.20 所示。

```
Switch0#show port-security interface f0/1
Port Security              : Enabled
Port Status                : Secure-up
Violation Mode             : Shutdown
Aging Time                 : 0 mins
Aging Type                 : Absolute
SecureStatic Address Aging : Disabled
Maximum MAC Addresses      : 1
Total MAC Addresses        : 1
Configured MAC Addresses   : 1
Sticky MAC Addresses       : 0
Last Source Address:Vlan   : 0001.632A.C2A2:10
Security Violation Count   : 0
```

图 7.19　交换机的端口安全信息

```
Switch0#show interfaces f0/1
FastEthernet0/1 is down, line protocol is down (err-disabled)
  Hardware is Lance, address is 00d0.d3b5.ce01 (bia
  00d0.d3b5.ce01)
```

图 7.20　端口信息

如果端口安全的惩罚模式为 shutdown，那么一旦有非法设备接入，端口就会进入 errdisable 状态，那么我们可以手动使用"shutdown"和"no shutdown"命令重启该端口；也可以允许交换机自动恢复因端口安全而关闭的端口，命令为"errdisable recovery cause psecure-violation"；同时可以设置交换机自动恢复端口的时间间隔，单位为秒，命令为"errdisable recovery interval 30"（时间间隔为 30 秒）。

（2）配置动态端口安全。如果一个公司有很多员工使用笔记本计算机办公，而且位置不固定，那么可以配置动态端口安全，限制每个端口只能连接一台笔记本，避免用户私自连接 AP 或者其他交换机而带来安全隐患。接下来我们以拓扑中 Laptop0 设备接入为例配置动态端口安全，销售部网络拓扑结构如图 7.21 所示。

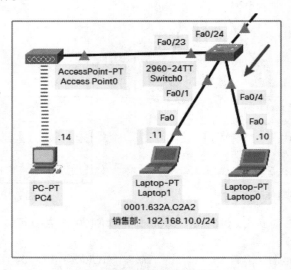

图 7.21　销售部网络拓扑结构

配置命令如下：

```
Switch0(config)#interface fa0/4        //进入 Fa0/4 端口
Switch0(config-if)#switchport mode access    //端口配置为接入模式
```

Switch0(config-if)#switchport port-security   //开启端口安全功能
Switch0(config-if)#switchport port-security maximum 1   //配置端口允许接入设备 MAC 地址的
最大数量
Switch0(config-if)#switchport port-security violation restrict   //配置端口安全惩罚模式

在完成了上述配置后，需要在 Laptop0 上执行"ping"命令，使其向交换机发送数据包，让交换机学习并绑定 Laptop0 的 MAC 地址，如图 7.22 所示。

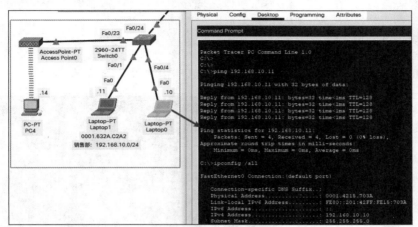

图 7.22   在 Laptop0 上执行"ping"命令

然后验证动态端口安全。这时你会发现"Last Source Address:Vlan:0001.4215.703A:10"的参数就是本机的 MAC 地址及 VLAN 信息，此时交换机 f0/4 端口（所接 Laptop0 的端口）已动态地绑定 Laptop0 的 MAC 地址，动态端口安全验证成功，如图 7.23 所示。

（3）配置粘滞端口安全。假设一个公司很多员工使用台式计算机办公，且位置固定，如果配置静态端口安全，则需要管理员到每台计算机上查看 MAC 地址，导致工作量巨大。为了减小工作量，可以使用粘滞端口安全，限制每个端口只能连接一台计算机，避免其他用户的计算机使用交换机端口而带来安全隐患。接下来我们将 Switch1 的 Fa0/12 端口的端口安全配置为粘滞端口安全，安全惩罚模式为 restrict，研发部网络拓扑结构如图 7.24 所示。

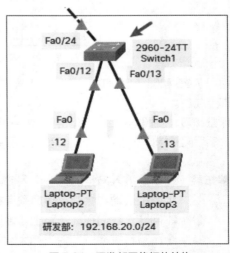

```
Switch0#show port-security int
Switch0#show port-security interface f0/4
Port Security              : Enabled
Port Status                : Secure-up
Violation Mode             : Restrict
Aging Time                 : 0 mins
Aging Type                 : Absolute
SecureStatic Address Aging : Disabled
Maximum MAC Addresses      : 1
Total MAC Addresses        : 1
Configured MAC Addresses   : 0
Sticky MAC Addresses       : 0
Last Source Address:Vlan   : 0001.4215.703A:10
Security Violation Count    : 0
```

图 7.23   验证端口安全结果   图 7.24   研发部网络拓扑结构

具体配置命令如下：

Switch1(config)#interface fa0/12　　　　//进入 Fa0/12 端口
Switch1(config-if)#switchport mode access　　//端口配置为接入模式
Switch1(config-if)#switchport port-security　　//开启端口安全功能
Switch1(config-if)#switchport port-security maximum 1　　//配置端口允许接入设备 MAC 地址的最大数量
Switch1(config-if)#switchport port-security violation restrict　　//配置端口安全惩罚模式
Switch1(config-if)#switchport port-security mac-address sticky　　//配置交换机端口自动粘滞访问该端口计算机的 MAC 地址

完成上述配置后，在 Laptop2 上执行"ping"命令，使其向交换机发送数据包，让交换机学习并绑定 Laptop0 的 MAC 地址，如图 7.25 所示。验证结果如图 7.26 所示。

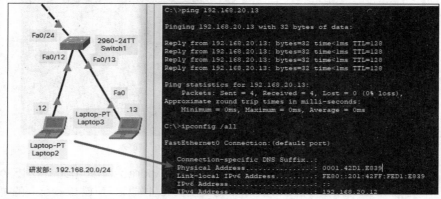

图 7.25　在 Laptop2 上执行"ping"和"ipconfig/all"命令

```
Switch1#show port-security int
Switch1#show port-security interface f0/12
Port Security                 : Enabled
Port Status                   : Secure-up
Violation Mode                : Restrict
Aging Time                    : 0 mins
Aging Type                    : Absolute
SecureStatic Address Aging    : Disabled
Maximum MAC Addresses         : 1
Total MAC Addresses           : 1
Configured MAC Addresses      : 0
Sticky MAC Addresses          : 1
Last Source Address:Vlan      : 0001.42D1.E839:20
Security Violation Count      : 0
```

图 7.26　在交换机上验证端口安全

由图 7.25 和图 7.26 可知，交换机上绑定的 MAC 地址与 Laptop0 的 MAC 地址相同，MAC 地址绑定成功。

课堂练习：参照本项目拓扑，自己动手搭建一个小型网络拓扑，进行基本配置，使其能够正常通信，然后配置端口安全并验证端口安全配置是否正确。

素养拓展　端口是接入网络的第一个入口，它就像一扇门，帮用户打开通往网络的道路，但是相应地也会有很多风险存在。如何守好这扇门是网络工程人员要思考的基本问题。我们在成长路上，会遇到很多机遇，但机遇的背后往往也隐藏着一个个风险和挑战。作为当代大学生，我们要努力学习、刻苦钻研、积极进取、勇于挑战，不断丰富人生。

任务 3 缓解 VLAN 攻击

7.3 缓解 VLAN
攻击

任务目标：掌握解决和防范 VLAN 攻击的方法。

VLAN 跳跃（VLAN hopping）攻击是一种特定类型的 VLAN 威胁。VLAN 跳跃攻击会使一个 VLAN 无须路由器帮助即可看到来自另一个 VLAN 的流量。在基本 VLAN 跳跃攻击中，攻击者利用的是大多数交换机端口上默认启用的自动中继端口功能。网络攻击者配置主机以欺骗交换机使用 802.1Q 中继协议信令和思科公司专有动态中继协议信令与连接的交换机建立中继链路。如果建立成功，并且交换机与主机建立中继链路，则攻击者可以访问交换机上的所有 VLAN，并转移（发送和接收）所有 VLAN 上的流量。

一般攻击者有两种方式进行 VLAN 跳跃攻击。

方式 1：攻击者使用主机发起伪造 DTP 消息，与之直连的交换机端口进入中继模式，然后攻击者可以发送携带任意 VLAN tag 的数据包，从而向当前网络下所有 VLAN 的主机发送数据包，如图 7.27 所示。

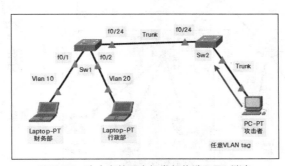

图 7.27　攻击者使用主机发起伪造 DTP 消息

方式 2：攻击者非法接入私人交换机并启用中继模式，然后攻击者便可以通过非法交换机访问所直连的二层局域网中的所有 VLAN。

防范方式：上述两种实现 VLAN 跳跃攻击的方式都利用了思科公司专有动态中继协议，针对这种特性，可以禁用端口上的 DTP，并手动确认各个端口的端口模式。接下来以我们的网络拓扑结构来讲解缓解 VLAN 跳跃攻击的具体操作步骤，网络拓扑环境使用项目 3 的任务 4 的实验环境。在该项目中，我们在研发部添加了一台 PC 作为攻击者，如图 7.28 所示。

步骤 1：关闭所有未使用的端口。命令如下：

```
Switch1(config)#interface range f0/1-11
Switch1(config-if-range)# shutdown        \\关闭未使用的端口
Switch1(config)#interface range f0/14-23
Switch1(config-if-range)#shutdown         \\关闭未使用的端口
Switch1(config-if-range)# int range g 0/1-2
Switch1(config-if-range)#shutdown         \\关闭未使用的端口
```

步骤 2：手动指定端口模式，并在端口上禁用 DTP。命令如下：

```
Switch1(config)#int f0/12
Switch1(config-if)#switchport mode access       \\手动指定端口模式
Switch1(config-if)#switchport access vlan 20
Switch1(config-if-range)#switchport nonegotiate  \\禁用端口上的 DTP
```

```
Switch1(config-if)#int f0/13
Switch1(config-if)#switchport mode access          \\手动指定端口模式
Switch1(config-if)#switchport access vlan 20
Switch1(config-if-range)#switchport nonegotiate    \\禁用端口上的 DTP
Switch1(config-if)#exit
Switch1(config)#int f0/24
Switch1(config-if)#switchport mode trunk           \\手动指定端口模式
Switch1(config-if-range)#switchport nonegotiate    \\禁用端口上的 DTP
Switch1(config-if)#exit
```

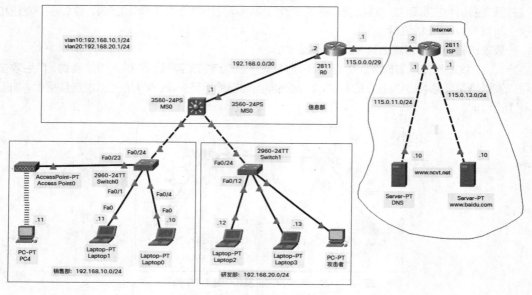

图 7.28　项目网络拓扑结构

　　VLAN 双重标记（double-tagging）攻击：又称双封装（double-encapsulated）攻击。此攻击利用大多数交换机的硬件工作原理。大多数交换机的 trunk 的默认本征 VLAN 为 VLAN 1，只进行一级 802.1Q 解封。这样会让攻击者在帧中嵌入隐藏的 802.1Q 标记。此标记会将帧转发到原始 802.1Q 标记未指定的 VLAN。双封装 VLAN 跳跃攻击的一个重要特征是，即使 trunk 端口被禁用，攻击仍然有效，因为主机通常在非 trunk 链路的数据段上发送帧，如图 7.29～图 7.31 所示。

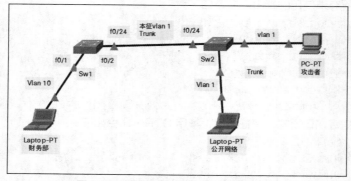

图 7.29　模拟 VLAN 攻击的网络拓扑结构

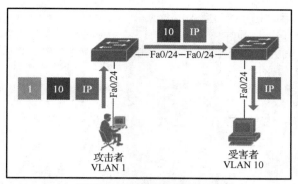

图 7.30　VLAN 双重标记攻击

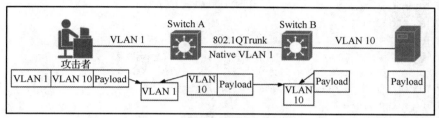

图 7.31　VLAN 双重标记攻击过程

双重标记攻击遵循 4 个步骤。

在如图 7.29 所示的网络拓扑结构中，攻击者向交换机发送一个双重标记 802.1Q 帧。外部报头带有攻击者的 VLAN 标记，与 trunk 端口的本征 VLAN 相同。默认交换机 trunk 的本征 VLAN 为 VLAN 1，内部标记是被攻击的 VLAN，在本例中为 VLAN 10，如图 7.32 所示。

```
Frame 67: 58 bytes on wire (464 bits), 58 bytes captured (464 bits) on interface eth0, id 0
Ethernet II, Src: 0e:5c:49:19:32:bf (0e:5c:49:19:32:bf), Dst: Broadcast (ff:ff:ff:ff:ff:ff)
802.1Q Virtual LAN, PRI: 7, DEI: 0, ID: 1
   111. .... .... .... = Priority: Network Control (7)
   ...0 .... .... .... = DEI: Ineligible
   .... 0000 0000 0001 = ID: 1
   Type: 802.1Q Virtual LAN (0x8100)
802.1Q Virtual LAN, PRI: 7, DEI: 0, ID: 10
   111. .... .... .... = Priority: Network Control (7)
   ...0 .... .... .... = DEI: Ineligible
   .... 0000 0000 1010 = ID: 10
   Type: IPv4 (0x0800)
Internet Protocol Version 4, Src: 192.168.200.3, Dst: 192.168.10.10
Internet Control Message Protocol

0000  ff ff ff ff ff ff 0e 5c  49 19 32 bf 81 00 e0 01   ·······\ I·2·····
0010  81 00 e0 0a 08 00 45 00  00 24 00 42 00 00 40 01   ······E· ·$·B··@·
0020  27 39 c0 a8 c8 03 c0 a8  0a 0a 08 00 b9 53 00 42   '9······ ·····S·B
0030  00 42 59 45 52 53 49 4e  49 41                     ·BYERSIN IA
```

图 7.32　双重标记的数据报头

在图 7.32 中，攻击者发出的帧到达第一个交换机后，交换机查看其第一个 4 个字节 802.1Q 标记。交换机看到该帧指向 VLAN 1，即本征 VLAN。交换机在剥离 VLAN 1 标记后会将数据包转发到所有 VLAN 1 端口。在 trunk 端口上，VLAN 1 标记被剥离，并且数据包没有重新标记，因为它是本征 VLAN 的一部分。此时，VLAN 10 标记仍然是完整的，第一台交换机没有剥离到它。当帧到达第二台交换机，发现带有 VLAN 10 的便认为其源自 VLAN 10，第二台交换机将帧发送到被攻击的端口或泛洪，具体取决于被攻击的主机是否存在 MAC 地址表条目。

防护方式：将未使用的端口规划入没有使用的 VLAN 中，更改默认的本征 VLAN 1 为没有使用的 VLAN，禁用 DTP，手动指定端口模式。

步骤 1：创建 VLAN。命令如下：

```
Switch1(config)#vlan 99                          \\创建 VLAN 99
Switch1(config-vlan)#exit
Switch1(config)#vlan 996                         \\创建 VLAN 996
Switch1(config-vlan)#exit
```

步骤 2：手动指定端口模式，并在端口上禁用 DTP，设置本征 VLAN 为未使用的 VLAN。命令如下：

```
Switch1(config)#int f0/12
Switch1(config-if)#switchport mode access        \\手动指定端口模式
Switch1(config-if)#switchport access vlan 20      \\指定 VLAN 10
Switch1(config-if)#switchport nonegotiat \\禁用端口上的 DTP
Switch1(config-if)#exit
Switch1(config)#int f0/13
Switch1(config-if)#switchport mode access        \\手动指定端口模式
Switch1(config-if)#switchport access vlan 20      \\指定 VLAN 10
Switch1(config-if)#switchport nonegotiate\\禁用端口上的 DTP
Switch1(config)#int f0/24
Switch1(config-if)#switchport mode trunk          \\手动指定端口模式
Switch1(config-if)#switchport nonegotiate\\禁用端口上的 DTP
Switch1(config-if)#switchport trunk native vlan 996     \\设置本征为未使用的 VLAN
Switch0(config-if)#exit
```

步骤 3：修改 MS0 交换机 F0/2 端口的本征 VLAN。命令如下：

```
MS0(config)#int f 0/2
MS0(config)#switchport trunk native vlan 996
```

步骤 4：把交换机未使用的端口设置为 access 模式，并划分给未使用的 VLAN。命令如下：

```
Switch1(config)#interface range f0/1-11          \\进入交换机未使用的端口
Switch1(config-if-range)#switchport mode access
Switch1(config-if-range)#switchport access vlan 99     \\划分给未使用的 VLAN
Switch0(config)#interface range f0/14-23               \\进入交换机未使用的端口
Switch1(config-if-range)#switchport mode access
Switch1(config-if-range)#switchport access vlan 99     \\划分给未使用的 VLAN
Switch1(config)# int r g 0/1-2
switchport mode access
switchport access vlan 99
```

可以用同样的思路和方法去配置 Switch0 交换机以缓解 VLAN 攻击。

课堂练习：参照本任务，构建一个小型局域网，适当配置，实现全网用户可以相互通信，并根据任务 3 所学内容进行合理配置以缓解 VLAN 攻击。

素养拓展　VLAN 攻击手段是黑客基于 VLAN 技术应用所采取的攻击方式，随着技术的不断发展，网络安全也面临着新的挑战。大学生应该诚实守信，健康文明地上网，推动社会主义核心价值观的传播，提高网络安全意识和水平，促进网络安全的良好环境的形成。

任务 4　缓解 ARP 攻击——ARP 检查

任务目标： 理解 ARP 在日常通信中的作用，了解 ARP 欺骗的过程和防范的方法。

7.4　缓解 ARP 攻击——ARP 检查

在典型的 ARP 攻击中，威胁者可以使用该威胁者的 MAC 地址和默认网关的 IP 地址向子网中的其他主机发送未经请求的 ARP 答复。为了防止 ARP 欺骗和由此引起的 ARP 中毒，交换机必须确保仅中继有效的 ARP 请求和答复。

动态 ARP 检查（Dynamic ARP Inspection，DAI）需要进行 DHCP 侦听，并通过以下方式帮助防止 ARP 攻击。

① 不向同一 VLAN 中的其他端口转发无效或无故 ARP（Gratuitous ARP）。

② 在不可信端口上拦截所有 ARP 请求和答复。

③ 验证每个截获的数据包是否具有有效的 IP 到 MAC 绑定。

④ 丢弃和记录无效的 ARP 答复，以防止 ARP 中毒。

⑤ 如果超过了配置的 ARP 数据包的 DAI 数量，端口就会进入 Error-disable 状态。

DAI 通过拦截和验证所有 ARP 请求和响应来防止这些攻击。在将每个截获的 ARP 答复转发到 PC 以更新 ARP 缓存之前，都要对是否有效的 MAC 地址到 IP 地址绑定进行验证。来自无效设备的 ARP 答复将被丢弃。DAI 根据 DHCP 侦听或静态 ARP 条目建立的有效 MAC 地址到 IP 地址的绑定数据库来验证 ARP 数据包的有效性。此外，为了处理使用静态配置的 IP 地址的主机，DAI 还可以针对用户配置的 ARP ACL 验证 ARP 数据包。

DAI 的工作需依赖 DHCP Snooping。交换机开启 DHCP Snooping 后，会对 DHCP 报文进行侦听，可以从接收到的 DHCP Request 或 DHCP ACK 报文中提取并记录 IP 地址和 MAC 地址信息。另外，DHCP Snooping 允许将某个物理端口设置为可信端口或不可信端口。可信端口可以正常接收并转发 DHCP Offer 报文，而不可信端口会将接收到的 DHCP Offer 报文丢弃。这样交换机就可以起到对假冒 DHCP Server 的屏蔽作用，确保客户端从合法的 DHCP Server 获取 IP 地址。

DHCP Snooping 的主要作用是隔绝非法的 DHCP Server，通过配置不可信端口。建立和维护一张 DHCP Snooping 的绑定表，这张表可以通过 DHCP ACK 包中的 IP 和 MAC 地址生成，也可以手动指定。这张表是后续 DAI 和 IP SourceGuard 的基础。这两种类似的技术通过这张表来判定 IP 或者 MAC 地址是否合法，以限制用户连接到网络。公司总部内网拓扑结构如图 7.33 所示。

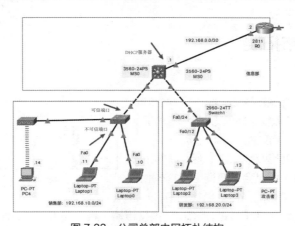

图 7.33　公司总部内网拓扑结构

DAI 实施的步骤以 VLAN 10 为例。

步骤 1：全局启用 DHCP Snooping。命令如下：

Switch0（config）#ip dhcp snooping

步骤 2：选择 VLAN 启用 DHCP Snooping。命令如下：

Switch0（config）#ip dhcp snooping vlan 10

步骤 3：在选择的 VLAN 上启用 DAI。命令如下：

Switch0（config）#ip arp inspection vlan 10

步骤 4：在可信端口配置 DHCP Snooping 和 ARP Inspection。命令如下：

Switch0 (config)# interface f0/24
Switch0 (config-if)# ip dhcp snooping trust
Switch0 (config-if)# ip arp inspection trust

DAI 还可以检查目的 MAC、源 MAC 和 IP 地址。

目的 MAC：对照 ARP 中的目标 MAC 检查帧头中的目的 MAC 地址。

源 MAC：对照 ARP 中的发送者 MAC 检查帧头中的源 MAC 地址。

IP 地址：检查 ARP 中是否包含无效和非期望的 IP 地址，包括地址 0.0.0.0、255.255.255.255 和所有 IP 组播地址。

命令参数格式如下：

switch (config) # ip arp inspection validate {[src-mac] [dst-mac] [ip]}

注：只能配置一个命令。

还可以定义端口每秒 ARP 报文数量：

Switch(config-if)#ip arp inspection limit rate 15

前面 DHCP Snooping 的绑定表中关于端口部分，是不做检测的。同时，对已存在于绑定表中的 MAC 和 IP 对应关系的主机，无论是 DHCP 获得还是静态指定，只要符合这个表就可以了。如果表中没有，就阻塞相应流量。

课堂练习： 对任务 3 中课堂练习所搭建的网络拓扑进行适当的配置，以缓解 ARP 攻击。

素养拓展　ARP 利用 TCP/IP 的漏洞进行欺骗攻击。其实，无论是网络中还是现实生活中，每个人都会遇到各种欺骗行为。我们要树立自我保护意识，不要轻易相信他人，避免受骗上当，避免给自己的人身和财产安全带来危害。

小结与拓展

1. ARP 原理

地址解析协议（Address Resolution Protocol，ARP），是根据 IP 地址获取物理地址的一个 TCP/IP。两台 PC 直连网络拓扑结构如图 7.34 所示。

PC1 要发送一个数据包给 PC2，因为 PC2 的 IP 地址与 PC1 同网段，所以会先查询 PC1 本地的 ARP 缓存表是否存在 PC2 的条目。若找到 PC2 的

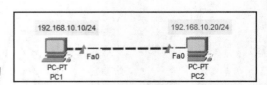

图 7.34　两台 PC 直连网络拓扑结构

IP 地址对应的 MAC 地址，则正常进行 ICMP 报文传输；若未在本地的 ARP 缓存表中找到对应的 PC2 的 ARP 条目，则 PC1 广播一个 ARP 请求报文，报文格式如图 7.35 所示，报文中携带 PC1

的 IP 地址与 MAC 地址，请求 IP 地址为 PC2，目的 MAC 地址为全 F 的广播地址。同一局域网中的所有主机都会收到这份 ARP 请求，当 PC2 收到该 ARP 请求报文，解析报文目的 IP 地址为自己，于是向 PC1 发送 ARP 应答报文（报文格式如图 7.36 所示）并将 PC1 的 IP 地址与 MAC 地址加入 PC2 的 ARP 表项中。PC1 收到 PC2 的应答报文后就更新本地的 ARP 表，接着使用这个 MAC 地址与 PC2 进行通信。ARP 缓存表是动态的，在长时间没有对应的 ARP 信息报文后，缓存会自动删除，通常网络设备的 ARP 超时时间为 3600 秒。

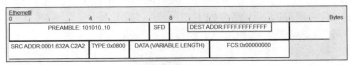

图 7.35　ARP 请求报文

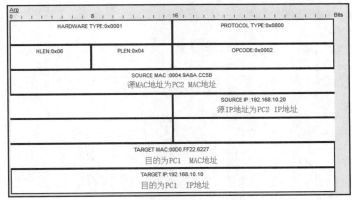

图 7.36　ARP 应答报文

（1）查看 ARP 表

ARP 表在路由器、交换机及 PC 上存在。下面介绍如何查看 ARP 表。

① 查看路由器 ARP 表，命令如下：

```
R0>enable        //进入特权模式
R0#show arp        //查看 ARP 信息
Protocol Address Age (min) Hardware Addr Type Interface
Internet 115.0.0.1 – 0001.96D4.5410 ARPA FastEthernet1/0
Internet 192.168.0.1 0 0001.C774.3018 ARPA FastEthernet0/0
Internet 192.168.0.2 – 00D0.FF77.DE01 ARPA FastEthernet0/0
R0#
```

② 查看交换机 ARP 表，命令如下：

```
MS0>enable        //进入特权模式
MS0#show arp        //查看 ARP 信息
Protocol Address Age (min) Hardware Addr Type Interface
Internet 192.168.0.1 – 0001.C774.3018 ARPA FastEthernet0/24
Internet 192.168.10.1 – 0002.16D8.8601 ARPA Vlan10
Internet 192.168.10.11 106 0001.632A.C2A2 ARPA Vlan10
Internet 192.168.20.1 – 0002.16D8.8602 ARPA Vlan20
Internet 192.168.20.12 106 0001.42D1.E839 ARPA Vlan20
MS0#
```

③ 查看 Windows ARP 表，命令如下：

```
C:\>arp -a
Internet Address Physical Address Type
192.168.10.10 0001.4215.703a dynamic
```

（2）修改 ARP 条目的缓存时间

ARP 表有缓存时间。每个厂家的产品的缓存时间不同，思科 2690 系列交换机的 ARP 缓存时间默认为 4 小时，这个缓存时间是可以设置的。接下来具体介绍如何设置 ARP 的缓存时间。

① 设置路由器 ARP 缓存时间，命令如下：

```
R0>enable      //进入特权模式
R0#config t    //进入全局配置模式
Enter configuration commands, one per line. End with CNTL/Z.
R0 (config)#interface fastEthernet 0/0
R0 (config-if)#arp timeout ?
<0-2147483> Seconds
R0 (config-if)#arp timeout 1200 //设置来自该接口的 ARP 信息在路由器 ARP 表中缓存时间为 20 分钟
```

② 设置交换机 ARP 缓存时间，命令如下：

```
MS0>enable      //进入特权模式
MS0#config t     //进入全局配置模式
Enter configuration commands, one per line. End with CNTL/Z.
MS0 (config)#int vlan 1 //VLAN 设置
MS0 (config-if)#arp timeout ?
<0-2147483> Seconds
MS0 (config-if)#arp timeout 1200 //设置来自该接口的 ARP 信息在 ARP 表中缓存时间为 20 分钟
```

（3）清除 ARP 缓存

那么如何立刻清除 ARP 缓存呢？

① 路由器清除 ARP 缓存的配置命令如下：

```
R0>enable      //进入特权模式
R0#clear arp-cache
```

② 交换机清除 ARP 缓存的配置命令如下：

```
MS0>enable      //进入特权模式
MS0#clear arp-cache
```

③ Windows 清除 ARP 缓存的命令如下：

```
C:\WINDOWS\system32>arp -d
```

（4）ARP 报文

ARP 请求报文如图 7.37 所示。

```
⊞ Frame 1: 60 bytes on wire (480 bits), 60 bytes captured (480 b
⊟ Ethernet II, Src: 20:0b:c7:a0:53:9e (20:0b:c7:a0:53:9e), Dst:
  ⊞ Destination: Broadcast (ff:ff:ff:ff:ff:ff)
  ⊞ Source: 20:0b:c7:a0:53:9e (20:0b:c7:a0:53:9e)
    Type: ARP (0x0806)
    Padding: 00000000000000000000000000000000000000
⊟ Address Resolution Protocol (request)
    Hardware type: Ethernet (1)
    Protocol type: IP (0x0800)
    Hardware size: 6
    Protocol size: 4
    Opcode: request (1)
    Sender MAC address: 20:0b:c7:a0:53:9e (20:0b:c7:a0:53:9e)
    Sender IP address: 100.0.5.1 (100.0.5.1)
    Target MAC address: 00:00:00_00:00:00 (00:00:00:00:00:00)
    Target IP address: 100.0.5.40 (100.0.5.40)
```

图 7.37　ARP 请求报文

ARP 应答报文如图 7.38 所示。

```
⊞ Frame 7: 60 bytes on wire (480 bits), 60 bytes captured (480 b
⊟ Ethernet II, Src: HuaweiTe_9f:24:cb (4c:1f:cc:9f:24:cb), Dst:
  ⊞ Destination: 20:0b:c7:a0:53:9e (20:0b:c7:a0:53:9e)
  ⊞ Source: HuaweiTe_9f:24:cb (4c:1f:cc:9f:24:cb)
    Type: ARP (0x0806)
    Padding: 000000000000000000000000000000000000
⊟ Address Resolution Protocol (reply)
    Hardware type: Ethernet (1)
    Protocol type: IP (0x0800)
    Hardware size: 6
    Protocol size: 4
    opcode: reply (2)
    Sender MAC address: HuaweiTe_9f:24:cb (4c:1f:cc:9f:24:cb)
    Sender IP address: 100.0.5.40 (100.0.5.40)
    Target MAC address: 20:0b:c7:a0:53:9e (20:0b:c7:a0:53:9e)
    Target IP address: 100.0.5.1 (100.0.5.1)
```

图 7.38　ARP 应答报文

2. 免费（Gratutious）ARP

Gratutious ARP 也叫免费 ARP，或无故 ARP。这种 ARP 不同于一般的 ARP 请求，它的 Sender IP 和 Target IP 字段是相同的，相当于询问自己的 IP 地址对应的 MAC 地址。它在主机进行了某些配置改动，导致网口重新启动，并会和路由器等网络设备定期发送免费 ARP 以防止 ARP 欺骗。

免费 ARP 有以下两个主要作用。

一是检查网络中是否有 IP 地址冲突。设备发出一个免费 ARP 请求，询问自己的 IP 地址对应的 MAC 地址。如果设备没有收到应答包，则说明网络中没有其他主机占用这个 IP 地址；如果设备收到应答包，则说明 IP 地址已经被占用，将有日志报出，提示 IP 地址冲突。

二是用于网关定期刷新，作用在网关设备上。网关会定期发送免费 ARP，网内所有主机收到这个免费的 ARP 请求后，便会重置 ARP 缓存时间。

3. Private VLAN

Private VLAN 的主要功能是节约 IP 地址，隔离广播风暴，防范病毒攻击，控制端口二层互访。Private VLAN 特别适用于大二层结构的环境。用户多，VLAN 多。但是 IP 地址又是同一个网段，又要实现彼此之间二层隔离，个别 VLAN 之间又有互访的需求。常见的场景有宾馆酒店、小区宽带接入、运营商与高校共建的校园网等。它们的特点是一个房间或者一户人家只有一个 VLAN，彼此隔离，但是 IP 地址有限，无法给数量庞大的每个 VLAN 分一个网段 IP，只能共用一个 IP 地址段。例如 VLAN 10 的 IP 地址段 10.10.10.0/24,这样一户人家可能就使用了 1～2 个 IP,造成剩余 200 多个 IP 地址浪费。

另一种比较典型的 Private VLAN 应用类似于端口隔离（switchport protected）功能，即将所有用户端口设置为隔离 VLAN。这样即使是同一 VLAN 同一网段的 IP 之间的用户也无法访问，从而可以有效防止病毒传播。

一个典型的应用场景是服务提供商。如果服务提供商给每个用户一个 VLAN，则服务提供商能支持的用户数被限制，因为一台设备支持的 VLAN 数最大只有 4096；在三层设备上，每个 VLAN 被分配一个子网地址或一系列地址，这种情况会导致 IP 地址浪费；另外，同一个 VLAN 内的广播风暴、病毒攻击等安全问题让维护人员非常头疼。这些问题的一种解决方法就是应用 Private VLAN 技术。

Private VLAN 将一个 VLAN 的二层广播域划分成多个子域,每个子域都由一个 Private VLAN 对组成: 主 VLAN（Primary VLAN）和辅助 VLAN（Secondary VLAN）。

在一个 Private VLAN 域中，所有的 Private VLAN 对共享同一个主 VLAN，每个子域的辅助

VLAN ID 不同。一个 Private VLAN 域中只有一个主 VLAN，有以下两种类型的辅助 VLAN。

隔离 VLAN（Isolated VLAN）：同一个隔离 VLAN 中的端口不能互相进行二层通信，一个 Private VLAN 域中只有一个隔离 VLAN。

群体 VLAN（Community VLAN）：同一个群体 VLAN 中的端口可以互相进行二层通信，但不能与其他群体 VLAN 中的端口进行二层通信。一个 Private VLAN 域中可以有多个群体 VLAN。

一个 Private VLAN 域内通常有 3 种常见的端口角色，通过定义交换机上面不通的端口的角色可以实现各用户间的二层互访，起到隔离的效果。

混杂端口（Promiscuous Port）：属于主 VLAN 中的端口，可以与任意端口通信，包括同一个 Private VLAN 域中辅助 VLAN 的隔离端口和群体端口，通常是交换机上联网关设备的端口。

隔离端口（Isolated Port）：隔离 VLAN 中的端口，使其彼此之间不能通信，而只能与混杂端口通信，通常是下联接入用户端的端口。

群体端口（Community Port）：属于群体 VLAN 中的端口，同一个群体 VLAN 的群体端口可以互相通信，也可以与混杂端口通信，但不能与其他群体 VLAN 中的群体端口及隔离 VLAN 中的隔离端口通信，通常是下联接入用户端的端口。

思考与训练

1. 简答题

（1）如果 CAM 表攻击成功，那么交换机会出现什么行为？

（2）哪种网络攻击通过阻止客户端获取 DHCP 租约对客户端进行 DoS 攻击？

（3）DHCP 属于 OSI 网络参考模型中哪一个层的协议？

（4）缓解 VLAN 攻击的方法有哪些？

（5）VLAN tag 是在 OSI 网络参考模型哪一层实现的？

（6）当端口接收到未经允许的 MAC 地址流量时，交换机会执行违规动作，违规动作有哪些？

2. 实验题

使用 Cisco Packet Tracer 模拟器搭建图 7.39 所示的网络拓扑结构，并完成网络基本配置和实现端口安全的配置。

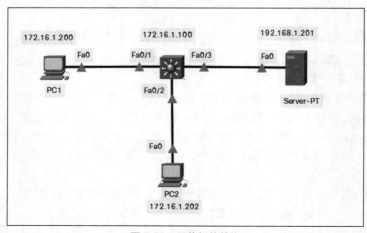

图 7.39　网络拓扑结构

项目8
提升三层网络的安全性

本项目主要讨论网络层存在的各种安全风险，使用ACL、GRE VPN、IPSec VPN等常见技术保障IP数据包的传输，在网络层提升网络数据通信的安全性。

知识目标

- 了解ACL的工作原理；
- 了解ACL的种类及其配置思路；
- 了解实现两个私有网络之间的远程通信——GRE VPN；
- 了解实现两个私有网络之间的远程安全通信——IPSec VPN。

技能目标

- 学会应用标准ACL和扩展ACL过滤流量；
- 学会配置ACL来保护VTY访问；
- 学会排除常见ACL错误的方法并能够灵活运用；
- 掌握VPN的工作原理及GRE VPN的配置思路与方法；
- 掌握IPSec VPN的框架结构、配置思路及方法。

本项目的主要任务是提升 OSI 网络参考模型中网络层的安全性。

网络安全问题始终是网络管理员必须面对的问题。一方面，为了业务发展，必须允许对网络资源的开放访问权限；另一方面，必须保证数据的安全性。鉴于此，很多网络安全技术应运而生。访问控制列表（Access Control List，ACL）是一种基于包过滤的访问控制技术，它可以根据设定的条件对端口上的数据包进行过滤，允许其通过或丢弃。访问控制列表被广泛地应用于路由器和三层交换机。借助于访问控制列表，可以有效地控制用户对网络的访问，从而最大程度地保障网络安全。

我们先来了解一下什么是 ACL，以及为什么要配置 ACL。

某天，公司某同事上班时发现网络速度很慢，调查发现是因为公司有一些员工违规违纪，在上班时看电影。有什么办法能解决这个问题？

其实可以通过限制网络流量来提高网络性能。ACL 是一种成本最低的办法。本项目中，用 ACL 来阻止视频流量，一方面可以避免员工在上班时看电影，另一方面可以显著降低网络负载并提高网络性能。此外，ACL 可以允许一台主机访问部分网络，例如"HR"网络仅限授权用户访问，其他用户不能访问，我们在本项目任务 1 中禁止销售部人员访问研发部。ACL 还可以根据流量类型过滤流量。ACL 可以允许或拒绝用户访问特定文件类型，例如 FTP 或 HTTP，如图 8.1 所示。

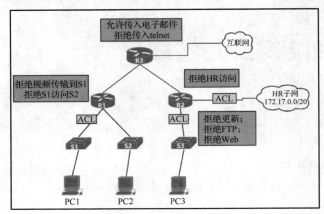

图 8.1   ACL 能做什么

默认情况下，路由器并未配置 ACL，因此路由器不会过滤流量。进入路由器的流量仅根据路由表内的信息进行路由。但是，当 ACL 应用于端口时，路由器会在网络数据包通过端口时执行另一项评估所有网络数据包的任务，以确定是否可以转发数据包。

除了允许或拒绝流量外，ACL 还可用于选择需要以其他方式进行分析、转发或处理的流量类型。例如 ACL 可用于对流量进行分类，以实现按优先级处理流量的功能。此功能与音乐会或体育赛事中的 VIP 通行证类似。VIP 通行证使选定的客人享有未向普通入场券持有人提供的特权，例如优先入场或能够进入专用区。

在本项目中，我们的目标是学会配置和应用 ACL，以实现网络中的包过滤。在配置 ACL 之前，我们一定要保证全网能够正常通信，这样才能验证我们是否准确地实施了 ACL。实现的思路如下：首先在路由器配置 ACL 条目 ACE，然后在 VTY 或者端口上应用 ACL。

那么 ACL 在我们的项目中是如何实现的呢？在一些企业中，科研部一般属于机密部门，该部门的计算机中存储了很多研发的文件，不允许其他人员访问。

接下来，我们根据项目 7 的拓扑结构配置 ACL，让销售部无法访问研发部，但是允许信息部门访问。项目网络拓扑结构如图 8.2 所示。

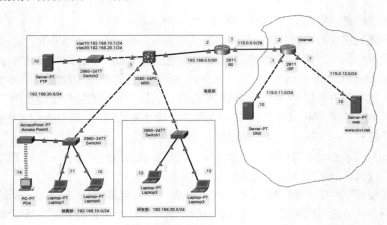

图 8.2   项目网络拓扑结构

任务 1　管控 IP 数据通信——访问控制列表（ACL）

任务目标：熟练使用标准和扩展 ACL 来限制网络流量。

最常用的访问控制列表有两种：标准 ACL 和扩展 ACL。标准 ACL 的主要特点是简便，只监控数据包的源 IP 地址，以决定是否过滤或放行。扩展 ACL 的主要特点是功能强大，可以监控协议、源 IP 地址、目的 IP 地址、端口号、时间等，以决定是否过滤或放行。

8.1　管控 IP 数据通信——访问控制列表（ACL）

1. 标准 ACL

在本任务中，我们将通过标准 ACL 的部署，拒绝销售部访问研发部，而允许其他部门访问研发部。

步骤 1：测试部署 ACL 前的通信情况。

从销售部的 Laptop1 ping 研发部的 Laptop2，结果如图 8.3 所示。

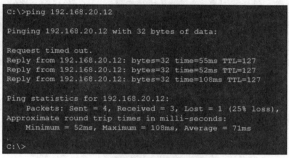

```
C:\>ping 192.168.20.12

Pinging 192.168.20.12 with 32 bytes of data:

Request timed out.
Reply from 192.168.20.12: bytes=32 time=55ms TTL=127
Reply from 192.168.20.12: bytes=32 time=52ms TTL=127
Reply from 192.168.20.12: bytes=32 time=108ms TTL=127

Ping statistics for 192.168.20.12:
    Packets: Sent = 4, Received = 3, Lost = 1 (25% loss),
Approximate round trip times in milli-seconds:
    Minimum = 52ms, Maximum = 108ms, Average = 71ms

C:\>
```

图 8.3　连通性测试结果

结果显示，销售部的 Laptop1 与研发部的 Laptop2 可以正常通信。

步骤 2：在三层交换机 MS0 上配置 ACL。配置命令如下：

```
MS0(config)#access-list 1 remark DENY SALES ACCESS TO SCIENCE
MS0(config)#access-list 1 deny 192.168.10.0 0.0.0.255
MS0(config)#access-list 1 permit any
```

在上述 3 条命令中，第一条增加了对 ACL 的描述，第二条拒绝了源地址为 192.168.10.0/24 网络的流量，第三条允许其他所有流量通过。其中需要注意的是第二条和第三条的配置顺序。我们如果在本次实验中将第二、三条的配置顺序置换，则会发现 ACL 并未对 192.168.10.0/24 进行阻拦。原因是 ACL 检查是按照自上而下的顺序进行的，从第一条规则开始自上而下逐条匹配，直到匹配到相应规则为止；如果前面所有规则都匹配不上，则最终会匹配到最后一条 any 的规则，默认拒绝所有流量通过。

> **注意**　ACL 匹配是按自上而下的顺序进行的，从第一条规则开始，匹配到满足的条件后终止；如匹配不到，则最后默认拒绝所有流量通过。

那么为什么在拒绝 192.168.10.0 的网络后又加上了一条允许全部的条目呢？ACL 末尾隐含拒绝所有流量通过的语句，所以 ACL 中应该至少包含一条 permit 语句，否则 ACL 将阻止所有流量通过。

在 ACL 最后隐含的语句方面，标准 IPv4 ACL 末尾隐含的是 deny any 语句，扩展 IPv4 ACL 末尾隐含的是 deny ip any any 语句。

步骤 3：检查 ACL 条目。

在特权模式下用"show access-lists"命令可以检查系统中所有编写好的 ACL 条目，结果如图 8.4 所示。

```
R1#show access-lists
Standard IP access list 1
    10 permit any
    20 deny 192.168.10.0 0.0.0.255
```

图 8.4　检查 ACL 条目

检查完 ACL 条目之后，从销售部的 Laptop1 ping 研发部的 Laptop2，测试数据通信是否有变化，结果如图 8.5 所示。

```
C:\>ping 192.168.20.12

Pinging 192.168.20.12 with 32 bytes of data:

Reply from 192.168.20.12: bytes=32 time=16ms TTL=255
Reply from 192.168.20.12: bytes=32 time=20ms TTL=255
Reply from 192.168.20.12: bytes=32 time=30ms TTL=255
Reply from 192.168.20.12: bytes=32 time=31ms TTL=255

Ping statistics for 192.168.20.12:
    Packets: Sent = 4, Received = 4, Lost = 0 (0% loss),
Approximate round trip times in milli-seconds:
    Minimum = 16ms, Maximum = 31ms, Average = 24ms
```

图 8.5　未应用 ACL 时"ping"命令验证的结果

结果显示，销售部的 Laptop1 与研发部的 Laptop2 依然可以正常通信。难道是刚刚编写的 ACL 没有起作用吗？是的，ACL 规则编写完成以后，并没有马上生效，还需要在端口或其他地方调用。

步骤 4：在 VLAN 20 端口上应用 ACL 配置。

接下来将编写好的 ACL 应用于核心交换机 MS0 的 VLAN 20 端口的 out 方向，交换机会对从 VLAN 20 端口发出来的数据包进行检查，不让来自销售部（192.168.10.0/24）网络的数据从 VLAN 端口发送出去。命令如下：

```
MS0(config)# int vlan 20
MS0(config-if)#ip access-group 1 out
```

ACL 中的"in"和"out"分别指两个方向，"in"是指数据包流入应用端口，"out"是指数据包从应用端口流出。ACL 可以分别对这两个方向的数据包进行流量控制。

 注意　由于 MS0 为三层交换机，F0/2 端口启用了 trunk 模式，属于二层端口，所以无法在 F0/2 端口上应用 ACL，而应该在网关端口即 VLAN 20 端口上应用 ACL。

步骤 5：验证 ACL 的配置。

在 VLAN 20 端口上应用 ACL 后，从销售部的 Laptop1 ping 研发部的 Laptop2，结果如图 8.6 所示。

```
C:\>ping 192.168.20.12

Pinging 192.168.20.12 with 32 bytes of data:

Reply from 192.168.10.1: Destination host unreachable.
Reply from 192.168.10.1: Destination host unreachable.
Reply from 192.168.10.1: Destination host unreachable.
Reply from 192.168.10.1: Destination host unreachable.

Ping statistics for 192.168.20.12:
    Packets: Sent = 4, Received = 0, Lost = 4 (100% loss),
```

图 8.6　应用 ACL 后"ping"命令验证的结果

结果显示，销售部的 Laptop1 从网关（192.168.10.1）得到一系列应答（Replay）包，被告知"Destination host unreachable"（目标主机无法到达），说明销售部的 Laptop1 与研发部的 Laptop2 之间的通信被阻止。

下面分析一下整个数据通信的过程。

① 销售部的 Laptop1 要发送数据给研发部的 Laptop2，发现 Laptop2 与自己不在同一个网络，于是将数据发送给网关（MS0 的 VLAN 10 端口），让网关帮转发。

② MS0 从 VLAN 10 端口得到 Laptop1 发来的数据，查询路由表，决定要从 VLAN 20 端口发出。

③ MS0 准备要将数据从 VLAN 20 端口发出的时候，发现该端口要对 out 方向的数据进行管控，不允许来自 192.168.10.0/24 网络的流量出去。

④ MS0 将来自 192.168.10.0/24 网络的流量丢弃。

⑤ MS0 发送一个应答包给发送方（销售部的 Laptop1），告诉它：目的主机无法到达。

在这个过程中，MS0 要做的工作包括接收数据、查路由表、匹配 ACL 规则、丢弃数据，以及发送应答包。每一个工作都要占用资源，我们能不能优化 ACL 的方案，让 MS0 不用耗费这么多资源，但是又可以拒绝销售部的流量发到研发部呢？

当然有，那就是在数据进入 MS0 的 VLAN 10 端口时检查流量是否被允许。如果不被允许，就直接丢弃，之后就不用去查找路由表，从而在一定程度上节约了系统资源。但问题是标准 ACL 只检查数据包的源 IP 地址。如果将 ACL 应用于 VLAN 10 端口的 in 方向上，那么所有来自 192.168.10.0/24 网络的流量都会被拒绝，从而影响到销售部的用户访问研发部以外的其他流量，例如正常的上网流量也会被过滤掉，这是不被允许的。

所以，我们在设计一个 ACL 规则的时候，一定要慎重考虑其应用的场景，考虑是否会影响其他正常流量。

在越靠近数据源的端口应用 ACL 规则，对网络资源的影响就越小，但是对流量的监控必须越细致。此时，应该考虑用到更强大的扩展 ACL。

2. 扩展 ACL

为了节约网络资源，如果希望能在 MS0 的 VLAN 10 端口的 in 方向拒绝销售部的流量发到研发部，该如何编写 ACL 呢？

步骤 1：测试网络是否能够正常通信，如图 8.7 所示。

```
C:\>ping 192.168.20.12

Pinging 192.168.20.12 with 32 bytes of data:

Reply from 192.168.20.12: bytes=32 time<1ms TTL=127
Reply from 192.168.20.12: bytes=32 time=14ms TTL=127
Reply from 192.168.20.12: bytes=32 time=12ms TTL=127
Reply from 192.168.20.12: bytes=32 time=13ms TTL=127

Ping statistics for 192.168.20.12:
    Packets: Sent = 4, Received = 4, Lost = 0 (0% loss),
Approximate round trip times in milli-seconds:
    Minimum = 0ms, Maximum = 14ms, Average = 9ms
```

图 8.7　连通性测试结果

结果显示，销售部的 Laptop1 与研发部的 Laptop2 可以正常通信。

步骤 2：在三层交换机 MS0 上编写 ACL。命令如下：

MS0(config)#access-list 100 deny ip 192.168.10.0 0.0.0.255 192.168.20.0 0.0.0.255　//拒绝源地址为 192.168.10.0/24 网络、目的地址为 192.168.20.0/24 网络的流量

```
MS0(config)#access-list 100 per ip any   any      //允许其他所有流量
```

步骤 3：应用 ACL 配置。

在 MS0 的 VLAN 10 端口上应用编写好的规则，监控 VLAN 10 端口 in 方向上的流量，命令如下：

```
MS0(config)# int vlan 10
MS0(config-if)#ip access-group 100 in    //在 in 方向上应用 ACL
```

步骤 4：在 VLAN 10 端口上应用 ACL 后，从销售部的 Laptop1 ping 研发部的 Laptop2，结果如图 8.8 所示。

```
C:\>ping 192.168.20.12

Pinging 192.168.20.12 with 32 bytes of data:

Reply from 192.168.10.1: Destination host unreachable.
Reply from 192.168.10.1: Destination host unreachable.
Reply from 192.168.10.1: Destination host unreachable.
Reply from 192.168.10.1: Destination host unreachable.

Ping statistics for 192.168.20.12:
    Packets: Sent = 4, Received = 0, Lost = 4 (100% loss),
```

图 8.8　从 Laptop1 ping 研发部的 Laptop2 的结果

结果显示，销售部的 Laptop1 与研发部的 Laptop2 之间的通信被阻止。这个实现的思路同样可以满足用户的安全需求，但对网络资源的影响却是最小的。

课堂练习：根据如图 8.9 所示的网络拓扑结构利用 ACL 技术控制用户访问流量，只允许研发部的用户访问 FTP 服务器。

素养拓展　访问控制列表是一种基于包过滤的访问控制技术，它可以根据设定的条件对接口上的数据包进行过滤，允许其通过或丢弃。我们在人生总会遇到各种各样的新事物，要用辩证唯物主义和历史唯物主义驾驭现实。知人者智，知己者明。我们对于新事物既不能不加选择地全面吸收，也不能采取历史虚无主义的态度全盘否定，而要取其精华，去其糟粕。同时，我们既不能妄自尊大，也不能妄自菲薄，而要不断完善自我、提升自我。只要始终做到扬精华、弃糟粕，我们就必将无往不胜。

任务 2　实现两个私有网络之间的远程通信——GRE VPN

任务目标：使用 GRE 隧道技术在公共网上实现私有网络之间的远程通信。

企业使用虚拟专用网络（Virtual Private Network，VPN）在 Internet 或外联网等第三方网络上创建端到端的专用网络连接（隧道）。隧道消除了距离的阻碍，使远程用户能够访问中心站点的网络资源，简单来说就是利用公用网络架设专用网络。例如某公司员工出差到外地，他想访问企业内网的服务器资源，这种访问就属于远程访问。

8.2　实现两个私有网络之间的远程通信——GRE VPN

在传统的企业网络配置中，要实现远程访问，则需要租用数字数据网（Digital Data Network，DDN）专线或帧中继。但这样的通信方案必然导致网络通信和维护费用非常高。移动用户（移动办公人员）与远端个人用户一般会通过拨号线路（Internet）进入企业的局域网，但这样必然会带来安全隐患。

通用路由封装（Generic Routing Encapsulation，GRE）是一种隧道技术协议。最早是由思科公司提出的，用于在 IP 互联网络上创建一条去往远端路由器的虚拟点到点链路。它已经成为一个标准，用于 RFC 1702 和 RFC 2784 中。其中，RFC 2890 是基于 RFC 2784 的增强版本。

GRE 支持多协议隧道，它能够将多种 OSI 第三层协议数据包类型封装进一条 IP 隧道中。多协议功能是通过在负载与隧道 IP 报头外增加一个 GRE 报头实现的。使用 GRE 的 IP 隧道通过跨越单协议骨干环境连接多协议子网实现网络扩展。GRE 也可以封装组播数据（如 OSPF、EIGRP、视频、VoIP 等）在 GRE 隧道中传输。隧道使用的路由协议在虚拟网络中实现路由信息的动态交换。

随着企业规模的不断扩大，企业成立了一个分支机构。如果分支机构想要访问企业总部资源，那么如何在节约成本的前提下实现这个目标呢？答案是，在总部和分支机构搭建 GRE 隧道如图 8.9所示。

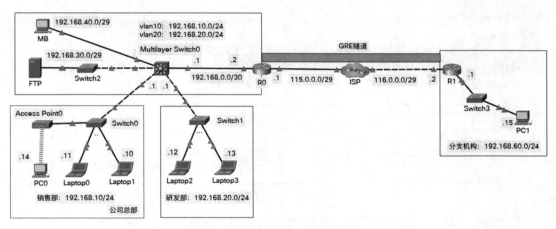

图 8.9 GRE 隧道项目网络拓扑结构

创建 GRE 隧道

步骤 1：在部署 GRE 之前，需要确认总公司边界路由器 R0 和分支机构边界路由器 R1 能正常通信。如图 8.10 所示是从 R0 ping R1 的结果。

```
R0#ping 116.0.0.2

Type escape sequence to abort.
Sending 5, 100-byte ICMP Echos to 116.0.0.2, timeout is 2
seconds:
!!!!!
Success rate is 100 percent (5/5), round-trip min/avg/max =
0/0/0 ms
```

图 8.10 网络的连通性测试

结果显示，总公司边界路由器 R0 和分支机构边界路由器 R1 能正常通信。这是隧道建立的基础。

步骤 2：在边界路由器 R0 和 R1 之间配置 GRE 隧道。

使用"interface tunnel number"命令创建隧道端口，如图 8.11 所示。

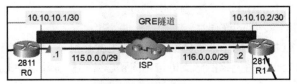

图 8.11 创建隧道端口

GRE 隧道两边是总公司和分支机构的边界路由器，所以需要在这两台边界路由器之间创建隧道端口。

先配置总公司边界路由器 R0 的隧道端口，命令如下：

```
R0(config)# interface tunnel 0        //创建隧道端口
R0(config-if)# tunnel source f1/0        //配置隧道源端口（外网端口）
R0(config-if)# tunnel destination 116.0.0.2        //配置隧道目的 IP 地址（公司分支机构边界路由器的外网接口的公有地址）
R0(config-if)# tunnel mode gre ip        //配置隧道端口模式为 GRE 传递 IP 流量
R0(config-if)# ip address 10.10.10.1 255.255.255.252        //配置隧道端口地址
```

用同样的思路配置分支机构边界路由器 R1，重复 R0 上的配置，具体配置命令如下：

```
R1(config)# interface tunnel 0        //创建隧道端口
R1(config-if)# tunnel source f 0/1        //配置隧道源接口（外网端口）
R1(config-if)# tunnel destination 115.0.0.1        //配置隧道目的 IP 地址（总公司边界路由器的外网端口的公有地址）
R1(config-if)# tunnel mode gre ip        //配置隧道端口模式为 GRE 传递 IP 流量
R1(config-if)# ip address 10.10.10.2 255.255.255.252        //配置隧道端口地址
```

在特权模式下，用"show ip interface"命令检查隧道状态如图 8.12 所示。

```
R0#show ip interface br
Interface           IP-Address      OK? Method Status                Protocol
FastEthernet0/0     192.168.0.2     YES manual up                    up
FastEthernet0/1     unassigned      YES unset  up                    down
FastEthernet1/0     115.0.0.1       YES manual up                    up
Tunnel0             10.10.10.1      YES manual up                    up
Vlan1               unassigned      YES unset  administratively down down
R0#
```

图 8.12　隧道状态

结果显示，GRE 隧道端口"Tunnel0"为"up"。这说明隧道可以正常工作。

步骤 3：配置路由。

此时边界路由器中并没有对端私有地址的路由条目，所以配置私有网络的路由，让总公司和分支机构的流量通过 GRE 隧道传输。

在公司总部边界路由器 R0 上配置静态路由，将发往分支机构 192.168.60.0/24 的流量通过隧道发给分支机构的路由器 R1，命令如下：

```
R0(config)# ip route 192.168.60.0 255.255.255.0 10.10.10.2        //去分支机构的路由
```

注意，这里下一跳节点的 IP 地址是 R1 的 GRE 隧道端口 Tunnel0 的 IP 地址，即创建隧道时自己定义的 IP 地址（10.10.10.2），而不是公有地址。

用同样的方法在分支机构边界路由器 R1 上配置静态路由，将发往总公司的所有流量通过隧道发给分支机构的路由器 R0，命令如下：

```
R1(config)# ip route 192.168.10.0 255.255.255.0 10.10.10.1        //去总公司 VLAN 10 的路由
R1(config)# ip route 192.168.20.0 255.255.255.0 10.10.10.1        //去总公司 VLAN 20 的路由
R1(config)# ip route 192.168.30.0 255.255.255.0 10.10.10.1        //去总公司 VLAN 30 的路由
```

注意，这里下一跳节点的 IP 地址是 R0 的 GRE 隧道端口 Tunnel0 的 IP 地址，即创建隧道时自己定义的 IP 地址（10.10.10.1），而不是公有地址。

步骤 4：验证私有网络之间的连通性。

从分支机构的 PC1 ping 公司总部销售部的计算机 Laptop0，结果如图 8.13 所示。

根据输出的结果，处于私有网络的分支机构用户和总公司私有网络中的用户能正常通信，说明 GRE 隧道正常工作。

```
C:\>ping 192.168.10.10

Pinging 192.168.10.10 with 32 bytes of data:

Reply from 192.168.10.10: bytes=32 time=14ms TTL=128
Reply from 192.168.10.10: bytes=32 time=23ms TTL=128
Reply from 192.168.10.10: bytes=32 time=15ms TTL=128
Reply from 192.168.10.10: bytes=32 time<1ms TTL=128
```

图 8.13　连通性测试结果

在这个任务中，我们没有对运营商的网络进行任何配置，因此运营商的网络上也没有私有网络的路由。那么私有网络的数据是怎么穿过公有网络传输给对方的呢？对照图 8.9 所示的网络拓扑，我们来仔细分析分支机构的 PC1 ping 公司总部销售部的计算机 Laptop0 后的数据传输过程。

① 分支机构的计算机 PC1 封装一个数据包给总公司的 Laptop0，则目的 IP 地址为 192.168.10.11，随后将数据发给网关（R1 的内网端口）。

② R1 接到数据包以后，去查路由表（见图 8.14），发现发往 192.168.10.0/24 网络的数据要转发给 10.10.10.1 节点。而借助于递归查询发现，10.10.10.1 节点需要通过隧道端口 Tunnel0 发出。

```
R1#sh ip rou
Codes: C - connected, S - static, I - IGRP, R - RIP, M - mobile, B - BGP
       D - EIGRP, EX - EIGRP external, O - OSPF, IA - OSPF inter area
       N1 - OSPF NSSA external type 1, N2 - OSPF NSSA external type 2
       E1 - OSPF external type 1, E2 - OSPF external type 2, E - EGP
       i - IS-IS, L1 - IS-IS level-1, L2 - IS-IS level-2, ia - IS-IS inter area
       * - candidate default, U - per-user static route, o - ODR
       P - periodic downloaded static route

Gateway of last resort is 116.0.0.1 to network 0.0.0.0

     10.0.0.0/30 is subnetted, 1 subnets
C       10.10.10.0 is directly connected, Tunnel0
     116.0.0.0/29 is subnetted, 1 subnets
C       116.0.0.0 is directly connected, FastEthernet0/1
S    192.168.10.0/24 [1/0] via 10.10.10.1
S    192.168.20.0/24 [1/0] via 10.10.10.1
S    192.168.30.0/24 [1/0] via 10.10.10.1
```

图 8.14　分支机构边界路由器 R1 的路由表

③ 于是，R1 对 PC1 发来的数据包原封不动地进行第二次 IP 数据包的封装。这个新的 IP 数据包上的源 IP 地址是隧道端口 Tunnel0 定义的源端口 Fa0/1 的公有 IP 地址；新的 IP 数据包上的目的 IP 地址是隧道另外一端的 R0 外网端口的公有 IP 地址。至此，新 IP 数据包上的源地址和目的地址都是公有 IP 地址。最后，将新封装的 IP 数据包发到运营商网络。

④ 运营商的路由器拿到分支机构路由器发来的新的 IP 数据包，根据包上的目的地址来传递，最终到达目的地——总公司边界路由器 R0 的外网端口。

⑤ R0 拿到数据包以后，进行解封装，得到分支机构 PC1 发出的原始的 IP 数据包。

⑥ R0 根据数据包上的目的 IP 地址（192.168.10.11）去查询路由表，然后将数据包转发给 MS0。

⑦ MS0 同样也去查路由表，最后将数据包发到最终的目的地——Laptop0（192.168.10.11）。

从数据的传输过程可以看出，运营商处理的数据包是重新封装过的，其目的 IP 地址是公有地址，所以能顺利将数据包穿过公网发到对端的边界路由器。因此，通信过程中最重要的就是边界路由器对数据包的再封装。

课堂练习：根据如图 8.9 所示的网络拓扑结构，学生在总公司边界路由器 R0 和分支机构边界路由器 R1 之间配置 GRE 隧道，实现分支机构和总部的计算机之间的相互通信。

> **素养拓展** 虚拟专用网络的功能是在不安全的互联网上建立安全的私有专用隧道，增加
> 通信的安全性，从而实现远程用户的相互访问。互联网的开放性对数据的安
> 全存在固有的威胁。这告诫我们要树立自我保护意识，保护自己的个人隐私。
> 此外，我们更加不能开展窃取网络数据等危害网络安全的活动，以避免触犯
> 《中华人民共和国网络安全法》。

任务3 实现两个私有网络之间的远程安全通信——IPSec VPN

任务目标：掌握互联网安全协议（IPSec VPN）技术在公网上实现加密的
远程通信方式。

GRE VPN 可以通过在公网上建立隧道的方式，实现私有网络之间的通信，
但是通过这个隧道的数据是不经加密的。公网的开放性决定了其脆弱性，而不
经加密的数据更是增加了其安全风险。

IPSec VPN 就是一种加密的隧道技术。

IPSec 全称为 Internet Protocol Security，是由 IETF 定义的安全标准框
架，在公网上为两个私有网络提供安全通信通道，通过加密通道保证连接的安
全——在两个公共网关间提供私密数据封包服务。

8.3　实现两个私有
网络之间的远程安
全通信——IPSec
VPN

如图 8.15 所示的网络拓扑结构显示了总部到 ISP、分支机构到 ISP 的连接。本任务是配置 R1
和 R2，以便在公司总部和分支机构之间支持站点间 IPsec VPN，实现公司总部和分支机构的互访。
IPSec VPN 隧道是通过 ISP 从 R0 到 R1 的。ISP 是传递者，并不了解 VPN，所有通信对其透明。
IPSec 可通过互联网等未受保护的网络，安全地传输敏感信息。IPSec 在网络层中运行，对参与
IPSec 的设备之间的 IP 数据包进行保护和认证。

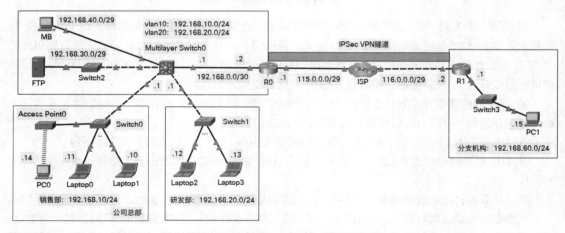

图 8.15　IPSec VPN 隧道网络拓扑结构

在配置 IPSec 之前，需要确定互联网密钥交换协议（Internet Key Exchange，IKE）第一阶
段和第二阶段的策略，然后根据策略参数进行配置。本任务给定的第一阶段和第二阶段策略参数见
表 8.1。

表 8.1   IPSec 第一阶段和第二阶段策略参数

协商	参数		R0	R1
第一阶段	密钥分配方法	手动或 ISAKMP	ISAKMP	ISAKMP
	加密算法	DES、3DES 或 AES	AES 256	AES 256
	散列算法	MD5 或 SHA-1	SHA-1	SHA-1
	认证方法	预共享密钥或 RSA	预共享	预共享
	密钥交换	DH 组 1、2 或 5	DH 5	DH 5
	IKE SA 寿命	86400 秒或更短	86400	86400
	ISAKMP 密钥	自定义	vpnpa55	vpnpa55
第二阶段	转换集名称	自定义	VPN-SET	VPN-SET
	ESP 转换加密	esp-aes、esp-des、esp-3des 等	esp-aes	esp-aes
	ESP 转换认证	esp-md5-hmac、esp-sha-hmac	esp-sha-hmac	esp-sha-hmac
	对等 IP 地址	自定义	116.0.0.2	115.0.0.1
	要加密的流量	自定义	访问列表 110（源地址为 192.168.0.0/16，目的地址为 192.168.60.0/24）	访问列表 110（源地址为 192.168.60.0/24，目的地址为 192.168.0.0/16）
	加密映射名称	自定义	VPN-MAP	VPN-MAP
	SA 创建		ipsec-isakmp	ipsec-isakmp

注意 粗体参数为默认参数，非粗体的参数则必须进行明确配置。

1. 配置 R0 上的 IPSec

步骤 1：在配置 IPSec 之前，需要确认总公司边界路由器 R0 和分支机构边界路由器 R1 能正常通信。图 8.16 所示为从 R0 ping R1 的结果。

```
R0#ping 116.0.0.2

Type escape sequence to abort.
Sending 5, 100-byte ICMP Echos to 116.0.0.2, timeout is 2
seconds:
!!!!!
Success rate is 100 percent (5/5), round-trip min/avg/max =
0/0/0 ms
```

图 8.16   网络的连通性测试

结果显示，总公司边界路由器 R0 和分支机构边界路由器 R1 能正常通信。这是隧道建立的基础。

步骤 2：加载安全技术包。

① 在 R0 上，使用 "show version" 命令查看安全技术包许可证信息，结果如图 8.17 所示。

② 如果尚未启用安全技术包，请使用以下命令启用安全技术包：

R0(config)# license boot module c1900 technology-package securityk9

③ 接受最终用户许可协议。

④ 保存运行配置并重新加载路由器以启用安全技术包。

⑤ 使用 "show version" 命令验证是否已启用安全技术包，如图 8.18 所示。

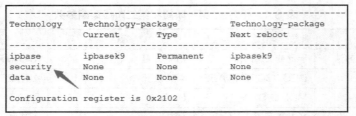

图 8.17　未启用安全技术包

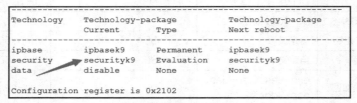

图 8.18　启用安全技术包

步骤 3：对 VPN 的流量进行 NAT 分离。命令如下：

R0config)# access-list 100 deny ip 192.168.0.0 0.0.255.255 192.168.60.0 0.0.0.255
//配置 ACL，不对 IPSec VPN 的流量进行 NAT 分离
R1(config)#access-list 100 permit ip any any
//允许其他所有流量

步骤 4：确定 R0 上需要关注的流量。

配置 ACL 110 以确定从 R0 到 R1 的流量为需要关注的流量。当 R0 与 R1LAN 之间有流量时，需要关注的流量将触发 IPSec VPN 的实施。所有其他来自 LAN 的流量都不会被加密。由于具有隐式拒绝所有流量的规则，所以不必配置"deny ip any any"语句。命令如下：

R0(config)# access-list 110 permit ip 192.168.0.0 0.0.255.255 192.168.60.0 0.0.0.255

步骤 5：在 R0 上配置 IKE 第一阶段 ISAKMP 策略。

在 R0 上配置加密 ISAKMP 策略 10 属性以及共享加密密钥 vpnpa55。有关要配置的具体参数请参考 ISAKMP 第一阶段表，其中默认值无须配置。因此只需要配置加密、密钥交换方法和 DH 方法。命令如下：

R0(config)# crypto isakmp policy 10
R0(config-isakmp)# encryption aes 256
R0(config-isakmp)# authentication pre-share
R0(config-isakmp)# group 5
R0(config-isakmp)# exit
R0(config)# crypto isakmp key vpnpa55 address 116.0.0.2

注意　Cisco Packet Tracer 目前支持的最高 DH 组是 DH5，在生产网络中，至少要配置 DH14。

步骤 6：在 R0 上配置 IKE 第二阶段 IPSec 策略。

创建转换集 VPN-SET 以使用"esp-aes"和"esp-sha-hmac"。命令如下：

R0(config)# crypto ipsec transform-set VPN-SET esp-aes esp-sha-hmac

创建将所有第二阶段参数组合在一起的加密映射 VPN-MAP。使用序号 10 并将其确定为 ipsec-isakmp 映射。命令如下：

```
R0(config)# crypto map VPN-MAP 10 ipsec-isakmp
R0(config-crypto-map)# description VPN connection to R3
R0(config-crypto-map)# set peer 116.0.0.2
R0(config-crypto-map)# set transform-set VPN-SET
R0(config-crypto-map)# match address 110
R0(config-crypto-map)# exit
```

步骤 7：在传出端口上配置加密映射。

将 VPN-MAP 加密映射绑定到传出端口 G0/1 上。命令如下：

```
R0(config)# interface g0/1
R0(config-if)# crypto map VPN-MAP
```

2. 配置 R1 上的 IPSec

步骤 1：启用安全技术包。

① 在 R1 上，执行"show version"命令，以验证是否已启用安全技术包。

② 如果尚未启用安全技术包，请启用安全技术包并重新加载 R1。

步骤 2：对 VPN 的流量进行 NAT 分离。命令如下：

```
R1(config)# access-list 100 deny ip 192.168.60.0 0.0.0.255 192.168.0.0 0.0.255.255
//配置 ACL，不对 IPSec VPN 的流量进行 NAT 分离
R1(config)# access-list 100 permit ip any any
//允许其他所有流量
```

步骤 3：配置路由器 R1，使其支持与 R0 的站点间 VPN。

在 R1 上配置往复式参数。配置 ACL 110，以将从 R3 上的 LAN 到 R1 上的 LAN 的流量确定为需要关注的流量。命令如下：

```
R1(config)# access-list 110 permit ip 192.168.60.0 0.0.0.255 192.168.0.0 0.0.255.255
```

步骤 4：在 R1 上配置 IKE 第一阶段 ISAKMP 属性。

在 R1 上配置加密 ISAKMP 策略 10 属性以及共享加密密钥 vpnpa55。命令如下：

```
R1(config)# crypto isakmp policy 10
R1(config-isakmp)# encryption aes 256
R1(config-isakmp)# authentication pre-share
R1(config-isakmp)# group 5
R1(config-isakmp)# exit
R1(config)# crypto isakmp key vpnpa55 address 115.0.0.1
```

步骤 5：在 R1 上配置 IKE 第二阶段 IPSec 策略。

③ 创建转换集 VPN-SET 以使用"esp-aes"和"esp-sha-hmac"。命令如下：

```
R1(config)# crypto ipsec transform-set VPN-SET esp-aes esp-sha-hmac
```

④ 创建将所有第二阶段参数组合在一起的加密映射 VPN-MAP。使用序号 10 并将其确定为 ipsec-isakmp 映射。命令如下：

```
R1(config)# crypto map VPN-MAP 10 ipsec-isakmp
R1(config-crypto-map)# description VPN connection to R1
R1(config-crypto-map)# set peer 115.0.0.1
R1(config-crypto-map)# set transform-set VPN-SET
R1(config-crypto-map)# match address 110
R1(config-crypto-map)# exit
```

步骤 6：在传出端口上配置加密映射。

将 VPN-MAP 加密映射绑定到传出端口 G0/0 上。命令如下：

```
R1(config)# interface g0/0
R1(config-if)# crypto map VPN-MAP
```

3. 测试 IPSec VPN

步骤 1：检查有流量通过之前的隧道数据。

在 R0 上发出执行"show crypto ipsec sa"命令。请注意，将封装、加密、解封装和解密的数据包数量都设置为 0，如图 8.19 所示。

```
R0$show crypto ipsec sa

interface: GigabitEthernet0/1
    Crypto map tag: VPN-MAP, local addr 115.0.0.1

    protected vrf: (none)
    local  ident (addr/mask/prot/port): (192.168.0.0/255.255.0.0/0/0)
    remote ident (addr/mask/prot/port): (192.168.60.0/255.255.255.0/0/0)
    current_peer 116.0.0.2 port 500
     PERMIT, flags={origin_is_acl,}
     #pkts encaps: 0, #pkts encrypt: 0, #pkts digest: 0
     #pkts decaps: 0, #pkts decrypt: 0, #pkts verify: 0
     #pkts compressed: 0, #pkts decompressed: 0
     #pkts not compressed: 0, #pkts compr. failed: 0
     #pkts not decompressed: 0, #pkts decompress failed: 0
     #send errors 0, #recv errors 0

     local crypto endpt.: 115.0.0.1, remote crypto endpt.:116.0.0.2
     path mtu 1500, ip mtu 1500, ip mtu idb GigabitEthernet0/1
     current outbound spi: 0x0(0)
```

图 8.19　查看 R0 的隧道信息

输出信息显示，封装（encaps）的数据包数量和加密（encrypt）的数据包数量都为 0。这说明此时没有流量通过隧道。

步骤 2：通过 ping 操作，产生关注的流量。

从分支机构 PC1ping 公司总部 Laptop0，如图 8.20 所示。

```
C:\>ping 192.168.10.11

Pinging 192.168.10.11 with 32 bytes of data:

Reply from 192.168.10.11: bytes=32 time=12ms TTL=125
Reply from 192.168.10.11: bytes=32 time=16ms TTL=125
Reply from 192.168.10.11: bytes=32 time=12ms TTL=125
Reply from 192.168.10.11: bytes=32 time=63ms TTL=125
```

图 8.20　总部和分支机构主机之间的连通性测试结果

根据输出的结果可知，处于私有网络的分支机构用户和总公司私有网络中的用户能正常通信。说明 IPSec 成功协商隧道并正常工作。

步骤 3：检验需要关注的流量通过之后的隧道。

在 R0 上，再次执行"show crypto ipsec sa"命令。请注意，数据包数量大于 0，表明 IPSec VPN 隧道正在运行，如图 8.21 所示。

```
R0$show crypto ipsec sa

interface: GigabitEthernet0/1
    Crypto map tag: VPN-MAP, local addr 115.0.0.1

    protected vrf: (none)
    local  ident (addr/mask/prot/port): (192.168.0.0/255.255.0.0/0/0)
    remote ident (addr/mask/prot/port): (192.168.60.0/255.255.255.0/0/0)
    current_peer 116.0.0.2 port 500
     PERMIT, flags={origin_is_acl,}
     #pkts encaps: 7, #pkts encrypt: 7, #pkts digest: 0
     #pkts decaps: 6, #pkts decrypt: 6, #pkts verify: 0
     #pkts compressed: 0, #pkts decompressed: 0
     #pkts not compressed: 0, #pkts compr. failed: 0
     #pkts not decompressed: 0, #pkts decompress failed: 0
     #send errors 1, #recv errors 0

     local crypto endpt.: 115.0.0.1, remote crypto endpt.:116.0.0.2
     path mtu 1500, ip mtu 1500, ip mtu idb GigabitEthernet0/1
     current outbound spi: 0xD976E0FE(3648446710)

     inbound esp sas:
      spi: 0xB3CA42CA(3016377034)
        transform: esp-aes esp-sha-hmac ,
        in use settings ={Tunnel, }
        conn id: 2008, flow_id: FPGA:1, crypto map: VPN-MAP
        sa timing: remaining key lifetime (k/sec): (4525504/2711)
        IV size: 16 bytes
        replay detection support: N
        Status: ACTIVE
```

图 8.21　再次查看 R0 的隧道信息

输出信息显示，封装（encaps）的数据包数量和加密（encrypt）的数据包数量都为 7。这说明 IPSec 隧道成功建立，并封装、加密、传输了 7 个 IP 数据包。

课堂练习：参照本任务，根据网络拓扑结构中的需求配置 IPSec VPN。

> **素养拓展** IPSec 提供了加密的点到点的数据传输，比 GRE 隧道更安全。"没有网络安全，就没有国家安全"，而数据通信安全是网络安全的重要内容之一。网络发展与网络安全相生相伴。我们既不能目光短浅，盲目追求网络扩张，忽视安全隐患，以网络安全失控为代价换取一时的发展，也不能因噎废食，为了谋求安全而放弃发展，失去壮大的机会。

小结与拓展

1. 标准 ACL

标准 IPv4 ACL access-list 命令参数及其含义见表 8.2。

表 8.2 标准 IPv4 ACL access-list 命令参数及其含义

参数	参数说明
access-list-number	IPv4 ACL 编号
deny	匹配已选定的参数流量时不再转发
source	发送数据包的网络地址也可以是主机地址
source-mask	通配符掩码
permit	匹配已选定的参数流量时将被转发
any	源 IP 地址的缩写，表明源地址为 0.0.0.0，通配符掩码为 255.255.255.255，所有源地址都匹配
operator	lt、gt、eq、neq（小于、大于、等于、不等于）

根据以上配置语句，需要在全局配置模式下使用"access-list"命令定义编号 ACL。access-list 后面跟着的参数"1"是我们给定的 ACL 编号，那么这个编号范围是多少呢？如果不用编号的话，还有没有其他方式呢？接下来我们就以上问题展开讨论。

2. 扩展 ACL

其实 IPv4 ACL 有两种类型，一种是标准 ACL，另外一种是扩展 ACL。标准 ACL 相对简单，根据源 IP 地址允许或拒绝流量，编号范围为 1~99 和 1300~1999，共 799 个。扩展 ACL 比标准 ACL 具有更多的匹配选项，功能更加强大。扩展 ACL 不仅可以检查数据包源地址，而且可以检查目的地址、协议和端口号（或服务），编号范围为 100~199 和 2000~2699，共 800 个。例如图 8.1 中拒绝 HR 访问就可以使用标准 ACL，而拒绝像 FTP 这种某个服务的，标准 ACL 无法完成，需要使用扩展 ACL。

无论是标准 ACL 还是扩展 ACL，除了可以使用编号外，还可以使用命名的方法定义。也就是说，定义 IPv4 ACL 的方法有两种，一种是编号，另一种是命名。那么命名 ACL 的配置命令是什么样的呢？上面操作改为命名 ACL 的配置命令如下：

```
MS0(config)#ip access-list standard ACL_1      //定义标准命名 ACL
MS0(config-std-nacl)# remark DENY SALES ACCESS TO SCIENCE      //配置 ACL 注释
MS0(config-std-nacl)#deny 192.168.10.0 0.0.0.255      //配置 ACE 条目
MS0(config-std-nacl)#permit any
```

在全局配置模式下使用"ip access-list"命令命名 ACL。ip access-list 后面跟的参数为

"standard"或"extended"——标准 ACL 使用"standard"，扩展 ACL 使用"extended"，后面再跟上 ACL 的名字。然后进入 ACL 配置模式，配置 ACE 条目。

为什么在拒绝 182.168.10.0 的网络后又加上了一条允许全部的条目呢？因为 ACL 末尾隐含拒绝所有流量的语句，所以 ACL 中应该至少包含一条"permit"语句，否则 ACL 将阻止所有流量。

在 ACL 最后隐含的语句方面，标准 IPv4 ACL 末尾隐含的是"deny any"语句，扩展 IPv4 ACL 末尾隐含的是"deny ip any any"语句。

通配符掩码：0 位表明在进行与操作时必须匹配，1 位表示可以忽略。前 3 个 8 位掩码都为 0，说明必须匹配。最后一个 8 位掩码为 255，表明可以忽略。

扩展 IPv4 ACL access-list 命令参数及其含义见表 8.3。

表 8.3　扩展 IPv4 ACL access-list 命令参数及其含义

参数	参数说明
access-list-number	IPv4 ACL 编号
remark	为 ACL 添加备注
deny	匹配已选定的参数流量时不再转发
protocol	用来指定协议类型，如 IP
source	发送数据包的网络地址也可以是主机地址
source-mask	源地址通配符掩码
destination	接收数据包的网络地址也可以是主机地址
destination-mask	目的地址通配符掩码
operator	Lt、gt、eq、neq（小于、大于、等于、不等于）
port-number	源或目的端口号
log	对匹配条目的数据包生成日志消息并发送到控制台

3．基于时间的 ACL

基于时间的 ACL 可以限制在某个时间段访问某个服务等。以本项目网络拓扑结构为例，网络中只允许研发部主机在周一到周五的 8:00～17:00 访问三层交换机的 telnet 服务，具体配置如下（Packet Tracer 暂不支持，可以用 GNS3 模拟器做仿真实验）：

```
MS0(config)#time-range      //定义时间范围
MS0(config-time-range)#peridic weekdays 8:00 to 17:00
MS0(config-time-range)#exit      //退出时间定义模式
MS0(config)# access-list 102 permit TCP host 192.168.20.10 host 192.168.20.1 eq telnet
time-range TIME   //在 ACL 中调用定义的时间
MS0(config)# access-list 102 permit ip any any      //允许全部流量
MS0(config)#int vlan 20
MS0(config-if)#ip access-group 102 in    //在端口上应用
```

常见的扩展服务的端口号见表 8.4。

表 8.4　常见的扩展服务的端口号

服务	协议类型	端口号	服务	协议类型	端口号
Web 服务	TCP	80	SSH	TCP	22
FTP 服务	TCP	20、21	HTTPS	TCP	443
DNS 服务	UDP	53	SMTP	TCP	25
telnet 服务	TCP	23	SNMP	TCP	161

常见服务的 ACL 配置命令如下：

MS0(config)#access-list 101 deny TCP 192.168.20.0 0.0.0.255 host 192.168.30.10 eq 80
//拒绝 192.168.20.0/24 的网络访问 server1 的 Web 服务

MS0(config)#access-list 101 deny UDP 192.168.20.0 0.0.0.255 host 192.168.30.10 eq 53
//拒绝 192.168.20.0/24 的网络访问 server1 的 DNS 服务

MS0(config)#access-list 101 deny TCP 192.168.10.0 0.0.0.255 host 192.168.10.1 eq 23
//拒绝 192.168.10.0/24 的网络访问 server1 的 telnet 服务

MS0(config)#access-list 101 deny icmp 192.168.10.0 0.0.0.255 host 192.168.30.10 log   //
拒绝 192.168.10.0/24 的网络的主机 ping Server1

MS0(config)#access-list 101 permit ip any any   //允许流量

4. VPN 技术实现原理

远程工作人员或远程办公室员工使用宽带服务通过 Internet 接入公司 WAN，会带来一定的安全问题。为解决安全问题，对于接收 VPN 连接的网络设备（通常位于公司站点），宽带服务提供使用 VPN 进行连接的功能。

VPN 是公共网络（例如 Internet）之上多个专用网络之间的加密连接技术。VPN 并未采用专用的第二层连接（例如租用线路），而是使用名为 VPN 隧道的虚拟连接，VPN 隧道通过 Internet 将公司的专用网络路由至远程站点或员工主机，如图 8.22 所示。

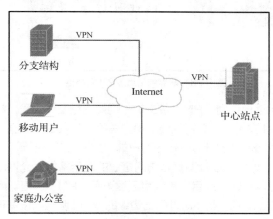

图 8.22　VPN Internet 连接

使用 VPN 具有以下几个好处。

节省成本：VPN 使组织可以使用全球 Internet 将远程办公室和远程用户连接到主公司站点，从而节省架设专用 WAN 链路和购买大批调制解调器的成本。

安全性高：通过使用先进的加密和身份验证协议，VPN 可以防止数据受到未经授权的访问，从而提供最高级别的安全性。

可扩展性好：由于 VPN 使用 ISP 和设备自带的 Internet 基础设施，所以可以非常方便地添加新用户，公司无须添加大批的基础设施即可大幅增加容量。

与宽带技术的兼容性好：VPN 技术由宽带运营商提供支持。VPN 允许移动员工和远程工作人员使用家中的高速 Internet 服务访问公司网络。企业级、高速宽带连接还可为连接远程办公室提供经济有效的解决方案。

VPN 接入类型有以下两种。

站点到站点 VPN：站点到站点 VPN 将整个网络互联在一起，例如它们可以将分支机构网络连

接到公司总部网络，如图 8.23 所示。每个站点均配备一个 VPN 网关，例如路由器、防火墙、VPN
集中器或安全设备。在图 8.23 中，远程分支机构使用站点到站点 VPN 连接到公司总部。站点到站
点 VPN 中 VPN 保持静态，内部主机并不知道 VPN 的存在。在站点到站点 VPN 中，终端主机通
过 VPN "网关"发送和接收正常的 TCP/IP 流量。VPN 网关负责封装和加密来自特定站点的所有
流量的出站流量。然后，VPN 网关通过 Internet 中的 VPN 隧道将其发送到目标站点上的对等 VPN
网关。接收后，对等 VPN 网关会剥离报头，解密内容，然后将数据包中继到其专有网络内的目标
主机上。

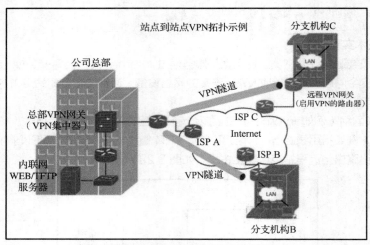

图 8.23　站点到站点 VPN 拓扑结构

远程访问 VPN：利用远程访问 VPN，各主机（例如远程工作人员、移动用户和外联网用户的
计算机）能够通过 Internet 安全访问公司网络。每个主机（远程工作人员 1 和远程工作人员 2）通
常会加载 VPN 客户端软件或使用基于 Web 的客户端，如图 8.24 所示。远程访问 VPN 可以满足
远程工作人员、移动用户、外联网以及消费者访问企业的流量需求。允许动态更改信息时，可以创
建远程访问 VPN，而且可以根据情况启用和禁用远程访问 VPN。远程访问 VPN 支持客户端/服务
器架构，其中 VPN 客户端（远程主机）通过网络边缘的 VPN 服务器设备形成对企业网络的安全访
问，如图 8.24 所示。

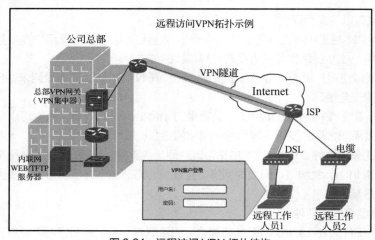

图 8.24　远程访问 VPN 拓扑结构

IPSec 是一种 IETF 标准（RFC 2401-2412），定义了如何通过 IP 网络保护 VPN。IPSec 为源与目的地址之间的 IP 数据包提供保护和认证。IPSec 可以保护第四层至第七层的几乎所有流量。IPSec 使用 IPSec 框架，可提供以下重要安全功能：

- 使用加密实现的保密性；
- 使用散列算法实现的完整性；
- 使用 IKE（Internet Key Exchange，互联网密钥交换）实现的认证；
- 使用 Diffie-Hellman（DH）算法保护密钥交换。

IPSec 的安全通信不受任何特定规则约束。图 8.25 所示为框架的灵活性使 IPSec 可以轻松集成新安全技术，而无须更新现有 IPSec 标准。现行技术与其特定的安全功能匹配。

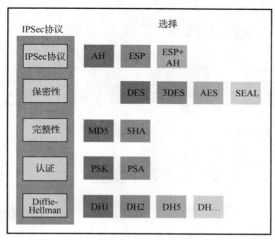

图 8.25　IPSec 框架

图 8.26 所示为 SA（Security Association，安全关联）的两种不同实施方式。SA 是 IPSec 的基本构建块。建立 VPN 链接时，对等体必须共享相同的 SA，以协商密钥交换参数、建立共享密钥、相互进行认证，并协商加密参数。

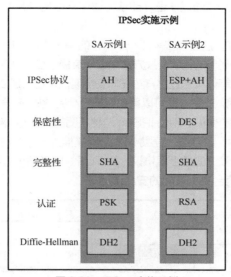

图 8.26　IPSec 实施示例

认证头（Authentication Header，AH）和封装安全载荷（Encapsulating Security Payload，ESP）是 IPSec 体系中的主体，其中定义了协议的载荷头格式和它们所能提供的服务。此外，这两个安全协议还定义了数据包的处理规则，为数据包提供了网络层的安全服务。两个协议在处理数据报文时都需要根据确定的数据变换算法来对数据进行转换，以确保数据的安全，其中包括算法、密钥大小、算法程序以及算法专用的任何信息。AH 不提供数据包的数据机密性（加密）服务，AH 协议单独使用以提供弱保护。ESP 提供数据机密性、完整性和身份验证服务。

保密性：通过加密数据提高保密性，安全程度取决于加密算法中使用的密钥长度，如图 8.27 所示。密钥长度越长，安全性越高。

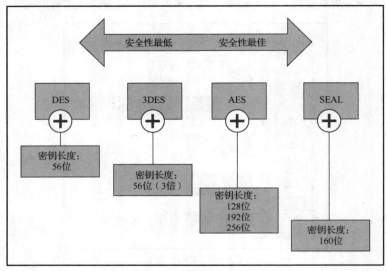

图 8.27　数据加密的方式

完整性：数据完整性表示接收的数据与发送的数据完全一致。

认证：在开展远距离业务时，需要知道电话、电子邮件或传真的另一端是谁，VPN 网络也是如此。VPN 隧道另一端的设备必须通过认证才能认为通信路径是安全的。与 PSK 相比较，RSA 的安全性更佳。

Diffie-Hellman 密钥交换：加密算法需要一个对称的共享密钥来执行加密和解密。加密设备和解密设备如何获得共享密钥？最简单的密钥交换方法是公钥交换方法，例如 Diffie-Hellman（DH）。DH 是一种公钥交换方法，两个对等体可通过此方法在非安全通信通道上建立只有双方知道的共享密钥。

IPSec 协议（包括 AH 和 ESP）既可以用来保护一个完整的 IP 载荷，也可以用来保护某个 IP 载荷的上层协议。这两个方面的保护分别由 IPSec 两种不同的"模式"来提供：传输模式和隧道模式。

传输模式：在传输模式中，IP 头与上层协议头之间需插入一个特殊的 IPSec 头。传输模式保护的是 IP 包的有效载荷或者说保护的是上层协议（如 TCP、UDP 和 ICMP），如图 8.28 所示。在通常情况下，传输模式只用于两台主机之间的安全通信。

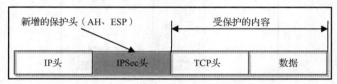

图 8.28　IPSec 传输模式的 IP 数据包格式

隧道模式：可为整个原始 IP 数据包提供安全性。原始 IP 数据包经过加密，然后封装到另一个 IP 数据包中，这称为 IP-in-IP 加密。使用外部 IP 数据包的 IP 地址在互联网中路由数据包。要保护的整个 IP 包都需封装到另一个 IP 数据包中，同时在外部与内部 IP 头之间插入一个 IPSec 头，如图 8.29 所示。所有原始的包或内部包通过这个隧道从 IP 网的一端传递到另一端，沿途的路由器只检查最外面的 IP 报头，不检查内部原来的 IP 报头。由于增加了一个新的 IP 报头，所以，新 IP 报文的目的地址可能与原来的不一致。

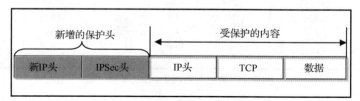

图 8.29　IPSec 隧道模式的 IP 数据包格式

IKE 是密钥管理协议标准。IKE 与 IPSec 标准配合使用。如图 8.30 所示，IKE 自动启动 IPSec 安全关联，并启用 IPSec 安全通信。IKE 通过添加功能并简化 IPSec 标准配置来增强 IPSec。如果没有 IKE，配置 IPSec 将是一个复杂的手动配置过程，无法很好地扩展。IKE 利用 ISAKMP 语言来定义密钥交换，是对安全服务进行协商的手段。IKE 交换的最终结果是一个通过验证的密钥以及建立在通信双方同意基础上的安全服务——IPSec 安全关联。

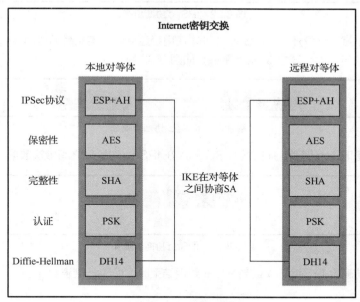

图 8.30　Internet 密钥交换

安全关联（Security Association，SA）是一套专门将安全服务/密钥和需要保护的通信数据联系起来的方案。它保证了 IPSec 数据包封装及提取的正确性，同时将远程通信实体和要求交换密钥的 IPSec 数据传输联系起来。也就是说，SA 解决的是如何保护通信数据、保护什么样的通信数据以及由谁来实施保护的问题。

策略：策略是一个非常重要但又尚未成为标准的组件，它决定两个实体之间是否能够通信；如果允许通信，应采用什么样的数据处理算法。策略如果定义不当，则可能导致双方不能正常通信。

与策略有关的问题分别是表示与实施。"表示"负责策略的定义、存储和获取，"实施"强调的则是策略在实际通信中的应用。

建立 VPN 的 IPSec 协商包括 5 个步骤，其中包含 IKE 第一阶段和第二阶段，如图 8.31 所示。

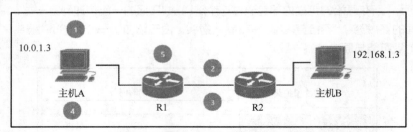

图 8.31　建立 VPN 的 IPSec 协商过程

步骤 1：当主机 A 向主机 B 发送需要关注的流量时，启动 ISAKMP 隧道。在对等体之间传输并满足 ACL 中定义标准的流量即被视为需要关注的流量。

步骤 2：IKE 第一阶段开始。对等体（R1 和 R2）协商 ISAKMP SA 策略。当对等体策略达成一致，并完成认证后，安全隧道即创建完成，如图 8.32 所示。

图 8.32　IPSec 协商步骤 2

步骤 3：IKE 第二阶段开始。IPSec 对等体使用经过认证的安全隧道协商 IPSec SA 策略。对共享策略的协商决定了如何建立 IPSec 隧道，如图 8.33 所示。

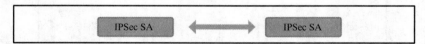

图 8.33　IPSec 协商步骤 3

步骤 4：创建 IPSec 隧道，并根据 IPSec SA 在 IPSec 对等体之间传输数据，如图 8.34 所示。

图 8.34　IPSec 协商步骤 4

步骤 5：手动删除 IPSec SA 或当其生命周期结束时，IPSec 隧道终止。

思考与训练

选择题

1. 哪个范围代表在 ACL 中使用拥有通配符掩码 0.0.7.255 的网络 10.120.160.0 时受影响的所有 IP 地址？（　　　）

    A．10.120.160.0～10.127.255.255　　　　B．10.120.160.0～10.120.167.255

    C．10.120.160.0～10.120.168.0　　　　　D．10.120.160.0～10.120.191.255

2. 下列功能中，哪两项功能描述了 ACL 的用途？（　　　）

    A. ACL 可以帮助路由器确定到目的地的最佳路径

    B. 标准 ACL 可限制对特定应用程序和端口的访问

    C. ACL 提供基本的网络安全性

    D. ACL 可以根据路由器上的始发 MAC 地址来允许或拒绝流量

3. 下列关于扩展 ACL 的说法中哪两项正确？（　　　）

    A. 扩展 ACL 使用 1～99 的编号范围

    B. 扩展 ACL 以隐含"permit"语句结尾

    C. 扩展 ACL 会检查源地址和目的地址

    D. 可通过添加对端口号的检查进一步定义 ACL

    E. 可将多个相同方向的 ACL 放置到同一个端口上

4. 在工作场所使用 VPN 为何有助于降低运营成本？（　　　）

    A. 可以使用租用线路替代高速宽带技术

    B. VPN 可在宽带连接中使用，而不是专用于 WAN 链路

    C. VPN 可阻止到居家办公用户的连接

    D. VPN 需要向专门提供安全连接的特定 Internet 运营商订购

5. 在 VPN 中如何完成"隧道"？（　　　）

    A. 来自一个或多个 VPN 协议的新报头会封装原始数据包

    B. 两台主机之间的所有数据包都会分配到单个物理介质以确保数据包得到加密

    C. 将数据包伪装得像其他类型的流量，以使潜在攻击者忽略这些数据包

    D. 在连接过程中源设备和目的设备之间将建立专用电路

6. 下列说法中，哪 3 种说法正确描述了 GRE 的特征？（　　　）

    A. GRE 封装支持所有 OSI 第三层协议

    B. GRE 是无状态协议

    C. GRE 没有强有力的安全机制

    D. GRE 报头本身会增加至少 24 个字节的开销

    E. 默认情况下 GRE 提供流量控制

    F. GRE 是最安全的隧道协议

项目9
管理网络

09

计算机网络的运营三分靠建设、七分靠管理。本项目关注计算机网络的日常管理，其中介绍各种协议和工具的使用，包括SNMP、NTP、telnet、SSH、TFTP及网络设备的灾难恢复等，涉及的是我们平时工作当中最常用也最实用的内容。

知识目标

- 了解NTP和SNMP；
- 了解telnet或SSH工具的作用和应用场景；
- 掌握备份和恢复设备IOS的思路。

技能目标

- 利用SNMP采集网络设备运行日志和管理；
- 掌握部署NTP服务器的方法，实现网络设备的时间同步；
- 掌握通过telnet和SSH工具实现远程管理网络设备的方法；
- 掌握备份和恢复设备IOS的方法。

网络在完成建设并且交付之后，管理便成了后期的主要工作。网络管理的目的主要是维持网络能正常转发用户数据，保持系统的可用性。在管理网络的过程中，需要用到不同的协议和工具，以提高网络管理的工作效率。

1. NTP 介绍

网络时钟协议（Network Time Protocol，NTP）是一种用于同步计算机系统时钟的协议。在日常维护中，我们经常需要查看设备的日志信息。网络中的设备时间如果互不相同，则会使我们在浏览日志时被错误的时间误导。

为了使网络中网络设备的时间同步，我们可以使用 NTP 服务提供准确时间。配置 NTP 后可使网络设备自动向 NTP 服务器请求同步时间。该服务器可以是公网上公开的 NTP 服务器，也可以是企业内部搭建的 NTP 服务器。为防止对时间服务器的恶意破坏，NTP 使用了认证（Authentication）机制，检查同步时间的信息是否真正来自所宣称的服务器和资料的返回路径，以对抗干扰。

2. SNMP 简介

简单网络管理协议（Simple Network Management Protocol，SNMP）是专门设计用于在 IP

网络管理网络节点（服务器、工作站、路由器、交换机及 HUBS 等）的一种标准协议，也是一种应用层协议。

SNMP 使网络管理员能够管理网络效能，发现并解决网络问题以及规划网络发展。通过 SNMP 接收随机消息（事件报告），网络管理系统能够及时获知网络出现问题。

任务1 采集网络设备运行日志——网络时钟协议（NTP）、简单网络管理协议（SNMP）

任务目标：了解 NTP 和 SNMP 的作用，会使用和配置 NTP 同步全网设备时间，同时掌握使用 SNMP 管理网络设备的方法。

9.1 采集网络设备运行日志——网络时钟协议（NTP）、简单网络管理协议（SNMP）

对于网络管理工作而言，网络设备的时间同步非常重要。一定要确保网络设备的系统时间的准确性，这样才能保证其上传到日志系统的信息是可用的。如果日志系统的信息不可用，那么这将会是一个灾难，因为网络系统运维的核心就是日志系统。

1. NTP 时钟同步

在任务开始前，我们检查一下企业网络设备的系统时间。

在本任务中，我们在 Internet 的服务器 115.0.13.10/24 上开启 NTP 服务，如图 9.1 所示。

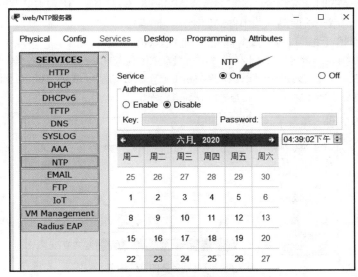

图 9.1　NTP 服务器配置界面

调整 NTP 服务器上的时间为当前准确的时间：2020 年 6 月 23 日下午 4 时 39 分。这一步至关重要，因为接下来所有的网络设备都会发请求过来询问时间是多少。自己的时间如果都不准确，则将会影响全网的系统时间的准确性。

接下来开始利用 NTP 服务器实现网络设备的时钟同步。

步骤 1：检测网络设备与 NTP 服务器的连通性。

从 MS0 ping NTP 服务器，结果如图 9.2 所示。

```
MS0#
MS0#ping 115.0.13.10

Type escape sequence to abort.
Sending 5, 100-byte ICMP Echos to 115.0.13.10, timeout is 2
seconds:
!!!!!
Success rate is 100 percent (5/5), round-trip min/avg/max =
0/0/1 ms
```

图 9.2　从 MS0 ping NTP 服务器的结果

输出结果显示，核心交换机 MS0 可以成功访问到 NTP。这是时钟同步的基础，因为如果无法正常通信，则时钟请求就无法从 MS0 发送到 NTP 服务器。

步骤 2：查看 MS0 当前时间，如图 9.3 所示。

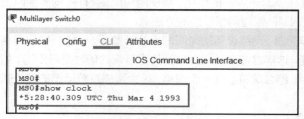

图 9.3　查看 MS0 时间

从输出的信息可以看到，MS0 的系统时间是 1993 年 3 月 4 日，明显与 NTP 服务器的时间不符合。如果网络设备的时间不符合，则其通过 SNMP 将设备日志上传到服务器时，无法判断日志事件的发生时间，也就无法追溯一些事件的起因和其他信息。

步骤 3：在 MS0 上指明 NTP 服务器的 IP 地址。命令如下：

MS0(config)#ntp server 115.0.13.10　　\\指明 NTP 服务器的 IP 地址

在工程实践中，NTP 服务器一般还需要设置 KEY 验证，验证成功方能进行 NTP 时间同步，确保安全性。如图 9.4 所示为 NTP 服务器的认证配置。

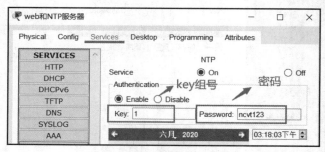

图 9.4　NTP 服务器的认证配置

步骤 4：在 MS0 上进行认证配置。具体命令如下：

MS0(config)#ntp authenticate
MS0(config)#ntp authentication-key 1 md5 ncvt123　　\\设置 NTP 身份验证密钥
MS0(config)#ntp trusted-key 1　\\指明 NTP 服务器 IP 并调用 KEY1 作为验证

步骤 5：查看 MS0 时间是否已经同步，如图 9.5 所示。

从输出的结果看到，核心交换机 MS0 的时间为 2020 年 6 月 23 日 15 点 58 分 1 秒 903 毫秒。考虑到 NTP 服务器应答的时间差，MS0 与服务器上的日期和时间是基本一致的。至此，时间同步完成。

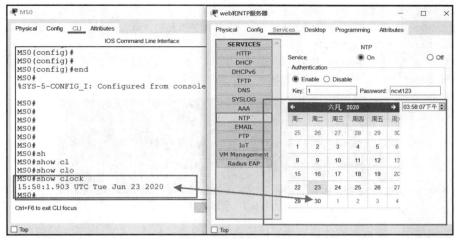

图 9.5　时间同步结果

2. SNMP 的配置

本次项目实验的网络拓扑结构是在项目 3 任务 4 的实验环境的基础上增加了一台计算机（MIB），用来查看网络设备的 SNMP 信息，如图 9.6 所示。

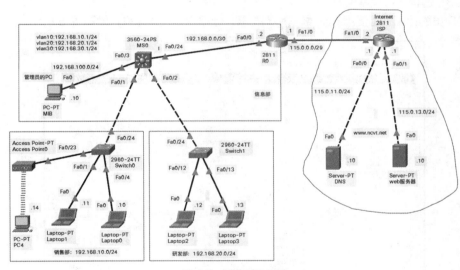

图 9.6　网络拓扑结构

步骤 1：初步配置，让管理员的计算机能正常访问网络。

按规划，将管理员的计算机接入的端口划入 VLAN 30，并给计算机 MIB 配置一个同一网络的 IP 地址（192.168.30.10/24）。同时，配置 MIB 计算机接入的核心交换机 MS0 的物理端口和 VLAN 30 的网关，命令如下：

```
MS0>enable
MS0#configure terminal
MS0(config)#vlan 30          //为管理员创建一个独立的网络 VLAN 30
MS0(config-vlan)#exit
MS0(config)#interface fastEthernet 0/3
```

```
MS0(config-if)#switchport mode access
MS0(config-if)#switchport access vlan 30        //将管理员的计算机接入的端口划入 VLAN 30
MS0(config)#interface vlan 30
MS0(config-if)#ip address 192.168.30.1 255.255.255.0     //配置 VLAN 30 的网关
```
从管理员的计算机 MIB ping 自己的网关，结果如图 9.7 所示。

```
C:\>ping 192.168.30.1

Pinging 192.168.30.1 with 32 bytes of data:

Reply from 192.168.30.1: bytes=32 time=1ms TTL=255
Reply from 192.168.30.1: bytes=32 time<1ms TTL=255
Reply from 192.168.30.1: bytes=32 time<1ms TTL=255
Reply from 192.168.30.1: bytes=32 time<1ms TTL=255
```

图 9.7　测试结果

输出结果显示，管理员的计算机 MIB 与 MS0 的通信是正常的。接下来配置核心交换机的 SNMP。

步骤 2：配置团体名称。

在被管理的设备——核心交换机 MS0 上配置 SNMP 团体（community）名。命令如下：

```
MS0(config)#snmp-server community NCVT rw   //设置 SNMP 的团体名为 NCVT，权限为可读写
```

步骤 3：远程查看设备信息。

在管理员的计算机上使用 MIB 数据库浏览器，远程查看设备信息，如图 9.8 所示。

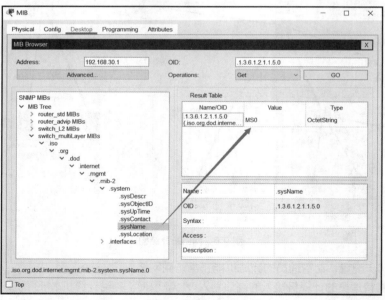

图 9.8　查看结果

管理员可以通过 SNMP 查看网络设备的信息，也可以借助于特定的工具通过写入权限修改网络设备的信息。更多的时候，我们会配置设备，让设备通过 SNMP 将系统日志上传到日志服务器，以提高网络管理效率。

课堂练习： 在本任务基础上，实现另外两台接入交换机的时间同步（提示：两台交换机需要设置可以让其访问到 NTP 服务器的 IP 地址和网关，需要能 ping 通 NTP 服务器；二层交换机配置默

认网关的方法是在全局配置模式下用"ip default-gateway"命令指定）。

> **素养拓展** NTP 服务器的部署实现了全网设备时间的同步，提升了网络系统日志记录的可用性，提高了网络运维的工作效率。人类能生存至今，集体协作是关键，而统一思想、步调一致又是协作的前提。心不齐，难成事。

任务 2　远程访问网络设备——telnet、SSH

任务目标：掌握通过 telnet 和 SSH 工具远程访问网络设备的方法。

在建设网络的时候，所有设备都是集中在某个地方统一配置调试完成后部署到不同地点的设备间的。但是在网络系统交付后，一定会有新的需求提出，需要我们去修改对应设备的配置。这时我们再走街串巷般拿着笔记本计算机和控制线，扛着梯子，奔波于一个个设备间调式设备，不仅非常浪费时间而且非常辛苦。网络系统交付的时候，全网的数据通信是正常的，那么可不可以通过远程连接的方式，登录到需要检查或配置的设备，以减轻工作的负担并提高工作效率呢？常用的 telnet 和 SSH 工具可以帮助我们实现这个目标。

9.2　远程访问网络设备—telnet、SSH

1. telnet 远程访问

我们先来了解一下 telnet。telnet 能提供在本地计算机上完成远程主机工作的功能。在终端使用者的计算机上使用 telnet 程序，用它连接到网络设备和服务器。终端使用者可以在 telnet 程序中输入命令。这些命令会在远程网络设备和服务器上执行，就像直接在网络设备或者服务器的控制台上输入一样，在本地就能控制远端的网络设备和服务器。

在本项目任务 1 的基础上使用信息部的计算机远程管理网络。默认情况下，网络设备的 telnet 服务是关闭的，用户无法进行远程访问，如图 9.9 所示。

```
C:\>telnet 192.168.30.1
Trying 192.168.30.1 ...Open

[Connection to 192.168.30.1 closed by foreign host]
C:\>
```

图 9.9　MS0 拒绝了用户的远程访问

从输出的信息分析，用户尝试（Trying）开启（Open）到 MS0（192.168.30.1）的 telnet 远程连接，但是被外部主机（foreign host）关闭（closed）了。

下面开始在核心交换机 MS0 上配置 telnet 服务，让用户能通过 telnet 终端工具远程接入。命令如下：

```
MS0(config)#line vty 0 4            \\开启 vty 线路 0~4，一共 5 个接口
MS0(config-line)#password ncvt      \\远程登录密码为 ncvt
MS0(config-line)#transport input telnet   \\仅允许 telnet
MS0(config-line)#login              \\在登录的时候启用验证
```

vty 线路一能开线路 0~15，也就是可以开 16 个，每开一个表示能同时再登一个用户。本任务开启了 0~4 的 vty 线路，可以允许 5 个用户同时远程登录设备 MS0。登录后的界面如图 9.10 所示。

```
C:\>telnet 192.168.30.1
Trying 192.168.30.1 ...Open

User Access Verification

Password:
MS0>
MS0>
```

图 9.10　telnet 远程登录后的界面

从计算机的命令行界面发起到 192.168.30.1 的远程 telnet 访问，在用户访问验证（Verification）阶段，输入密码（Password）之后，就可以进入 MS0 的用户执行模式 "MS0>"。

但是用户执行模式的权限非常有限，需要进入特权模式，以便开展更多的工作。使用 "enable" 命令尝试进入特权模式的时候，会出现系统提示信息，如图 9.11 所示。

```
MS0>enable
% No password set.
MS0>
```

图 9.11　系统提示信息

系统提示："No password set"（"没有设置密码"）。这里系统提示的没有设置的密码是指特权密码，也就是由用户执行模式切换到特权模式需要的密码。这个密码必须设置，才允许远程用户登录，否则出于安全的考虑，会被拒绝。

步骤 1：配置 enable 密码。

通过 console 端口访问设备，在特权模式下使用 "enable password" 命令可以设置特权模式的密码。命令如下：

```
MS0(config)#enable password ncvt      \\配置 enable 密码
```

设置了特权模式的密码以后，无论是远程登录还是本地 console 端口登录，只要从用户执行模式切换到特权模式，就需要输入密码，以确保系统的安全性。

步骤 2：远程访问测试。

从管理员的计算机发起 telnet 远程访问到核心交换机 MS0，结果如图 9.12 所示。

```
C:\>telnet 192.168.30.1
Trying 192.168.30.1 ...Open

User Access Verification

Password:
MS0>en
MS0>enable
Password:
MS0#
MS0#
```

图 9.12　telnet 访问结果

输出信息显示，远程登录到 MS0 的用户执行模式，用 "enable" 命令进入特权模式，进入之前系统提示需要验证密码。输入步骤 2 定义的密码，成功进入特权模式。在该模式下，管理员拥有所有掌控设备所需的权限，能开展所需要的任何工作。

telnet 协议采用的是一种明文的数据传输方式。用户访问到远程设备，则 telnet 终端和服务器之间的所有数据传输都是不加密的，很容易被非法获取而导致信息安全事件的发生。telnet 终端尽管不那么安全，但是由于被市场上主流的操作系统默认安装，所以依然使用得比较普遍。

2．SSH——加密的远程访问

telnet 协议采用明文的传输方式而具有不安全性，这使得加密技术用于远程登录的场景被重视。目前常用的安全的远程登录工具是安全外壳协议（Secure Shell，SSH）。下面我们在 MS0 配置上 SSH 服务，实现远程用户的安全访问。

步骤 1：定义基本参数。

先定义设备所在的域和认证用的账号密码等信息，具体配置命令如下：

```
MS0(config)#ip domain-name ncvt.com      //配置设备的域
MS0 (config)#username admin password 123      //创建一个用于登录的账号和密码，用户名为
admin，密码为 123
```

步骤 2：生成加密的密钥。

在特权模式下使用"crypto key generate"命令生成一个密钥，这是 SSH 实现安全数据传输的核心。命令如下：

```
MS0 (config)#crypto key generate rsa general-keys modulus 1024      //生成一个 1024 位的
RSA 加密密钥
The name for the keys will be: MS0.ncvt.com
% The key modulus size is 1024 bits
% Generating 1024 bit RSA keys, keys will be non-exportable...[OK]
*3 月 1 0:9:23.234: %SSH-5-ENABLED: SSH 1.99 has been enabled
```

在生成的过程中，提示将以"MS0.ncvt.com"为关键字生成密钥，密钥的长度是 1024 位；然后提示 1024 位的 RSA 密钥成功生成，SSH 已经可用。

步骤 3：SSH 访问测试。

下面我们在管理员计算机上用"ssh –l"命令发起 SSH 访问，以测试服务的可用性。其中"–l"参数表示以指定的用户名访问，这里的用户名是 admin，目标 SSH 服务器是 192.168.30.1。结果如图 9.13 所示。

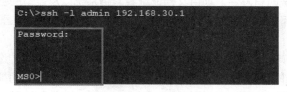

```
C:\>ssh -l admin 192.168.30.1

Password:

Password:

Password:

[Connection to 192.168.30.1 closed by foreign host]
C:\>
```

图 9.13 SSH 登录失败提示

在提示输入密码之后，按要求输入密码"123"，但是在尝试 3 次之后，SSH 连接被关闭。这是因为账号 admin 在 MS0 系统内是一个本地账号，所以我们需要在 MS0 上定义认证的方式为本地认证。命令如下：

```
MS0 (config)#line vty 0 4
MS0 (config-line)#login local   //调用本地账号和密码进行身份认证
```

再从管理员的计算机进行 SSH 访问测试，结果如图 9.14 所示。

```
C:\>ssh -l admin 192.168.30.1

Password:


MS0>
```

图 9.14 SSH 登录成功

结果显示，用户可以通过 SSH 终端工具成功访问到远程设备 MS0。为了进入特权模式，同样也需要设置一个特权模式的密码，否则管理权限会被限制。默认情况下，设备同时允许 telnet 和 SSH 这两种方式登录。但是由于 telnet 的脆弱性，我们在配置了安全的 SSH 以后，应该只允许 SSH 而

禁用 telnet，以减少安全隐患。命令如下：

```
    MS0 (config)#line vty 0 4
MS0 (config-line)#transport input ssh      //仅允许 SSH 登录（不允许 telnet）
MS0 (config-line)#exit
```

3. 查看 vty 会话

可以在网络设备的特权模式下用"show ssh"命令查看 SSH 会话信息，如图 9.15 所示。

```
MS0#show ssh
Connection     Version Mode Encryption    Hmac State            Username
2              1.99    IN   aes128-cbc    hmac-sha1  Session Started          admin
2              1.99    OUT  aes128-cbc    hmac-sha1  Session Started    admin
%No SSHv1 server connections running.
MS0#
```

图 9.15　查看 SSH 会话

也可以用"show users"命令查看用户登录的情况，如图 9.16 所示。

```
MS0#show users
    Line      User      Host(s)            Idle        Location
*  0 con 0              idle              00:00:00
   3 vty 0    admin     idle              00:06:36

   Interface  User              Mode        Idle     Peer Address
MS0#
```

图 9.16　查看用户信息

课堂练习：根据本项目的网络拓扑结构，配置网络中其他设备的 SSH 远程访问。

素养拓展　SSH 为工作在应用层的安全协议，是专为远程登录会话和其他网络服务提供安全性服务的协议。设备启用 SSH 以后，不应再允许不安全的 telnet 访问，以提升网络系统的安全性。网络安全遵循"木桶效应"，整个系统的安全性取决于最脆弱的模块。团队中的每名成员之于整个团队，也遵循"木桶效应"，就像制成木桶的每块木板之于整个木桶。大学生要努力学习专业技能，拥有并发挥好自己的核心竞争力，同时要和团队成员凝聚在一起，相互帮助，补齐短板，才能达成团队的预期目标。

任务 3　灾难恢复——恢复路由器的密码

任务目标：恢复路由器密码。

项目文档丢失的情况时有发生。项目文档记录着网络系统以及设备的各种信息，包括访问网络设备的账号密码等。如果项目文档丢失，我们将无法登录设备进行维护。

网络设备在设计的时候，预留了解决密码丢失问题的办法。不同厂家的设备恢复密码的方式是不一样的，甚至同一厂家不同类型设备的密码恢复方式也可能不一样。在工程实践中，我们可以查阅厂家提供的产品文档，按要求的步骤恢复密码。

9.3　灾难恢复——
恢复路由器的密码

对于思科路由器，我们可以进入路由器的 ROM 视图，在该视图下修改寄存器的值，使其在开机时跳过自动到 NVRAM（Non-Volatile Random Access Memory，非易失性随机访问存储器）加载"startup-config"配置文件的步骤。进入系统后，通过输入命令的方式手动加载，修改新的密码。

实现的思路中，核心的步骤就是跳过加载"startup-config"配置文件。路由器启动的顺序依据的是寄存器的值。正常情况寄存器的默认值为 0x2102。此时，路由器将按正常的顺序启动，因此会在启动的某个阶段到 NVRAM 中查找并加载路由器"startup-config"配置文件。加载了配置文件以后，配置文件中的脚本会要求对登录的用户进行身份验证，要求用户输入密码。如果将寄存器的值改为 0x2142，就可让路由器忽略加载"startup-config"配置文件的步骤。此时路由器没有加载任何配置文件就启动系统，像第一次启动设备一样，当然也不会要求用户进行任何的身份验证。

本任务以如图 9.6 所示的网络拓扑结构来开展相关工作。先设置一个很复杂的没有任何规律的密码，并且不把密码记下来，然后退出系统。系统后续会提示输入密码，此时当然无法进入，如何解决呢？

下面我们就按上述思路去实现密码的恢复。

步骤 1：进入 ROM 监视器模式。

启动设备，在设备加载 ISO 期间，按组合键 Ctrl+C，进入 ROM 监视器模式，进入界面后显示的内容如下：

```
program load complete, entry point: 0x8000f000, size: 0x3ed1338
Self decompressing the image :
######                        \\按组合键 Ctrl+C 进入 ROM 监视器模式
monitor: command "boot" aborted due to user interrupt
rommon 1 >
```

ROM 只读存储器用于维护路由器的硬件。它存储 POST（Power On Self Test，启动自检）程序 bootstrap 和 Mini IOS，以满足系统无法正常启动时候的应急处理需要。开机过程中按组合键 Ctrl+C 进入 ROM 监视器模式，进入后开头呈现"rommon 1 >"。

步骤 2：修改寄存器的值。

用 confreg 命令修改寄存器的值为 0x2142。命令如下：

```
rommon 1 > confreg 0x2142      \\修改寄存器的值为 0x2142
rommon 2 > reset               \\重启路由器
```

步骤 3：修改密码并保存。

路由器启动完成以后，其运行配置为出厂的默认配置。需要使用"copy"命令复制启动配置文件"startup-config"并覆盖当前的运行时配置文件"running-config"。命令如下：

```
Router>enable
Router#copy startup-config running-config      \\复制启动配置文件并覆盖运行时配置文件
Destination filename [running-config]?
612 bytes copied in 0.416 secs (1471 bytes/sec)
R0#                                            \\注意此时主机名的变化
```

看到路由器的主机名变为 R0，说明运行时配置文件"running-config"已经生效。接下来进入全局配置模式，用"password enable"命令设置新的密码，覆盖旧密码。命令如下：

```
R0#configure t
Enter configuration commands, one per line. End with CNTL/Z.
R0(config)#enable password ncvt001            \\设置新密码为"ncvt001"
```

保存修改密码后的配置。将寄存器的值改回默认值 0x2102。让设备下一次启动默认加载 NVRAM 中的启动配置文件"startup-config"，实现正常的启动。命令如下：

```
R0(config)#config-register 0x2102             \\将寄存器的值修改为默认值
R0(config)#exit
%SYS-5-CONFIG_I: Configured from console by console
R0#write                                      \\保存配置
```

保存配置后，完成任务。之后就可以通过设置的新密码进入特权模式。

此任务一定要注意的是，先将启动配置文件"startup-config"复制并覆盖当前的运行时配置文件"running-config"，之后设置新密码再保存，而不能直接设置新密码就保存。因为寄存器的值被修改为 0x2142 之后路由器启动时是没有加载启动配置文件"startup-config"的，所以当时的运行时配置文件"running-config"全部为默认的空值。如果此时只配置了密码就保存，那么系统就会用只包含密码信息、几乎全空的"running-config"文件覆盖掉"startup-config"文件，导致原有"startup-config"文件配置信息全部丢失，从而产生更大的灾难。

课堂练习： 参照本任务，自己动手恢复思科路由器的密码。

素养拓展 在改完密码后，记得将寄存值修改回默认值；否则在下次重启时，路由器还是会跳过启动配置文件，加载一个空的默认配置。设备的密码不记得了可以恢复，但是有些东西失去了却无法被恢复。时间不会重来，人生没有如果，只有结果。大学生要懂得珍惜时间，脚踏实地，努力拼搏，把握每一次机遇，创造更精彩的人生。

任务 4　网络设备文件的备份——TFTP

任务目标： 备份当前设备的 IOS 镜像。

在网络运维的过程中，路由器和交换机的操作系统有可能因意外而丢失或损坏。因此为了意外发生之后能让网络尽快恢复，通常需要在网络状态健康的时候做好备份。

9.4　网络设备文件的备份——TFTP

思科网络设备的操作系统叫作 IOS（Internet Operation System，网络操作系统）。本任务通过演示备份路由器的 IOS，来讲解如何借助于 TFTP 服务实现网络设备文件的备份。

步骤 1：测试网络设备和 TFTP 服务器之间的连通性。

从边界路由器 R0 ping TFTP 服务器（192.168.30.10/24），结果如下：

```
R0#ping 192.168.30.10

Type escape sequence to abort.
Sending 5, 100-byte ICMP Echos to 192.168.30.10, timeout is 2 seconds:
!!!!!
Success rate is 100 percent (5/5), round-trip min/avg/max = 0/0/0 ms
```

输出的信息显示，路由器 R0 和 TFTP 服务器之间的通信是正常的。

步骤 2：查看需要备份的文件。

在特权模式下，用"dir"命令查看需要备份的文件信息，结果如下：

```
R0#dir                      \\查看当前设备的 flash 目录下的文件
Directory of flash:/

3  -rw-     50938004        <no date>  c2800nm-advipservicesk9-mz.124-15.T1.bin
2  -rw-        28282        <no date>  sigdef-category.xml
1  -rw-       227537        <no date>  sigdef-default.xml

64016384 bytes total (12822561 bytes free)
```

输出的信息显示，网络设备的 flash 存储卡中一共有 3 个文件，分别为 c2800nm-advipservicesk9-mz.124-15.T1.bin 、 sigdef-category.xml 、 sigdef-default.xml 。 其中 "c2800nm-advipservicesk9-mz.124-15.T1.bin" 就是我们要备份的操作系统镜像文件。其大小为 50938004 个字节，当前用户对其具有可读写的权限。

步骤 3：将需要备份的文件上传至 TFTP 服务器。

用 "copy" 命令实现文件的复制，可以从本地复制到远端的某个位置。"copy flash tftp" 命令表示将 flash 卡中的文件复制到 TFTP 服务器上。随后系统会询问复制的源文件名称（Source filename）对应 flash 卡中的哪个文件，具体如下：

```
R0#copy flash tftp
Source filename [ ]?
```

此时通过复制的方式，将需要备份的文件名粘贴上去，然后按回车键确认。具体如下：

```
Source  filename  [ ]?  c2800nm-advipservicesk9-mz.124-15.T1.bin       //输入需要备份的文件的
文件名
Address or name of remote host [ ]?
```

之后系统会询问远端服务器的 IP 地址或主机名（Address or name of remote host）是什么。此时应该输入 TFTP 服务器的 IP 地址：192.168.30.10。具体如下：

```
Address or name of remote host [ ]? 192.168.30.10          \\输入 TFTP 服务器的 IP 地址
Destination filename [c2800nm-advipservicesk9-mz.124-15.T1.bin]?
```

最后询问复制到 TFTP 服务器以后，文件名是否保持 "c2800nm-advipservicesk9-mz.124-15.T1.bin？"。在这里直接按回车键确认，采纳中括号里的默认值。具体如下：

```
Destination filename [c2800nm-advipservicesk9-mz.124-15.T1.bin]?
Writing c2800nm-advipservicesk9-mz.124-15.T1.bin...!!!!!!!!!!!!!!!!!!!!!!!!!!!!!!!!!!!!!!!!!!!!!!!!!!!!!
!!!!!!!!!!!!!!!!!!!!!!!!!!!!!!!!!!!!!!!!!!!!!!!!!!!!!!!!!!!!!!!!!!!!!!!!!!

[OK - 50938004 bytes]
50938004 bytes copied in 2.279 secs (1620607 bytes/sec)
```

复制过程所需要的时间根据文件大小和网络状况决定，系统用 "!" 符号表示数据正在传输。复制完成后，提示 "OK"，后面会显示一些统计数据，例如传输的速率和总数据量等。至此，文件备份完成。

步骤 4：在服务器上检查是否上传成功。

在 TFTP 服务器上查看文件列表，如图 9.17 所示。

图 9.17 TFTP 服务器上的文件列表

在 TFTP 服务器上，我们已经看到刚刚上传的 IOS 文件 "c2800nm-advipservicesk9-mz.124-15.T1.bin"，确认备份成功。

本任务只是备份了 OSI，其他文件可以采用同样的方式去备份。

课堂练习：参照本任务，任选一台网络设备备份其 IOS 和 "startup-config" 文件。

素养拓展　数据备份是确保信息安全的重要手段。在工程实践上，重要的文件应该要有 3 个备份，本地两台设备各存一份，云端保留一份，以便在灾难发生的时候可以快速恢复。备份其实是一种典型的居安思危的心态，在解决实际问题的时候非常有效。有忧患意识，才会有改革创新的动力。大学生要以"落后就要挨打"的危机感和忧患意识自我警醒，坚忍不拔、锐意进取，激发出强大的创造活力。

任务5　恢复路由器的 IOS 镜像——ROM Monitor

任务目标： 掌握恢复思科路由器 IOS 镜像的方法。

我们在工程实践中，偶尔会出于各种原因而误删除网络设备系统中的文件，例如镜像文件等；或者在升级 IOS 版本的时候，由于网络设备存储空间不足而先将旧镜像文件删除，然后执行升级任务，但可能会出于不可预知的原因而升级失败。当系统文件被删除时，可以通过已经备份的文件进行恢复。

9.5　恢复路由器的 IOS 镜像——ROM Monitor

本任务先删除 R0 上的 IOS 镜像，然后通过技术手段将其恢复。

步骤 1：模拟灾难发生。

参照本项目任务 4，先用"dir"命令查看 flash 存储卡中的 IOS 镜像，然后用"delete"命令删除镜像文件来模拟 IOS 丢失。具体如下：

```
R0#dir
Directory of flash:/

3 -rw- 50938004 <no date> c2800nm-advipservicesk9-mz.124-15.T1.bin
2 -rw- 28282 <no date> sigdef-category.xml
1 -rw- 227537 <no date> sigdef-default.xml

64016384 bytes total (12822561 bytes free)

R0#delete c2800nm-advipservicesk9-mz.124-15.T1.bin
Delete filename [c2800nm-advipservicesk9-mz.124-15.T1.bin]?
Delete flash:/c2800nm-advipservicesk9-mz.124-15.T1.bin? [confirm]
```

在删除前，系统会提示是否真的要删除，此时还需要进行最后的确认。删除完成后，用"dir"命令再次查看 IOS 镜像是否已经删除。具体如下：

```
R0#dir
Directory of flash:/

2 -rw- 28282 <no date> sigdef-category.xml
1 -rw- 227537 <no date> sigdef-default.xml

64016384 bytes total (63760565 bytes free)
```

根据输出的信息，flash 存储卡里已经没有了 IOS 镜像。将路由器关闭再重启。根据设备启动的过程，先去默认的路径查找 IOS 镜像来加载到内存。但由于镜像文件已经被删除而无法找到，所以读取 NVRAM 中的 Mini IOS，进入 ROM 监视模式，如图 9.18 所示。

```
no valid BOOT image found
Final autoboot attempt from default boot device...
Boot process failed...

The system is unable to boot automatically.  The BOOT
environment variable needs to be set to a bootable
image.
rommon 1 >
```

图 9.18　ROM 监视模式

根据输出的信息，网络设备无法找到有效的可以引导的镜像（no valid BOOT image found），需要设置启动的环境变量（The BOOT environment variable needs to be set），以便让系统可以启动（bootable）。

步骤 2：连接路由器和 TFTP 服务器。

将 TFTP 服务器接入路由器编号最小的端口，这里是 Fa0/0 端口，规划网络的 IP 地址，如图 9.19 所示。

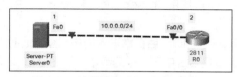

图 9.19　连接路由器和 TFTP 服务器

根据规划，配置 TFTP 服务器 Server0 的 IP 地址和子网掩码（10.0.0.1/24），并确保 TFTP 服务处于开启状态。同时，将需要恢复的镜像文件保存在 TFTP 文件目录中，然后进入 R0 的 rommon 配置模式配置其他参数。

步骤 3：配置 R0 的参数。

先执行"tftpdnld"（TFTP download 的简写）命令，系统提示需要一些参数，详细信息如下：

```
rommon 1 > tftpdnld
…………省略非重要信息…………
The following variables are REQUIRED to be set for tftpdnld:
IP_ADDRESS: The IP address for this unit                \\本地的 IP 地址
IP_SUBNET_MASK: The subnet mask for this unit           \\本地的子网掩码
DEFAULT_GATEWAY: The default gateway for this unit       \\本地的默认网关
TFTP_SERVER: The IP address of the server to fetch from      \\TFTP 服务器的 IP 地址
TFTP_FILE: The filename to fetch        \\需要下载的文件名
The following variables are OPTIONAL:
…………省略非重要信息…………
```

需要的参数比较多，为了避免疏忽而导致输入错误，可以在记事本上将需要的参数写好。将参数 IP_ADDRESS、IP_SUBNET_MASK、DEFAULT_GATEWAY、TFTP_SERVER、TFTP_FILE 复制到记事本，按如下格式填写：

```
IP_ADDRESS=10.0.0.2
IP_SUBNET_MASK=255.255.255.0
DEFAULT_GATEWAY=10.0.0.2
TFTP_SERVER=10.0.0.1
TFTP_FILE=c2800nm-advipservicesk9-mz.124-15.T1.bin
```

注意，参数用等号赋值，不是用冒号。之后将检查无误的参数逐条复制到 rommon 命令行模式下，命令如下：

```
rommon 2 > IP_ADDRESS=10.0.0.2
rommon 3 > IP_SUBNET_MASK=255.255.255.0
```

```
rommon 4 > DEFAULT_GATEWAY=10.0.0.2
rommon 5 > TFTP_SERVER=10.0.0.1
rommon 6 > TFTP_FILE=c2800nm-advipservicesk9-mz.124-15.T1.bin
```

完成参数的赋值后，执行"tftpdnld"命令，具体如下：

```
rommon 7 > tftpdnld
··········省略非重要信息··········
WARNING: all existing data in all partitions on flash will be lost!
Do you wish to continue? y/n: [n]: y

rommon 8 >reset
```

从 TFTP 服务器下载镜像文件之前，系统会发出一个警告：所有 flash 分区中存在的文件将会丢失。所以在执行前一定要做好备份。在询问是否继续（Do you wish to continue）后输入"y"，以便下载镜像文件的工作能继续。最后用"reset"命令重新启动路由器，让系统恢复正常运行状态。

步骤 4：确认恢复的 IOS。

重启路由器，路由器获取正确的 IOS 后正常进入用户视图。此时进入特权模式，使用 dir 命令查看 flash 存储卡中的 IOS 镜像是否是自己下载的版本，如图 9.20 所示。

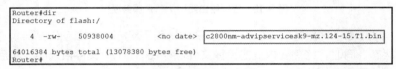

```
Router#dir
Directory of flash:/

   4  -rw-     50938004        <no date>  c2800nm-advipservicesk9-mz.124-15.T1.bin

64016384 bytes total (13078380 bytes free)
Router#
```

图 9.20　查看文件目录

需要注意的是，原先 flash 存储卡中的其他文件已经消失。

当设备中同时存在两个镜像时，我们便需要用"boot system"命令指定开机镜像的位置和文件名，使其按需求引导镜像，如图 9.21 所示。

```
Router(config)#
Router(config)#boot system flash c2800nm-advipservicesk9-mz.124-15.T1.bin
Router(config)#do dir
Directory of flash:/
```

图 9.21　指定镜像

此命令的操作需要系统先去 flash 存储卡寻找名为"c2800nm-advipservicesk9-mz.124-15.T1.bin"的镜像文件进行加载。

课堂练习：参照本任务，自己制造镜像丢失的灾难场景，然后下载 IOS 镜像，让网络设备正常工作。

素养拓展　在网络系统运维的工作中，大部分的任务是在排除网络故障，而且有些故障属于灾难性的。扎实的专业技术能力会让工程师在面对复杂问题的时候依然能保持冷静。我们要刻苦钻研、不畏艰难，孜孜不倦地学习知识，不断提高思想道德和专业知识水平，为将来服务社会打下坚实基础。

小结与拓展

1. 简单网络管理协议（SNMP）

SNMP 的前身是简单网关监控协议（Simple Gateway Monitoring Protocol，SGMP），用来

对通信线路进行管理。随后，人们对 SGMP 进行了很大的修改，加入了符合 Internet 定义的管理信息结构（Structure of Management Information，SMI）和管理信息库（Management Information Base，MIB）。改进后的协议就是 SNMP。

一个 SNMP 管理的网络由下列 3 个关键组件组成。

（1）网络管理系统（Network-management systems，NMS）。

NMS 运行应用程序，以该应用程序监视并控制被管理的设备。它也称为管理实体（Managingentity），网络管理员在这里与网络设备进行交互。网络管理系统提供网络管理需要的大量运算和记忆资源。一个被管理的网络可能存在一个以上的网络管理系统。

（2）被管理的设备（Managed Device）。

被管理的设备是一个网络节点，它包含一个存在于被管理的网络中的 SNMP 代理者。被管理的设备通过 MIB 收集并存储管理信息，并且让 NMS 能够通过 SNMP 代理者取得这项信息。

（3）代理者（Agent）。

代理者是一种存在于被管理的设备中的网络管理软件模块。代理者控制本地机器的管理信息，以和 SNMP 兼容的格式传送这项信息。

SNMP 是 NMS 和代理者之间的通信协议。它规定了在网络环境中对设备进行监视和管理的标准化管理框架、通信的公共语言、相应的安全和访问控制机制。网络管理员使用 SNMP 功能可以查询设备信息、修改设备的参数值、监控设备状态、自动发现网络故障、生成报告等。

SNMP 代理开放 UDP161 端口，接收 NMS 的请求（如 get 和 set）；NMS 开放 UDP162 端口，接收代理发送的陷阱。SNMP 现有以下 3 种版本。

SNMPv1：支持使用团体字符串（Community String）进行明文身份验证，只使用 UDP。

SNMPv2：在 v1 的基础上提供了批量收集信息和 TRAP 功能。

SNMPv3：在 v2 的基础上提供了加密的身份验证功能，同时使用 TCP 传输。

2. SNMP 框架的 MIB

SNMP 之所以能对网络设备进行自动化管理，核心是 MIB 组件。

MIB 指明了网络元素所维持的变量（能够被 NMS 查询和设置的信息），并给出一个网络中所有可能的被管理对象的集合的数据结构。

SNMP 的管理信息库采用和域名系统 DNS 相似的树形结构，它的根在最上面，根没有名字。如图 9.22 所示是管理信息库的一部分，它又称为对象命名（Objectnamingtree）。

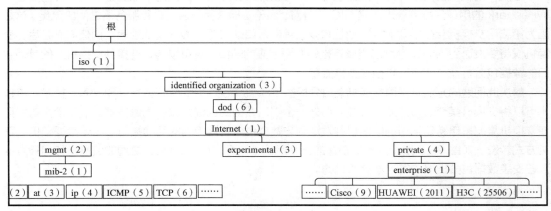

图 9.22　MIB 树

这里要提一下 MIB 中的对象{1.3.6.1.4.1}，即 enterprises（企业），其所属节点数已经很大。例如 Cisco 为{1.3.6.1.4.1.9}、HUAWEI 为{1.3.6.1.4.1.2011}、H3C 为{1.3.6.1.4.1.25506}等。世界上任何一个公司、学校只要用电子邮件发往 iana-mib@isi.edu 进行申请，即可获得一个节点名。这样，各厂家就可以定义自己产品的被管理对象名，使它能用 SNMP 进行管理。

3. telnet、SSH

在已经做好远程相关的配置后，我们可以使用 telnet 或 SSH 去远程一台一台地对网络设备进行查看、修改配置。但是需要注意，telnet 是明文传输密码，具有一定安全隐患，所以本书推荐所有的网络设备都使用 SSH 2 进行远程管理。

SSH 可以利用加密和验证功能提供安全保障，SSH 工作使用 TCP 的 22 端口，telnet 工作使用 TCP 的 23 端口。在用 ACL 过滤数据流量的时候，要根据管理的需要对这种数据流量进行放行或拒绝。

在工程实践上，一般只允许管理员所在的网段或某一些具体的管理员的计算机远程登录网络设备，此时可以使用 ACL 对访问的流量进行过滤。

本案例中，管理员所在的网络为 192.168.30.0/24。如果要定义只允许管理员所在网段可以远程访问，则可以定义一个基于命名的 ACL 规则，然后应用于 vty，命令如下：

```
MS0(config)#ip access-list standard SSH      //定义一个基于命名的 ACL，名字为 SSH
MS0 (config-std-nacl)#permit 192.168.30.0 0.0.0.255      //允许 192.158.30.0/24 网络的流量
MS0 (config)#line vty 0 15
MS0 (config-line)#ip access-class SSH in      //在 in 方向上应用定义的 ACL
```

4. 端口镜像

基于管理的需要，我们需要将用户流量复制一份，发往一些专用的数据分析设备，或安装有数据包分析器的主机，以便及时发现一些有威胁的流量，避免网络安全事故的发生。

数据包分析器（也称为嗅探器、数据包嗅探器或流量嗅探器）是帮助监控网络和排除网络故障的一个重要工具。数据包分析器通常是捕获出入 NIC 的数据包的软件。例如 Wireshark 是一款常用于捕获和分析本地计算机上的数据包的数据包分析器。

如果网络管理员希望捕获来自许多其他关键设备，而不仅限于本地 NIC 的数据包，该怎么办？解决方案是将网络设备配置为复制进入相关端口的流量并发送到与数据包分析器相连的端口，然后分析来自网络上各种来源的网络流量。

但是，现代交换网络的基本操作禁用了数据包分析器捕获来自其他来源流量的功能。例如运行 Wireshark 的用户只能捕获进入其 NIC 的流量，而无法捕获另一台主机和服务器之间的流量。这是因为第二层交换机会根据源 MAC 地址和以太帧的入口端口填充 MAC 地址表。构建该表之后，交换机仅将要发送到 MAC 地址的流量直接转发到相应的端口。这可以防止连接到交换机上的其他端口的数据包分析器"侦听"其他交换机流量。

解决此问题的方法是采用交换机端口分析器（Switched Port Analyzer，SPAN）技术。该技术可以将交换机某个端口的流量镜像到另外一个端口，因此也称为端口镜像技术。端口镜像功能可使交换机复制来自特定端口的以太帧并发送到与数据包分析器相连的目的端口。原始数据帧仍以正常方式转发。如图 9.23 所示为端口镜像的一个示例。注意 PC1 和 PC2 之间的流量是如何被发送到已安装数据包分析器的笔记本计算机的。

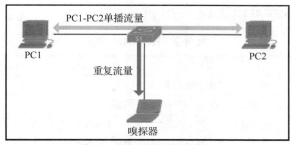

图 9.23　端口镜像的一个示例

　　端口镜像分为本地 SPAN 和远程 SPAN（RSPAN）。当交换机上的流量被镜像到该交换机上的另一个端口时，使用本地 SPAN。本地 SPAN 常用的术语见表 9.1。

表 9.1　本地 SPAN 常用的术语

术语	定义
入口流量	进入交换机的流量
出口流量	离开交换机的流量
源端口	使用 SPAN 功能进行监控的端口
目的端口	监控源端口的端口，通常是数据包分析器、IDS 或 IPS 的连接端口，称为监控端口
SPAN 会话	目的端口与一个或多个源端口的关联
源 VLAN	为了流量分析而监控的 VLAN

　　SPAN 会话是源端口（或 VLAN）和目的端口之间的关联。目的端口上的交换机复制进入或离开源端口（或 VLAN）的流量。虽然 SPAN 支持同一个会话下的多个源端口或整个 VLAN 作为流量源，但是 SPAN 会话不同时支持二者。第二层和第三层端口均可配置为源端口。图 9.24 所示为 SPAN 的各类型端口。

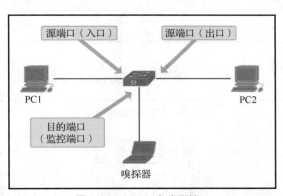

图 9.24　SPAN 各类型端口

　　RSPAN 允许源端口和目的端口位于不同的交换机中。当数据包分析器或 IPS 所在的交换机不是流量受监控的交换机时，RSPAN 非常有用。图 9.25 所示为如何在两台交换机之间转发 RSPAN，以及 RSPAN 如何通过启用网络上的多个交换机的远程监控来扩展 SPAN。

　　RSPAN 使用两个会话：一个会话用作源，另一个会话用于从 VLAN 复制或接收流量。每个 RSPAN 会话的流量都通过以下中继链路传输：用户指定且所有参与的交换机专用的 RSPAN

VLAN 中的中继链路。RSPAN 术语的相关介绍见表 9.2。

表 9.2　RSPAN 术语

术语	定义
RSPAN 源会话	从中复制流量的源端口（或 VLAN）
RSPAN 目的会话	向其发送流量的目的 VLAN（或端口）
RSPAN VLAN	将流量从一个交换机传输到另一个交换机需要唯一的 VLAN。 VLAN 使用"remote-span vlan"配合命令进行配置。 此 VLAN 必须在路径中的所有交换机上进行定义，并且还必须在源端口和目的端口之间的中继端口上得到允许

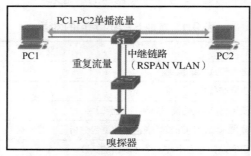

图 9.25　RSPAN 端口

配置 SPAN 时需考虑以下重要事项：目的端口不能是源端口，源端口也不能是目的端口。目的端口的数量取决于平台，一些平台允许多个目的端口。目的端口不再是普通的交换机端口，仅被监控的流量会通过该端口。当被监控的端口都与目的端口位于同一交换机上时，SPAN 功能被视为本地功能。该功能与 RSPAN 相反。

在图 9.26 所示的拓扑中，PCA 连接到 F0/1 端口，使用数据包分析器应用的计算机连接到 F0/2端口。

图 9.26　配置端口镜像拓扑图

在交换机上配置以下命令：

```
SW1>en
SW1#conf t
SW1(config)#monitor session 1 source interface f0/1      //定义一个编号为 1 的监控会话，将 Fa0/1
端口指定为数据源端口
SW1(config)#monitor session 1 destination interface f0/2      //定义一个编号为 1 的监控会话，将
Fa0/2 端口指定为数据目的端口
```

交换机 SW1 会捕获 PCA 通过端口 F0/1 发送或接收的所有流量，并将这些帧的副本发送到端口 F0/2 上的数据包分析器（或 IPS）。交换机上的 SPAN 会话将它通过源端口 F0/1 发送和接收的所有流量复制到目的端口 F0/2。

思科交换机上的 SPAN 功能将输入源端口的每个帧的副本从目的端口发往数据包分析器或

IPS。会话编号用于标识本地 SPAN 会话。

配置表上显示了使用"monitor session"全局配置命令的语法，此命令用于将源端口和目的端口与 SPAN 会话相关联。对每个会话使用单独的"monitor session"命令，可以指定 VLAN 而不是物理端口。

使用"show monitor"命令可以验证 SPAN 会话，此命令显示会话的类型、每个流量方向的源端口以及目的端口。

5. 文件传输协议与简单文件传输协议

（1）FTP

文件传输协议（File Transfer Protocol，FTP）是 TCP/IP 组中的协议之一。FTP 服务器用来存储文件，用户可以使用 FTP 客户端通过 FTP 访问位于 FTP 服务器上的资源。由于 FTP 传输效率非常高，所以在网络上传输大的文件时，一般采用该协议。

默认情况下 FTP 使用 TCP 端口中的 20 和 21 这两个端口，其中 20 用于传输数据，21 用于传输控制信息。

（2）TFTP

简单文件传输协议（Trivial File Transfer Protocol，TFTP）是 TCP/IP 组中的一个用来在客户机与服务器之间进行简单文件传输的协议，提供不复杂、开销不大的文件传输服务，端口号为UDP69。

思考与训练

1. 简答题

哪个 SNMP 版本使用基于社区字符串的弱访问控制并支持批量检索？

2. 实验题

使用 Cisco Packet Tracer 模拟器搭建图 9.27 所示的网络拓扑结构，并完成配置，实现只允许 PC0 能够使用 SSH2 远程管理网络中的设备。

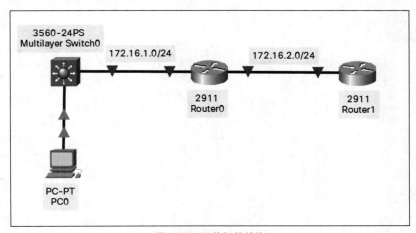

图 9.27　网络拓扑结构

第三部分

项目10
构建IPv6网络

10

　　本项目主要介绍IPv6技术的基础知识。本项目从协议产生的背景开始，描述IPv6在未来网络中的作用；通过对照IPv4，引申出IPv6的相关技术，包括IPv6的地址、IPv6静态路由以及OSPFv3，最后用6to4隧道技术解决IPv4到IPv6过渡的问题。

知识目标

- 了解IPv6产生的背景及其作用；
- 了解IPv6相对于IPv4的优势；
- 掌握IPv6地址的表示方法；
- 掌握IPv6地址的分类原理；
- 理解IPv6邻居发现协议原理。

技能目标

- 掌握IPv6协议栈和地址的配置方法；
- 掌握IPv6静态路由、动态路由OSPFv3的配置方法；
- 具备构建中小型企业IPv6网络并实施过渡技术（6 to 4隧道）的能力。

　　为什么需要 IPv6？主要原因是 IPv4 地址不够用。IPv4 地址的长度是 32 位二进制数，实际地址数量为 2^{32} 个，约为 42.9 亿个。这个数字看起来似乎很庞大，但实际上，随着互联网技术的快速发展，互联网号码分配局（Internet Assigned Numbers Authority，IANA）把最后 5 个地址块分配给 5 个 RIR（Regional Internet Registry，区域互联网注册机构）之后，向外界宣布：IPv4 主地址池在 2011 年 2 月 3 日已经耗尽。

　　其实早在 20 世纪 80 年代，IANA 已经表达了对 IPv4 地址即将耗尽的担忧。从 1990 年开始，互联网工程工作小组开始规划 IPv4 的下一代协议，除了要解决即将遇到的 IP 地址短缺问题外，还要发展更多的扩展。IETF 小组为此创建了下一代互联网协议（Internet Protocol next generation，IPNG）。1994 年，IPng 领域的代表们在举办于加拿大多伦多的 IETF 会议中正式给出 IPv6 发展计划的提议。该提议在同年 11 月 17 日被认可，并于 1996 年 8 月 10 日成为 IETF 的草案标准。最终 IPv6 在 1998 年 12 月由互联网工程工作小组以互联网标准规范（RFC 2460）的方式正式公布。

　　IPv6 协议在设计的时候，要求必须拥有足够多的 IP 地址来满足未来网络发展的需求。同时，IETF 希望新协议能解决 IPv4 在使用过程中遇到的一些问题。IPv6 与 IPv4 的区别见表 10.1。

表 10.1　IPv6 与 IPv4 的区别

项目	IPv4 协议	IPv6 协议
地址长度	32 位（8 个字节）	128 位（16 个字节）
地址表示方法	十进制表示	十六进制表示
地址配置	手动或 DHCP 配置	ICMPv6 或 DHCPv6 无状态地址自动配置，无须手动配置
数据包大小	576 个字节，碎片可选	1280 个字节，无碎片
安全性（IPSec）	可选	内置 IPSec，无须设置
地址解析协议	地址解析协议（ARP）	NDP（Neighbor Discovery Protocol，邻居发现协议）
身份验证和加密	不提供	提供

那么，IPv6 有多少个可用 IP 地址呢？

IPv6 将地址长度扩大到 128 位二进制数，实际地址数量为 2^{128} 个。如使用二进制的表示方法，需要使用 16 组 8 位二进制数来表示，表示结果显得冗长。因此，人们设计了十六进制的表示方法，将 128 位的 IPv6 地址分为 8 组，每组 16 位，也就是每组 4 个十六进制数。我们使用 x 来代表一个十六进制数，那么每个 IPv6 地址可以表示为 xxxx:xxxx:xxxx:xxxx:xxxx: xxxx:xxxx:xxxx。例如 2001:0DB8:0000:1111:0000:0000:ABCD:0200 就是一个 IPv6 地址。

为了使用方便，表达简洁清晰，下面介绍 IPv6 表达的一些规则。

① 十六进制位置 A～F 可以大写，也可以小写。例如 2001:0DB8:0000:111 1:0000:0000:ABCD:0200 和 2001:0db8:0000:1111:0000:0000:abcd:0200 表达的是同一个 IPv6 地址。

② 每组十六进制数中开头的 0 可以省略。例如 2001:0DB8:0000:1111:0000:0000:ABCD:0200 可以表示为 2001:DB8:0:1111:0:0:ABCD:200。

③ 地址中连续两个或多个全 0 的组可以用双冒号（::）表示，但一个 IPv6 地址中，只能使用一次双冒号。例如 2001:0:0:1111:0:0:ABCD:200 可以表示为 2001::1111:0: 0:ABCD:200 或者 2001:0:0:1111::ABCD:200，但不能表示为 2001::1111::ABCD:200。

任务 1　将网络迁移到 IPv6——IPv6 基础

10.1　将网络迁移到 IPv6——IPv6 基础

任务目标：完成 IPv4 地址到 IPv6 地址的迁移。

将项目 3 的 IPv4 网络迁移成 IPv6 网络时，先从内部局域网开始，网络拓扑结构如图 10.1 所示。

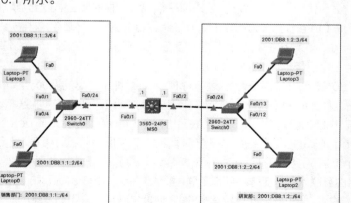

图 10.1　网络拓扑结构

这里三层交换机 MS0 的 Fa0/1 端口作为销售部的网关，Fa0/2 端口作为研发部的网关，IP 地址分配表见表 10.2。

表 10.2　IP 地址分配表

部门	设备	端口	IPv6 地址	网关
N/A	MS0	Fa0/1	2001:DB8:1:1::1/64	N/A
		Fa0/2	2001:DB8:1:2::1/64	N/A
销售部门	Laptop0	网卡	2001:DB8:1:1::2/64	2001:DB8:1:1::1
	Laptop1	网卡	2001:DB8:1:1::3/64	2001:DB8:1:1::1
研发部门	Laptop2	网卡	2001:DB8:1:2::2/64	2001:DB8:1:2::1
	Laptop3	网卡	2001:DB8:1:2::3/64	2001:DB8:1:2::1

步骤 1：按照表 10.2 配置计算机的 IPv6 地址和网关地址，配置方法如图 10.2 所示。

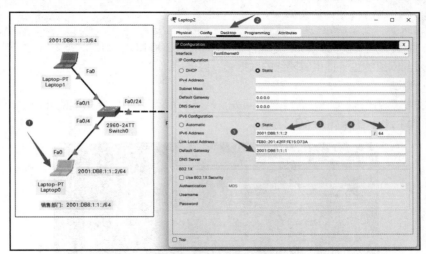

图 10.2　配置 Laptop0 的 IPv6 地址

用同样的方法配置其他 3 台计算机的 IPv6 地址和网关地址。要注意两点，一是 IPv6 地址位数比较多，所以一定要避免输入错误；二是位数太多，所以 IPv6 的子网掩码不再写成长格式的完整形式，而使用了短格式，直接用网络位的位数来表达。

步骤 2：配置三层交换机，使其支持 IPv6 路由协议。

三层交换机默认情况下不支持 IPv6 路由协议，需要使用下面的命令进行配置：

```
MS0>enable          //进入特权模式
MS0 #configure terminal          //进入全局配置模式
MS0 (config) #sdm prefer dual-IPv4-and-IPv6 default    //启用双栈，使其支持 IPv6
Changes to the running SDM preferences have been stored, but cannot take effect until the next
reload.
Use 'show sdm prefer' to see what SDM preference is currently active.
MS0 (config) #exit        //退出端口
MS0 #write              //保存配置
Building configuration...
[OK]
```

```
MS0 #reload          //必须重新启动设备，加载配置
```

三层交换机启动完成以后，用"IPv6 unicast-routing"命令启动 IPv6 单播路由转发功能：

```
MS0>enable          //进入特权模式
MS0#configure terminal          //进入全局配置模式
MS0 (config)# IPv6 unicast-routing          //启动 IPv6 路由转发
```

提示：如果是路由器，只需配置启动 IPv6 协议命令"IPv6 unicast-routing"，不需要配置"sdm prefer dual-IPv4-and- IPv6 default"。

步骤 3：配置三层交换机 Fa0/1 端口的 IPv6 地址为 2001:DB8:1:1::1/64，作为销售部网络的网关，为销售部网络的主机提供跨网络的数据转发服务。命令如下：

```
MS0 (config)# interface fa0/1          //进入 Fa0/1 端口
MS0 (config-if)# no switchport          //关闭交换端口模式
MS0 (config-if)# IPv6 enable
MS0 (config-if)# IPv6 address 2001:DB8:1:1::1/64          //配置 Fa0/1 端口的 IPv6 地址
MS0 (config-if)# no shutdown
MS0 (config-if)# exit          //退出端口
MS0 (config)#          //回到全局配置模式
```

步骤 4：配置三层交换机 Fa0/2 端口的 IPv6 地址为 2001:DB8:1:2::1/64，作为研发部网络的网关，为研发部网络的主机提供跨网络的数据转发服务。

步骤 5：测试。

先测试主机是否可以 ping 通自己的网关，从 Laptop0 ping 路由器的 Fa0/1 端口的地址（2001.DB8:1:1::1），结果如图 10.3 所示。

```
C:\>
C:\>ping 2001:DB8:1:1::1

Pinging 2001:DB8:1:1::1 with 32 bytes of data:

Reply from 2001:DB8:1:1::1: bytes=32 time<1ms TTL=255
Reply from 2001:DB8:1:1::1: bytes=32 time=4ms TTL=255
Reply from 2001:DB8:1:1::1: bytes=32 time<1ms TTL=255
Reply from 2001:DB8:1:1::1: bytes=32 time<1ms TTL=255

Ping statistics for 2001:DB8:1:1::1:
    Packets: Sent = 4, Received = 4, Lost = 0 (0% loss),
Approximate round trip times in milli-seconds:
    Minimum = 0ms, Maximum = 4ms, Average = 1ms
```

图 10.3　从 Laptop0 ping 三层交换机的 Fa0/1 端口的结果

从 Laptop3 ping 路由器的 Fa0/2 端口的地址（2001.DB8:1:2::1），结果如图 10.4 所示。

```
Packet Tracer PC Command Line 1.0
C:\>ping 2001:DB8:1:2::1

Pinging 2001:DB8:1:2::1 with 32 bytes of data:

Reply from 2001:DB8:1:2::1: bytes=32 time=1ms TTL=255
Reply from 2001:DB8:1:2::1: bytes=32 time<1ms TTL=255
Reply from 2001:DB8:1:2::1: bytes=32 time<1ms TTL=255
Reply from 2001:DB8:1:2::1: bytes=32 time<1ms TTL=255

Ping statistics for 2001:DB8:1:2::1:
    Packets: Sent = 4, Received = 4, Lost = 0 (0% loss),
Approximate round trip times in milli-seconds:
    Minimum = 0ms, Maximum = 1ms, Average = 0ms
```

图 10.4　从 Laptop3 ping 三层交换机的 Fa0/2 端口的结果

显然，两个网络的主机都可以跟自己的网关通信。最后，从 Laptop0 ping Laptop3，测试跨网络通信，结果如图 10.5 所示。

```
C:\>
C:\>ping 2001:DB8:1:2::1

Pinging 2001:DB8:1:2::1 with 32 bytes of data:

Reply from 2001:DB8:1:2::1: bytes=32 time<1ms TTL=255
Reply from 2001:DB8:1:2::1: bytes=32 time=1ms TTL=255
Reply from 2001:DB8:1:2::1: bytes=32 time<1ms TTL=255
Reply from 2001:DB8:1:2::1: bytes=32 time<1ms TTL=255

Ping statistics for 2001:DB8:1:2::1:
    Packets: Sent = 4, Received = 4, Lost = 0 (0% loss),
Approximate round trip times in milli-seconds:
    Minimum = 0ms, Maximum = 1ms, Average = 0ms
```

图 10.5　从 Laptop0 ping Laptop3 的结果

结果显示，IPv6 数据包的转发正常。

课堂练习：按如图 2.61 所示的拓扑结构，自行规划 IPv6 地址，适当配置，实现不同主机之间的 IPv6 通信。

素养拓展　在网络层，IPv6 弥补了 IPv4 的设计缺陷，让数据传输更快、更安全、更可靠。IPv4 将继续和 IPv6 长期共存，但最终被 IPv6 取代的趋势无法逆转。

任务 2　配置 IPv6 路由——IPv6 静态路由

10.2　配置 IPv6 路由——IPv6 静态路由

任务目标：配置 IPv6 静态路由，实现跨 IPv6 网段间的通信。

搭建好公司内部局域网之后，接上边界路由器 R0。边界路由器 R0 是整个公司网络对外的出口，负责公司内、外网之间的数据转发，网络拓扑结构如图 10.6 所示。

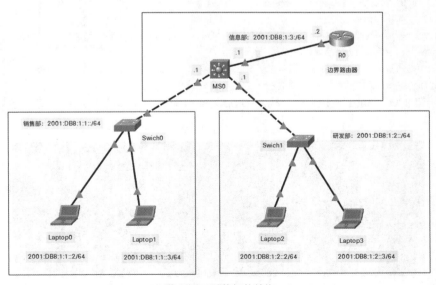

图 10.6　网络拓扑结构

IP 地址分配表见表 10.3。

表 10.3　IP 地址分配表

部门	设备	端口	IPv6 地址	网关
信息部	R0	Fa0/0	2001:DB8:1:3:2/64	N/A
	MS0	Fa0/1	2001:DB8:1:1::1/64	N/A
		Fa0/2	2001:DB8:1:2::1/64	N/A
		Fa0/3	2001:DB8:1:3::1/64	N/A
销售部	Laptop0	网卡	2001:DB8:1:1::2/64	2001:DB8:1:1::1
	Laptop1	网卡	2001:DB8:1:1::3/64	2001:DB8:1:1::1
研发部	Laptop2	网卡	2001:DB8:1:2::2/64	2001:DB8:1:2::1
	Laptop3	网卡	2001:DB8:1:2::3/64	2001:DB8:1:2::1

接着任务 1 继续完成剩下设备的配置。

步骤 1：配置三层交换机 Fa0/3 端口的 IPv6 地址为 2001:DB8:1:3::1/64。命令如下：

```
MS0 (config)# interface fa0/3        //进入 Fa0/3 端口
MS0 (config-if)# no switchport       //关闭交换端口模式
MS0 (config-if)# IPv6 enable
MS0 (config-if)# IPv6 address 2001:DB8:1:3::1/64     //配置 Fa0/3 端口的 IPv6 地址
MS0 (config-if)# no shutdown
MS0 (config-if)# exit     //退出端口
MS0 (config)#             //回到全局配置模式
```

步骤 2：配置公司边界路由器 R0 Fa0/0 端口的 IPv6 地址为 2001:DB8:1:3::2/64。命令如下：

```
Router>enable                      //进入特权模式
Router #configure terminal         //进入全局配置模式
Router (config)# hostname R0       //更改路由器名字
R0(config)# IPv6 unicast-routing   //启动 IPv6 协议
R0 (config)# interface fa0/0       //进入 Fa0/0 端口
R0 (config)# IPv6 enable
R0 (config-if)# IPv6 address 2001:DB8:1:3::2/64     //配置 Fa0/0 端口的 IPv6 地址
R0 (config-if)# no shutdown
R0 (config-if)# exit       //退出端口
R0 (config)#               //回到全局配置模式
```

完成所有 IPv6 地址的配置之后，从 Laptop0 ping 路由器 R0 的 Fa0/0 端口，结果如图 10.7 所示。

```
C:\>ping 2001:DB8:1:3::2

Pinging 2001:DB8:1:3::2 with 32 bytes of data:

Request timed out.
Request timed out.
Request timed out.
Request timed out.

Ping statistics for 2001:DB8:1:3::2:
    Packets: Sent = 4, Received = 0, Lost = 4 (100% loss),
```

图 10.7　从 Laptop0 ping 路由器 R0 的 Fa0/0 端口的结果

从结果可以发现：Request timed out（请求超时）。Laptop0 经过核心交换机 MS0（三层）

转发到边界路由器 R0。三层设备根据路由表来决定如何转发数据，可是 R0 并没有返回的路由，这就是 ping 不通的原因。

步骤 3：配置静态路由。

手动添加静态路由，告诉路由器如何进行数据转发。下面我们将在 R0 的路由表中添加两个条目，告诉路由器如果有需要发送到 2001:DB8:1:1::/64 和 2001:DB8:1:2::/64 网络的数据，就转发给 MS0（2001:DB8:1:3::1）。命令如下：

```
R0 (config)# IPv6 route 2001:DB8:1:1::/64 2001:DB8:1:3::1        //配置 IPv6 静态路由，目标网络为
2001:DB8:1:1::/64，下一跳地址为 2001:DB8:1:3::1
R0 (config)# IPv6 route 2001:DB8:1:2::/64 2001:DB8:1:3::1        //配置 IPv6 静态路由
R0 (config)# exit
```

对比 IPv4 的静态路由，我们发现，IPv6 和 IPv4 静态路由的格式是一样的，只是原来命令中的"IP"改成了"IPv6"而已。

用"show IPv6 route"命令检查路由表，确定关于目的网络 2001:DB8:1:1::/64 和 2001:DB8:1:2::/64 的路由表条目是否添加成功，结果如图 10.8 所示。

```
R0#show IPv6 route
IPv6 Routing Table - 5 entries
Codes: C - Connected, L - Local, S - Static, R - RIP, B - BGP
       U - Per-user Static route, M - MIPv6
       I1 - ISIS L1, I2 - ISIS L2, IA - ISIS interarea, IS - ISIS
summary
       O - OSPF intra, OI - OSPF inter, OE1 - OSPF ext 1, OE2 - OSPF
ext 2
       ON1 - OSPF NSSA ext 1, ON2 - OSPF NSSA ext 2
       D - EIGRP, EX - EIGRP external
S    2001:DB8:1:1::/64 [1/0]
       via 2001:DB8:1:3::1
S    2001:DB8:1:2::/64 [1/0]
       via 2001:DB8:1:3::1
C    2001:DB8:1:3::/64 [0/0]
```

图 10.8 R0 的路由表

表中多了两条标记为"S"的路由信息。与 IPv4 相同，这两条路由信息说明，有要发送到 2001:DB8:1:1::/64 和 2001:DB8:1:2::/64 网络的数据，R0 应该将数据转发给节点 2001:DB8:1:3::1。

而对于核心交换机 MS0，2001:DB8:1:1::/64、2001:DB8:1:2::/64 和 2001:DB8:1:3::/64 这 3 个网络都是它的直连网络，直接可以学习到，在路由表中标记为"C"。因此，在 3 个网络之间相互通信，我们不需要添加其他路由信息。

边界路由器 R0 是整个局域网的出口，在核心交换机 MS0 中，我们需要配置默认路由，将所有的外网流量转发到 R0。命令如下：

```
MS0 (config)# IPv6 route ::/0 2001:DB8:1:3::2          //配置默认路由
MS0 (config)#exit
```

提示：默认路由中表达所有网络的 128 位网络号全部为 0，因此可以全部省略，用"::"来标记；同时，子网掩码为"/0"，因此默认路由中网络号的表达方式就是"::/0"。看起来很怪异，但它的确是一个合法的网络地址。

核心交换机 MS0 的路由表如图 10.9 所示。

两个网络之间的往返路由表配置好之后，从 Laptop0 ping 路由器 R0 的 Fa0/0 端口的结果如图 10.10 所示。

输出的结果显示，Laptop0 可以和 R0 正常地进行 IPv6 的数据通信。

课堂练习：按图 3.48 所示的拓扑结构自行规划内部网络的 IPv6 地址，进行适当的配置，让内网主机和边界路由器 R0 实现 IPv6 的通信。

```
MS0#show ipv6 route
IPv6 Routing Table - 8 entries
Codes: C - Connected, L - Local, S - Static, R - RIP, B - BGP
       U - Per-user Static route, M - MIPv6
       I1 - ISIS L1, I2 - ISIS L2, IA - ISIS interarea, IS - ISIS summary
       O - OSPF intra, OI - OSPF inter, OE1 - OSPF ext 1, OE2 - OSPF ext 2
       ON1 - OSPF NSSA ext 1, ON2 - OSPF NSSA ext 2
       D - EIGRP, EX - EIGRP external
S    ::/0 [1/0]
      via 2001:DB8:1:3::2
C    2001:DB8:1:1::/64 [0/0]
      via ::, FastEthernet0/1
L    2001:DB8:1:1::1/128 [0/0]
      via ::, FastEthernet0/1
C    2001:DB8:1:2::/64 [0/0]
      via ::, FastEthernet0/2
L    2001:DB8:1:2::1/128 [0/0]
      via ::, FastEthernet0/2
C    2001:DB8:1:3::/64 [0/0]
      via ::, FastEthernet0/3
L    2001:DB8:1:3::1/128 [0/0]
      via ::, FastEthernet0/3
```

图 10.9　MS0 的路由表

```
C:\>ping 2001:DB8:1:3::2

Pinging 2001:DB8:1:3::2 with 32 bytes of data:

Reply from 2001:DB8:1:3::2: bytes=32 time<1ms TTL=254
Reply from 2001:DB8:1:3::2: bytes=32 time<1ms TTL=254
Reply from 2001:DB8:1:3::2: bytes=32 time<1ms TTL=254
Reply from 2001:DB8:1:3::2: bytes=32 time<1ms TTL=254

Ping statistics for 2001:DB8:1:3::2:
    Packets: Sent = 4, Received = 4, Lost = 0 (0% loss),
Approximate round trip times in milli-seconds:
    Minimum = 0ms, Maximum = 0ms, Average = 0ms
```

图 10.10　从 Laptop0 ping 路由器 R0 的 Fa0/0 端口的结果

素养拓展　IPv6 和 IPv4 的部署思路大同小异，基本上就是将原来命令中的 "IP" 改成 "IPv6"。只要我们打牢 IPv4 技术基础，善于积累和理解，就能更快掌握 IPv6 技术。"不积跬步，无以至千里。"我们应该注重平时的积累、坚持和孜孜不倦的努力，在个人成长道路上坚持再坚持，就一定能够实现自己的人生目标。

任务 3　配置 IPv6 路由——OSPFv3

任务目标： 掌握 IPv6 的 OSPF 路由配置方法。

在任务 2 中，静态路由需要我们一条一条地配置。互联网中存在各种各样的网络，如果每个网络都要手动配一条路由记录，在大型网络中这将会是一个非常艰巨的工作。同时，每一条静态路由的下一跳节点的 IP 地址已经是固定的，面对瞬息万变的互联网，这显然缺乏灵活性。为了减小工作量，同时提高路由的灵活性，我们可以在路由器上配置路由协议，例如 OSPF，让路由器之间自动相互学习路由信息。OSPF 的 IPv6 版本叫 OSPFv3。

10.3　配置 IPv6 路由——OSPFv3

步骤 1：删除 R0 的静态路由。

在做 OSPFv3 实验之前，我们需要把任务 2 中配置的静态 IPv6 路由删掉，命令如下：

```
R0 (config)# no IPv6 route 2001:DB8:1:1::/64 2001:DB8:1:3::1        //删除 IPv6 静态路由
R0 (config)# no IPv6 route 2001:DB8:1:2::/64 2001:DB8:1:3::1        //删除 IPv6 静态路由
R0 (config)#exit
R0 #show IPv6 route
IPv6 Routing Table – 3 entries
Codes: C – Connected, L – Local, S – Static, R – RIP, B – BGP
       U – Per-user Static route, M – MIPv6
       I1 – ISIS L1, I2 – ISIS L2, IA – ISIS interarea, IS – ISIS summary
       O – OSPF intra, OI – OSPF inter, OE1 – OSPF ext 1, OE2 – OSPF ext 2
       ON1 – OSPF NSSA ext 1, ON2 – OSPF NSSA ext 2
       D – EIGRP, EX – EIGRP external
C    2001:DB8:1:3::/64 [0/0]
        via ::, FastEthernet0/0
L    2001:DB8:1:3::2/128 [0/0]
        via ::, FastEthernet0/0
L    FF00::/8 [0/0]
        via ::, Null0
```

查看 IPv6 路由表，确认 R0 到达 2001:DB8:1:1::/64 和 2001:DB8:1:2::/64 网络的静态路由条目已被删除，下面我们开始配置 OSPFv3。

步骤 2：配置动态路由 OSPFv3。

目前，在 IPv4 环境中，我们使用的 OSPF 版本是 OSPFv2，而 IPv6 环境中我们使用的 OSPF 版本则是 OSPFv3。在 OSPFv3 配置中，与 OSPFv2 一样，也是全局启用一个进程，并在进程中定义一些参数，例如分配路由器 ID 和指定区域。

配置 R0 OSPFv3 的路由进程的命令如下：

```
R0 # configure terminal
R0 (config)# IPv6 router ospf 1        //启动 OSPF 进程
R0 (config-rtr)# router-id 1.1.1.1     //设置 router-id
R0 (config-rtr)# exit                  //退出端口
R0 (config)#
```

 注意　OSPFv3 的"router-id"参数是一定要手动配置的，系统不像 OSPFv2 一样会去查询 loopback 端口或其他端口的地址作为"router-id"的值来使用。

进入设备端口，将端口宣告进入相应 OSPF 区域，命令如下：

```
R0 (config)# interface fa0/0          //进入端口 Fa0/0
R0 (config-if)# IPv6 ospf 1 area 0
R0 (config-if)#exit                   //退出端口
```

在项目 6 中，我们学过 OSPFv2 有 3 种宣告路由的方式：在路由进程内宣告网络号、在路由进程内宣告端口的 IP 地址、进入端口将端口宣告进入相应 OSPF 区域。OSPFv3 只支持第三种方式——进入端口宣告。

按同样的思路去配置 MS0 的 OSPFv3，命令如下：

```
MS0 (config)# IPv6 router ospf 1       //启动 OSPF 进程
MS0 (config-rtr)# router-id 2.2.2.2    //设置 router-id
MS0 (config-rtr)# exit                 //退出端口
MS0 (config)# interface fa0/1          //进入端口 Fa0/1
```

```
MS0 (config-if)# IPv6 ospf 1 area 0
MS0 (config-if)#exit                    //退出端口
MS0(config)# interface fa0/2            //进入端口 Fa0/2
MS0(config-if)# IPv6 ospf 1 area 0
MS0(config-if)#exit                     //退出端口
MS0(config)# interface fa0/3            //进入端口 Fa0/3
MS0(config-if)# IPv6 ospf 1 area 0
MS0(config-if)#exit                     //退出端口
```

步骤 3：验证。

根据本项目任务 2，局域网的 3 个网络都是 MS0 的直连路由，它不需要从路由器 R0 学习获取新的路由，而 R0 需要从 MS0 获取新的路由表项。R0 的路由表如图 10.11 所示。

图 10.11　R0 的路由表

R0 的路由表中多了两个标记为"O"的路由条目，一条到达网络 2001:DB8:1:1::/64，另外一条到达网络 2001:DB8:1:2::/64。根据"Codes"区域中的解释，"O"表示"OSPF intra"，这说明 R0 通过 OSPFv3 学习到前往 2001:DB8:1:1::/64 和 2001:DB8:1:2::/64 网络的路由信息。从 Laptop0 ping 路由器 R0 端口 Fa0/0 的结果如图 10.12 所示。

图 10.12　从 Laptop0 ping 路由器 R0 端口 Fa0/0 的结果

输出的信息显示，Laptop0 和路由器 R0 可以实现正常的 IPv6 通信。

课堂练习：对本项目任务 2 课堂练习的拓扑结构进行优化，用 OSPFv3 路由替代 IPv6 静态路由，实现内网用户访问到边界路由器 R0。

任务 4 解决被 IPv4 网络隔离的 IPv6 孤岛问题——6 to 4 隧道

公司 A 随着业务的发展，需要在其他地方建立子公司 B，由于相距较远，公司 A 和子公司 B 之间通信需要借助于运营商网络。就目前的情况，IPv6 和 IPv4 的网络将会长期共存，运营商的网络很可能是 IPv4 的网络，因而无法识别并帮助用户直接传输 IPv6 的数据包。为了解决 A、B 公司两个 IPv6 网络的通信问题，我们需要借助于隧道技术。

10.4 解决被 IPv4 网络隔离的 IPv6 孤岛问题——6 to 4 隧道

隧道（Tunnel）技术是指一种协议封装到另外一种协议中进行数据传输的技术。隧道技术在隧道边界完成 IPv4 和 IPv6 数据包间的相互封装，如 IPv4 隧道，IPv6 数据包被封装在 IPv4 数据包中穿越 IPv4 网络，实现 IPv6 数据包的透明传输。这种技术只要求隧道两端的设备同时支持 IPv4 和 IPv6 协议栈，其他节点不需要支持双协议栈，最大限度地保护现有的 IPv4 网络资源。但是隧道技术不能实现 IPv4 主机与 IPv6 主机的直接通信。

下面，我们使用 6 to 4 隧道解决 IPv6 孤岛问题，网络拓扑结构如图 10.13 所示。公司 A 和子公司 B 内部使用的是 IPv6 网络，运营商使用的是 IPv4 网络，公司 A 边界路由器 R0 和子公司 B 边界路由器 R1 一端接公司内部的 IPv6 网络，一端接运营商的 IPv4 网络。路由器 R0 和 R1 支持双协议栈，我们需要在这两个边界路由器进行 6 to 4 的隧道配置。

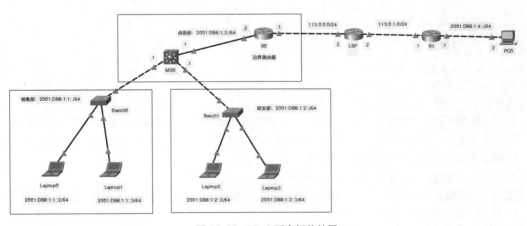

图 10.13 IPv6 孤岛拓扑结果

6 to 4 隧道传输数据的过程类似于 GRE VPN 的思路：对数据包进行嵌套封装。过程如下：
① R0 和 R1 建立 IPv6 隧道（隧道两端用的是 IPv6 地址）；

② A 公司的用户有 IPv6 的数据包要发到 B 公司，首先将该 IPv6 数据包发送到边界路由器 R0；

③ R0 将 IPv6 数据包原封不动地封装进 IPv4 的数据包，然后将携带 IPv6 数据的 IPv4 数据包转发发给运营商；

④ 运营商负责将 IPv4 数据包传输到 B 公司的边界路由器；

⑤ B 公司的边界路由器 R1 对收到的 IPv4 数据包进行解封装，得到里边的 IPv6 数据包；

⑥ R1 根据该 IPv6 数据包上的目的地址转发给相应的目的主机。

1. 配置隧道各节点的 IP 地址

隧道涉及 3 台设备：两个公司的边界路由器和运营商的网络设备。

配置 A 公司的边界路由器 R0 外部端口，命令如下：

```
R0 (config)# int fa0/1                //进入 Fa0/1 端口
R0 (config-if)# ip address 115.0.0.1 255.255.255.0    //配置端口 IPv4 地址
R0 (config-if)# no shutdown           //启动端口
R0 (config-if)# exit                  //退出端口
R0 (config)#
```

同时，我们需要先将运营商的 IPv4 网络配置好，为用户提供数据传输的服务，让 A 公司的边界路由器和 B 公司的边界路由器能相互访问。配置 ISP 的路由器，命令如下：

```
Router>enable
Router# configure terminal
Router(config)# hostname ISP
ISP(config)# int fa0/0                //进入 Fa0/0 端口
ISP(config-if)# ip address 115.0.0.2 255.255.255.0    //配置端口 IPv4 地址
ISP(config-if)# no shutdown           //启动端口
ISP(config-if)# exit                  //退出端口
ISP(config)# int fa0/1                //进入 Fa0/1 端口
ISP(config-if)# ip address 115.0.1.2 255.255.255.0    //配置端口 IPv4 地址
ISP(config-if)# no shutdown           //启动端口
ISP(config-if)# exit                  //退出端口
```

配置公司 B 的边界路由器 R1 外部端口，命令如下：

```
Router>enable
Router# configure terminal
Router(config)# hostname R1
R1(config)# int fa0/0                 //进入 Fa0/0 端口
R1(config-if)# ip address 115.0.1.1 255.255.255.0     //配置端口 IPv4 地址
R1(config-if)# no shutdown            //启动端口
R1(config-if)# exit                   //退出端口
```

2. 配置边界路由器的默认路由，实现两台边界路由器相互通信，为 IPv4 隧道的建立奠定基础

同时还要在 A、B 公司边界路由器 R0 和 R1 各自配置一条默认路由，将数据发往运营商的网络，以便实现两个公司边界路由器的通信。

在 A 公司边界路由器添加默认路由的命令如下：

```
R0(config)#ip route 0.0.0.0 0.0.0.0 115.0.0.2        //配置默认路由，将数据发往运营商的网络
```

在 B 公司边界路由器添加默认路由的命令如下：

```
R1(config)#ip route 0.0.0.0 0.0.0.0 115.0.1.2        //配置默认路由，将数据发往运营商的网络
```

最后，测试两台边界路由器之间的连通性，结果如图 10.14 所示。

```
R1#ping 115.0.0.1

Type escape sequence to abort.
Sending 5, 100-byte ICMP Echos to 115.0.0.1, timeout is 2 seconds:
!!!!!
Success rate is 100 percent (5/5), round-trip min/avg/max = 0/1/5 ms
```

图 10.14　从 R1 ping R0 的外网端口的结果

测试结果显示，R1 能 ping 通 R0 的 Fa0/1 端口，说明两台边界路由器能成功地相互访问对端的外网端口。这个基础至关重要，如果边界路由器之间无法通信，则隧道就无法建立。

3. 配置 B 公司的 IPv6 网络

B 公司的网络很简单，就是边界路由器 R1 的内网端口和一台 PC。根据拓扑结构，配置好 IP 地址和默认网关即可。

首先配置 B 公司边界路由器 R1 的内网端口，命令如下：

```
R1>enable
R1# configure terminal
R1(config)# IPv6 unicast-routing
R1(config)# int fa0/1                //进入 Fa0/1 端口
R1(config-if)# IPv6 enable
R1(config-if)# IPv6 address 2001:DB8:1:4::1/64        //配置端口 IPv6 地址
R1(config-if)# no shutdown            //启动端口
```

然后配置 PC0 IPv6 地址以及网关，如图 10.15 所示。

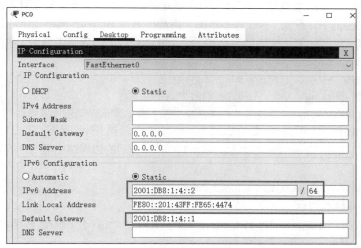

图 10.15　配置 PC0 IPv6 地址以及网关

4. 在两台边界路由器之间部署 6 to 4 隧道

至此，A、B 公司内部的 IPv6 网络已经配置完成。我们如果能在两个公司的边界路由器之间建立起 IPv6 隧道，就能实现两个 IPv6 网络之间的通信。

隧道技术在隧道边界完成 IPv4 和 IPv6 数据包间的嵌套封装。我们只需要配置隧道边界路由器 R0 和 R1 即可。整个过程对用户和 ISP 是透明的。

步骤 1：在隧道边界路由器 R0 和 R1 上开启隧道模式。

配置 A 公司边界路由器 R0 的隧道端口，命令如下：

```
R0 (config)# interface tunnel 0   //进入隧道 0
```

```
R0 (config-if)# IPv6 enable        //启动 IPv6 协议
R0 (config-if)# IPv6 address 2002::1/64    //配置隧道 IPv6 地址
R0 (config-if)# tunnel source fa0/1      //隧道源端口
R0 (config-if)# tunnel destination 115.0.1.1   //隧道目的 IP 地址
R0 (config-if)# tunnel mode IPv6ip       //配置隧道模式
R0 (config-if)#exit
```

注意　与项目 8 任务 2 的 GRE 隧道不一样的是，6 to 4 隧道用的是 IPv6 的地址。

配置 B 公司边界路由器 R1 的隧道端口，命令如下：

```
R1 (config)# interface tunnel 0  //进入隧道 0
R1 (config-if)# IPv6 enable        //启动 IPv6 协议
R1 (config-if)# IPv6 address 2002::2/64    //配置隧道 IPv6 地址
R1 (config-if)# tunnel source fa0/0      //隧道源端口
R1 (config-if)# tunnel destination 115.0.0.1   //隧道目的 IP 地址
R0 (config-if)# tunnel mode IPv6ip       //配置隧道模式
R1 (config-if)#exit
```

步骤 2：配置 IPv6 静态路由。

6 to 4 隧道只能使用静态路由或者 BGP，因为其他路由协议都使用链路本地地址来建立邻居关系和交换路由信息，而链路本地地址不符合 6to4 地址的编码要求，因此不能用来建立 6 to 4 隧道。

A 公司边界路由器 R0 配置 IPv6 静态路由，将发往 B 公司 IPv6 网络(2001:DB8:1:4::/64)的数据通过隧道传输。隧道的下一跳地址是 2002::2，即 B 公司的边界路由器 R1 的隧道端口的 IPv6 地址。命令如下：

```
R0 (config)# IPv6 route 2001:DB8:1:4::/64 2002::2
R0 (config)# ipv6 router ospf 1     //进入 OSPFv3 路由进程
R0 (config-rtr)# redistribute static  //将静态 ipv6 路由重分发进入 OSPFv3 域
```

B 公司边界路由器 R1 配置 IPv6 静态路由，将发往 A 公司 IPv6 网络（2001:DB8:1::/48）的数据通过隧道传输。隧道的下一跳地址是 2002::1，即 A 公司的边界路由器 R0 的隧道端口的 IPv6 地址。命令如下：

```
R1 (config)# IPv6 route 2001:DB8:1::/48 2002::1
```

步骤 3：6 to 4 隧道验证。

配置完隧道静态路由之后，我们先从 B 公司的 PC1 ping A 公司的边界路由器 R0，结果如图 10.16 所示。

```
C:\>ping 2001:DB8:1:3::2

Pinging 2001:DB8:1:3::2 with 32 bytes of data:

Reply from 2001:DB8:1:3::2: bytes=32 time=5ms TTL=128
Reply from 2001:DB8:1:3::2: bytes=32 time=13ms TTL=128
Reply from 2001:DB8:1:3::2: bytes=32 time=3ms TTL=128
Reply from 2001:DB8:1:3::2: bytes=32 time=12ms TTL=128

Ping statistics for 2001:DB8:1:3::2:
    Packets: Sent = 4, Received = 4, Lost = 0 (0% loss),
Approximate round trip times in milli-seconds:
    Minimum = 3ms, Maximum = 13ms, Average = 8ms
```

图 10.16　从 PC1 ping 边界路由器 R0 的结果

结果显示，B 公司的 IPv6 设备 PC1 能通过运营商的 IPv4 网络与其他 IPv6 网络通信。这就说明我们的 6 to 4 隧道已经部署成功。接着，我们测试两个公司内部设备之间的 IPv6 通信。从 B 公司的 PC0 ping A 公司的 Laptop1，结果如图 10.17 所示。

```
C:\>ping 2001:DB8:1:1::2

Pinging 2001:DB8:1:1::2 with 32 bytes of data:

Reply from 2001:DB8:1:1::2: bytes=32 time=33ms TTL=128
Reply from 2001:DB8:1:1::2: bytes=32 time=13ms TTL=128
Reply from 2001:DB8:1:1::2: bytes=32 time=16ms TTL=128
Reply from 2001:DB8:1:1::2: bytes=32 time=10ms TTL=128

Ping statistics for 2001:DB8:1:1::2:
    Packets: Sent = 4, Received = 4, Lost = 0 (0% loss),
Approximate round trip times in milli-seconds:
    Minimum = 10ms, Maximum = 33ms, Average = 18ms
```

图 10.17　从 PC0 ping Laptop1 的结果

输出的结果显示，B 公司的主机可以和 A 公司的 Laptop1 跨越 IPv4 网络进行 IPv6 正常的数据通信。

课堂练习： 参照本任务，拓展本项目任务 3 的网络，增加另一个企业的 IPv6 网络，配置 6to4 隧道，实现 IPv6 网络孤岛跨 IPv4 网络的正常通信。

素养拓展　IPv6 和 IPv4 将长期处于一个共存的状态，必须借助于技术手段确保其能融合发展，完成更迭。这在一定程度上增加了网络的复杂性，但不能因为有困难就与事物发展的规律相向而行。纵观人类社会发展史，任何一个理想的实现都不是一夜之间能完成的，必然要经历一个过程，其中充满各种各样的困难和波折、艰险和坎坷。要实现理想、创造未来，必须有战胜种种艰难险阻的坚定不移的信心和坚忍不拔的毅力。

小结与拓展

1. IPv6 改进了 IPv4 的其他不足

IPv6 使用更小的路由表。IPv6 的地址分配一开始就遵循聚类的原则，这使得路由器能在路由表中用一个条目表示一片子网，大大减小了路由器中路由表的长度，提高了路由器转发数据包的速度。

IPv6 增加了增强的组播支持以及对流的控制，这使得网络上的多媒体应用获得长足发展的机会，为服务质量控制提供了良好的网络平台。

IPv6 加入了对自动配置的支持。这是对 DHCP 的改进和扩展，使得网络（尤其是局域网）的管理更加方便和快捷。

IPv6 具有更好的安全性。在使用 IPv6 的网络中，用户可以对网络层的数据进行加密并对 IP 报文进行校验。IPv6 中的加密与鉴别选项提供了分组的保密性与完整性，极大地增强了网络的安全性。

IPv6 具有允许扩充的功能。如果新的技术或应用有相应的需要，那么 IPv6 允许协议进行扩充。

IPv6 具有更好的头部格式。IPv6 使用新的头部格式，其选项与基本头部分开，如果需要，可将选项插入基本头部与上层数据之间。这简化和加速了路由选择过程，因为大多数的选项不需要由路由选择。

IPv6 具有新的选项，可来实现附加的功能。

2．IPv6 数据包封装

为了减少消耗的网络资源，提高可扩展性，IPv6 在数据报头上做了一些改进，我们先来对比 IPv6 和 IPv4 报头，如图 10.18 和图 10.19 所示。

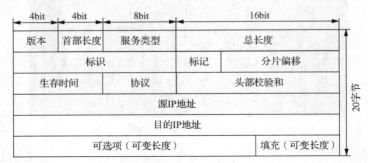

图 10.18　IPv4 报头

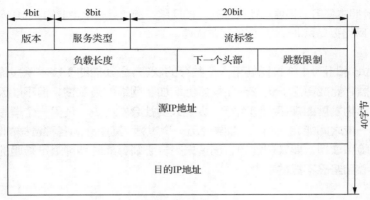

图 10.19　IPv6 报头

通过比较 IPv6 和 IPv4 报头，我们的直观感受是，虽然 IPv6 报头长度（40 个字节）比 IPv4 报头长度（20 个字节）大了 1 倍，但是 IPv6 头部封装的字段数量远远小于 IPv4 头部封装的字段数量。IPv6 报头长度之所以比 IPv4 长，是因为 IPv6 地址长度（128bit）是 IPv4 地址长度（32bit）的 4 倍。下面，我们来了解减少的字段为数据传输带来了什么好处。

（1）删除"首部长度"字段，IPv6 首部长度不可变。

在 IPv4 中，首部长度可变，允许 IP 首部被扩展，这导致不能预先确定数据字段开始的位置，路由器处理可变首部需要花费大量时间。基于此，IPv6 采用了固定 40 个字节长度的报头。那么，IPv6 还能实现类似 IPv4 首部可变的功能吗？答案是肯定的，可以利用 IPv6 的扩展报头，由 IPv6 基本报头的下一个首部指向扩展报头，但是路由器不处理扩展报头，提升了路由器的处理效率。

（2）删除"标识""标记""分片偏移"字段，IPv6 不进行分片与重组。

分片与重组是相当消耗转发设备资源的处理行为。为了节省转发设备的处理资源和提高转发速度，IPv6 中间设备不再支持分片与重组功能，在源和目的设备上进行智能分片与重组。如果出现路由接收到大于最大传输单元的数据包的情况，该路由器会直接丢弃这个数据包，并将丢包情况通告给数据包的始发设备，始发设备再根据实际情况分片重发。

（3）删除"校验"和"字段"。

在每个路由器上，IPv4 头部校验和都要重新计算，耗费时间和资源。此外，传输层和链路层协议也做了检查的操作，在网络层中增加一层校验性价比不高。因此，IPv6 中删除了头部校验的操作。

3. IPv6 地址分类

IPv4 地址分为单播地址、广播地址、组播地址、私有地址和用于研究的地址等。IPv6 地址也存在这种功能层面的分类，分为单播地址、任意播地址和组播地址。我们从 IPv4 地址和 IPv6 地址的分类可以看出：IPv6 没有定义广播地址，也不推荐发送广播消息。如实在需要广播功能，可以通过组播地址实现。**IPv6 定义了一种新的消息发送机制——任意播。**

下面，我们对 IPv6 的 3 种地址类型（单播地址、任意播地址和组播地址）逐一介绍。

（1）IPv6 单播地址

IPv6 单播地址分为全局单播地址、链路本地地址、环回地址和未指定地址等，其编址方式、使用范围和功能见表 10.4。

表 10.4　IPv6 单播地址

地址类型	使用范围	地址表示	功能
全局单播地址	2000::/3	前 3 位固定为 001，第 4 位到第 48 位由 IANA 分配给申请方	有效范围是全局有效，用于公共网络，由 IANA 分配
链路本地地址	FE80::/10	前两个十六进制位为 FE，第 3 个十六进制位为 8～E	与 IPv4 一样，IPv6 最初也支持私有地址，供不需要访问公共网络的设备使用
环回地址	::1/128	0:0:0:0:0:0:0:1/128	与 IPv4 地址 127.0.0.1 一样，环回地址用于本地测试，检查设备的协议栈是否正常工作
未指定地址	::/128	0:0:0:0:0:0:0:0/128	与 IPv4 "未知" 地址 0.0.0.0 一样，路由器不会转发以未指定地址作为源地址或为目的地址的数据包

全局单播地址：目前，IANA 只将地址 2000::/3 分配给了全局地址池，大约占全部 IPv6 地址的 1/6。全局单播地址由两部分组成：子网 ID（64 位）和端口 ID（64）位，如图 10.20 所示。

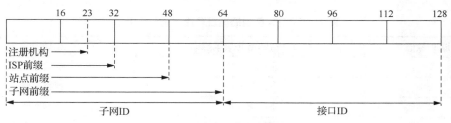

图 10.20　IPv6 全局单播地址

子网 ID 包含地址注册机构（负责分配地址的机构，如 IANA）、ISP 前缀（地址所属的 ISP）、站点前缀（地址所属的公司）和子网前缀（站点中的子网）。其中，使用 ISP 前缀能够方便地进行地址汇总，实现只使用一条路由就可以通告 Internet 主干。

IPv6 后 64 位为端口 ID，表示站点内特点的端口，64 位端口 ID 必须有值，不能全为 0，全为 0 不是有效的单播地址。

链路本地地址：在启动 IPv6 时，网络适配器端口会自动给连接的设备配上一个 IPv6 地址，这个地址就是链路本地地址。通过链路本地地址，同一条链路的设备能进行通信。在通信的数据包中，IPv6 头部封装的源 IPv6 地址和目的 IPv6 地址都是彼此的链路本地地址。链路本地地址只在链路本地有效，这些数据包不会被发送到其他链路上。链路本地地址的编码方式如图 10.21 所示。

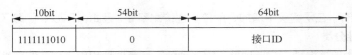

图 10.21　链路本地地址的编码方式

　　链路本地地址的前 10 位固定为 1111111010，之后 54 位固定为 0，最后的 64 位为端口 ID。因此，本地链路地址的前缀为 FE80::/10。

　　（2）IPv6 任意播地址

　　IPv4 使用广播来发现网段中的设备（如 ARP）和获取编址信息（如动态主机配置协议 DHCP），网段中每台设备都必须处理广播信息（即便不是发给它的），这在无形中增加了网段中设备的负担。IPv6 中取消了广播地址，取而代之的是任意播和组播地址。

　　任意播是 IPv6 定义的一种全新的数据发送模式，但是 IPv6 没有定义任意播专用地址空间，而是与单播共享相同的地址空间。因此，我们无法通过地址本身判断某地址是任意播地址还是单播地址。

　　当网络设备中有多个不同主机配置了相同的任意播地址时，发送以这个任意播地址作为目的地址的数据包，会被设备路由给距离发送方最近的任意播地址设备，因此任意播地址也被称为最近地址。

　　（3）IPv6 组播地址

　　IPv6 组播地址的功能与 IPv4 组播地址类似，表示一组接收特定流量的设备。如图 10.22 所示为组播地址的结构。前 8 位固定为 FF。第 9 到 12 位是地址的生命周期：0 表示永久，1 表示临时。第 13 到 16 位是组播地址的范围，其范围位取值的含义见表 10.5。

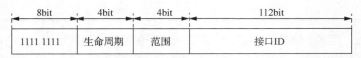

图 10.22　组播地址的结构

表 10.5　IPv6 组播地址范围位取值的含义

范围位取值	对应 IPv6 地址前缀	组播范围
1	FFX1::/16	端口本地
2	FFX2::/16	链路本地
3	FFX3::/16	子网本地
4	FFX4::/16	管理范围本地
5	FFX5::/16	站点本地
8	FFX8::/16	阻止机构本地
E	FFXE::/16	全局

　　经过上面的学习，我们可以总结如下：单播是一对一的数据传输，组播是一对多的数据传输，广播是一对全体的数据传输，而任意播是一对最近的数据传输。

　　4．邻居发现协议（NDP）

　　在 IPv6 的即插即用机制中，邻居发现协议扮演着核心角色。邻居发现协议替代了 IPv4 协议栈中的 ARP 和路由发现功能，实现了地址解析、重复地址监测、路由器发现以及路由重定向等功能。

思考与训练

1. 选择题

（1）下列关于 IPv6 协议优点的描述中正确的是（　　）。

    A. IPv6 支持光纤通信

    B. IPv6 协议支持通过卫星链路的 Internet 连接

    C. IPv6 协议具有 128 个地址空间，允许全局 IP 地址出现重复

    D. IPv6 协议解决了 IP 地址短缺的问题

（2）FE80::E0:F726:4E58 是一个（　　）。

    A. 全局单播地址　　B. 链路本地地址　　　C. 网点本地地址　　　D. 广播地址

（3）当设备的网络适配器端口启用 IPv6 时，它会立刻给自己配置的单播 IPv6 地址是（　　）。

    A. 站点本地地址　　B. 唯一本地地址　　　C. 全局单播地址　　　D. 链路本地地址

（4）NDP 可以提供（　　）服务。（多选）

    A. 邻居设备地址解析　　　　　　　　　　B. 重复地址监测

    C. 邻居可达性验证　　　　　　　　　　　D. 无状态地址自动配置

2. 填空题

（1）对于 IPv6 地址 2000:0000:0000:0001:0002:0000:0000:0001，采用零压缩法可以简写为＿＿＿＿＿＿＿＿＿或＿＿＿＿＿＿＿＿＿＿。

（2）IPv6 地址分为 3 类：＿＿＿＿地址、＿＿＿＿地址和＿＿＿＿地址。

3. 实验题

在如图 10.23 所示的拓扑结构上完成以下任务。

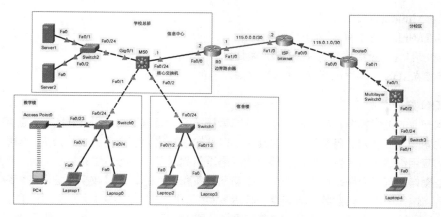

图 10.23　IPv6 网络拓扑结构

① 规划学校总部和分校区的 IPv6 地址；

② 在学校总部部署 IPv6 网络，进行适当的配置，实现学校总部 IPv6 区域的正常通信；

③ 在分校区部署 IPv6 网络，进行适当的配置，实现分校区 IPv6 区域的正常通信；

④ 在学校总部和分校区的边界路由器之间配置 6 to 4 隧道，实现分校区和学校总部之间 IPv6 主机的相互通信。

项目11
SDN网络虚拟化

11

本项目介绍计算机网络前沿的技术——SDN（Software Defined Network，软件定义网络）。本项目将通过Mininet平台搭建简单的SDN网络系统，并介绍网络虚拟化的模式；然后通过VxLAN技术，解决数据中心网络服务器虚拟化以及虚拟机不受限迁移的问题。

✍ 知识目标

- 了解什么是SDN；
- 理解SDN的架构以及技术特点；
- 了解POX/NOX、Ryu、Floodlight等SDN控制器的特点。

✍ 技能目标

- 掌握Mininet的安装方法；
- 掌握Mininet基本命令的使用方法；
- 能使用Mininet搭建简易SDN网络拓扑；
- 掌握在SDN网络中配置VxLAN的方法。

1. SDN 是什么

互联网产业的迅猛发展，不仅催生了云计算等新技术，而且促使大量互联网创新应用取得巨大成功。在此期间，互联网业务及其核心收益也由以往的以网络运营商管道接入为主，向着以用户体验为核心的应用价值进行转变。但是，传统的网络设备集成了与业务特性紧耦合的操作系统和专用硬件，这些操作系统和专用硬件都是各个厂家自己开发和设计的，这导致了网络设备繁杂、设备间相互不兼容、迭代缓慢、新业务部署周期长等诸多问题，严重影响了移动互联网时代的发展。

因此，我们迫切需要建设一个开放、高扩展性、敏捷和高智能化的网络，以满足市场高速变化的需求。在这样的前提下，一种新型的网络体系架构和技术——SDN 技术应运而生。其起源于斯坦福大学的校园网络，是网络虚拟化的一种实现方式。SDN 的本质是由软件定义网络，也就是说希望应用软件可以参与对网络的管理和控制，满足上层业务的需求，通过自动化部署简化网络运维。为了实现这个目标，需要对网络进行抽象，以屏蔽底层复杂度，为上层提供简单的、高效的配置和管理，实现网络流量的灵活控制，使网络作为管道变得更加智能。

那么，SDN 是什么呢？目前业界还没有一个统一的定义。开放网络研究中心（Open

Networking Research Center，ONRC）对 SDN 的定义是："SDN 是一种逻辑集中控制的新网络架构，其关键属性包括数据平面和控制平面分离，控制平面和数据平面之间有统一的开放端口 OpenFlow。"ONRC 的定义强调了数据平面和控制平面的分离，集中控制、统一和开放的端口。

不同于 ONRC，开放网络基金会（Open Networking Foundation，ONF）对 SDN 的定义是："SDN 是一种支持动态、弹性管理的新型网络体系结构，是实现高带宽、动态网络的理想架构。SDN 将网络的控制平面和数据平面解耦分离，抽象了数据平面网络资源，并支持通过统一的端口对网络直接进行编程控制。"ONF 强调了网络的抽象和可编程等功能。

ONRC 和 ONF 对 SDN 的定义都强调了数据平面和控制平面的解耦分离，有统一开放的端口并且支持软件对网络的控制。

2．SDN 的架构和特点

目前业界 SDN 的逻辑架构如图 11.1 所示，主要包括 SDN 网络应用层、北向端口、SDN 控制器、南向端口和数据平面。

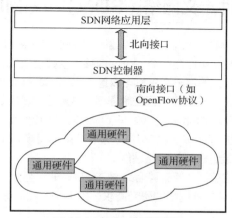

图 11.1　SDN 的逻辑架构

（1）SDN 网络应用层：由业务和应用软件构成，如 VoIP 沟通应用、防火墙安全应用和网络服务等。这些应用通过调用 SDN 控制器北向端口（API），实现对数据平面通用设备的配置、管理和控制。

（2）北向端口：位于 SDN 网络应用层和 SDN 控制器之间的开放端口，它将数据平面的资源和状态抽象成统一的开放编程端口，上层应用程序通过北向端口可获取下层的网络资源，并通过北向端口向下层网络资源发送控制策略。

（3）SDN 控制器：SDN 网络的核心组件，不仅要对底层网络功能进行抽象，向应用层提供开放可编程的北向端口，而且要通过 OpenFlow 等标准协议与数据平面进行统一的配置、管理和控制数据转发。

（4）南向端口：SDN 控制器和数据平面之间的开放端口，负责 SDN 控制器与网络单元之间的数据交换和交互操作，OpenFlow 就是其常用的协议。

（5）数据平面：由通用的转发设备组成，根据南向端口指令，实现数据的处理、转发和状态反馈等功能。

从 ONRC 和 ONF 对 SDN 的定义以及 SDN 的逻辑架构，我们可以总结出 SDN 技术的三大特征。

（1）数据平面和控制平面分离：对数据平面和转发平面进行解耦合，两个平面功能相互独立。

数据平面的转发设备被抽象为一个通用的受控网络设备，根据控制平面的命令进行数据的转发和存储等操作。

（2）集中控制：对网络信息进行抽象处理，构成一个统一的控制平台，SDN 控制器完成对网络信息的收集，以及对网络资源的配置、调度和优化，降低了网络维护难度，缩短了网络部署周期，降低了运维成本，使整个网络灵活可控。

（3）开放的可编程端口：通过北向端口（API），用户根据业务需求，可对整个系统进行编程，实现对网络设备的控制、管理和配置，快速响应业务需求。

总的来说，SDN 的核心理念是希望应用软件可以参与对网络的控制管理，满足上层业务需求，通过自动化部署简化网络运维。简单来说，SDN 就是把现在复杂的传统网络设备全部对网络应用层不可见，网络应用层只需要向配置软件程序一样，对网络进行简单的配置和部署就可以实现需要的功能，而不需要向传统网络那样，对网络上所有节点的设备一个一个进行配置。

任务 1 初识软件定义网络（SDN）——Mininet

Mininet 是 SDN 实践必不可少的工具之一，它是一个基于 Linux Container 虚拟化技术的轻量级网络模拟器，可以在一个 Linux 内核上模拟出主机、交换机、路由器和链路。而 Mininet 模拟的每一个主机可以像一台真实的计算机一样工作，用户可通过 shell 对每个主机安装和运行任意程序，这些程序发出的数据包会被模拟的交换机、路由器等设备接收并处理。有了 Mininet，我们就可以灵活地为网络添加新功能并对其进行测试，虽然这些网络设备都是模拟的，但是 Mininet 模拟的网络性能非常接近真实的网络性能。

11.1 初识软件定义网络（SDN）——Mininet

Mininet 采用 Python 语言编写，源码通俗易懂，其功能非常强大，可以使用 Mininet 满足学术研究、原型验证、调试和测试等多种网络的研究需求。接下来，我们进行 Mininet 的安装。

1. Mininet 的安装

Mininet 的安装有以下 3 种方法。

① 在官网下载含有 Mininet 的 Linux 系统镜像。

② 从 Github 上下载源码安装。

③ 通过文件包安装。

我们通过方法②进行 Mininet 的安装，这种方法可以在安装过程中选择安装的版本和部件。

步骤 1：系统环境准备。

在 Windows 上运行 Linux 虚拟系统，其中，VMware Workstation 的版本是 15.5.1，虚拟系统 Linux 使用的版本是 Ubuntu16.04。

步骤 2：安装环境准备。

本次安装需要从 Github 上下载 Mininet 源码，我们需要先安装好 git 工具。打开 Ubuntu 终端，输入以下命令安装 git 工具：

```
user@ubuntu:~$ apt-get install git
```

步骤 3：利用 git 工具下载 Mininet 源码。

Mininet 的源码地址为 http://github.com/mininet/mininet.git，通过 git 工具获取，输入命令：

```
user@ubuntu:~$ git clone http://github.com/mininet/mininet.git
```

步骤 4：安装 Mininet 源码。

获取完 Mininet 源码后，"/home/用户名"路径下有一个"mininet"目录，安装文件"install.sh"

在 "mininet/util" 里面，我们进入 util 目录，命令如下：

```
user@ubuntu:~ $ cd /home/user/mininet/util
user@ubuntu:~ /mininet$
```

执行 "./install.sh –h" 命令：

```
user@ubuntu:~ /mininet/util $   ./install.sh –h
```

输出的 Mininet 安装参数如图 11.2 所示。

```
Detected Linux distribution: Ubuntu 16.04 xenial amd64
sys.version_info(major=2, minor=7, micro=12, releaselevel='final', serial=0)
Detected Python (python) version 2

Usage: install.sh [-abcdfhikmnprtvVwxy03]

This install script attempts to install useful packages
for Mininet. It should (hopefully) work on Ubuntu 11.10+
If you run into trouble, try
installing one thing at a time, and looking at the
specific installation function in this script.

options:
 -a: (default) install (A)ll packages - good luck!
 -b: install controller (B)enchmark (oflops)
 -c: (C)lean up after kernel install
 -d: (D)elete some sensitive files from a VM image
 -e: install Mininet d(E)veloper dependencies
 -f: install Open(F)low
 -h: print this (H)elp message
 -i: install (I)ndigo Virtual Switch
 -k: install new (K)ernel
 -m: install Open vSwitch kernel (M)odule from source dir
 -n: install Mini(N)et dependencies + core files
 -p: install (P)OX OpenFlow Controller
 -r: remove existing Open vSwitch packages
 -s <dir>: place dependency (S)ource/build trees in <dir>
 -t: complete o(T)her Mininet VM setup tasks
 -v: install Open (V)switch
 -V <version>: install a particular version of Open (V)switch on Ubuntu
 -w: install OpenFlow (W)ireshark dissector
 -y: install R(y)u Controller
 -x: install NO(X) Classic OpenFlow controller
 -0: (default) -0[fx] installs OpenFlow 1.0 versions
 -3: -3[fx] installs OpenFlow 1.3 versions
```

图 11.2 Mininet 安装参数

比较常用的几个 Mininet 安装参数见表 11.1。

表 11.1 常用的 Mininet 安装参数

序号	参数	含义	备注
1	-a	默认全部安装	
2	-c	安装核心文件之后清空已有的配置	
3	-f	安装 OpenFlow 协议支持	
4	-h	输出帮助信息	
5	-n	安装 Mininet 依赖和核心文件	
6	-p	安装 POX 控制器	
7	-r	删除已存在的 Open vSwitch 包	
8	-v	安装 Open （V）switch	
9	-V	安装指定版本的 Open （V)switch	
10	-y	安装 R(y)u 控制器	
11	-x	安装 NO(X) Classic OpenFlow 控制器	
12	-0	默认安装 OpenFlow 1.0	
13	-3	安装 OpenFlow 1.3	

在"/home/用户名/mininet/util"路径下执行安装命令"./install.sh –n3V 2.5.0"，安装 Mininet 的 Open Vswitch 2.5.0 和 OpenFlow 1.3：

```
user@ubuntu:~/mininet/util $    ./install.sh –n3V 2.5.0
```

2. 测试 Mininet

Mininet 安装完成之后，在任意路径后加上"sudo mn"命令，启动 mininet，命令如下：

```
user@ubuntu:~/mininet/util $    sudo mn
[sudo] password for ncvt:    //(输入 root 密码)
```

启动 Mininet 的过程如图 11.3 所示。

```
[sudo] password for ncvt:
*** Creating network
*** Adding controller
*** Adding hosts:
h1 h2
*** Adding switches:
s1
*** Adding links:
(h1, s1) (h2, s1)
*** Configuring hosts
h1 h2
*** Starting controller
c0
*** Starting 1 switches
s1 ...
*** Starting CLI:
mininet> ▌
```

图 11.3 启动 Mininet 的过程

Mininet 在启动的过程中，会同时完成简单拓扑的创建。

3. 查看虚拟设备信息

（1）输出帮助信息

启动 Mininet 之后，执行"help"命令可以输出 Mininet 的所有命令以及使用方法，如图 11.4 所示。

```
mininet> help

Documented commands (type help <topic>):
========================================
EOF     gterm   iperfudp  nodes        pingpair      py      switch
dpctl   help    link      noecho       pingpairfull  quit    time
dump    intfs   links     pingall      ports         sh      x
exit    iperf   net       pingallfull  px            source  xterm

You may also send a command to a node using:
  <node> command {args}
For example:
  mininet> h1 ifconfig

The interpreter automatically substitutes IP addresses
for node names when a node is the first arg, so commands
like
  mininet> h2 ping h3
should work.

Some character-oriented interactive commands require
noecho:
  mininet> noecho h2 vi foo.py
However, starting up an xterm/gterm is generally better:
  mininet> xterm h2
```

图 11.4 执行"help"命令输出帮助信息

（2）查看全部节点信息

执行"nodes"命令可查看全部节点信息，命令如下：

```
mininet>nodes
available nodes are:
c0 h1 h2 s1
```

结果显示，网络拓扑节点包括一个 OpenFlow 控制器 c0、两台主机 h1 和 h2 和一台交换机 s1。

（3）查看网络拓扑信息

执行"net"命令可以查看网络拓扑信息，命令如下：

```
mininet>net
h1 h1-eth0:s1-eth1
h2 h2-eth0:s1-eth2
s1 lo:    s1-eth1:h1-eth0 s1-eth2:h2-eth0
c0
```

结果显示，主机 h1 的 eth0 端口跟交换机 s1 的 eth1 端口相连，主机 h2 的 eth0 端口跟交换机 s1 的 eth2 端口相连。

（4）输出节点信息

执行"dump"命令可以输出节点信息，命令如下：

```
mininet>dump
<Host h1: h1-eth0:10.0.0.1 pid=16300>
<Host h2: h2-eth0:10.0.0.2 pid=16302>
<OVSSwitch s1: lo:127.0.0.1,s1-eth1:None,s1-eth2:None pid=16307>
<Controller c0: 127.0.0.1:6653 pid=16293>
```

从输出的信息中可以看到网络端口的 IP 地址和 pid 端口号，如主机 h1-eth0 的 IP 地址为 10.0.0.1，端口号 pid 为 16300。

（5）拓扑结构

根据上面的信息，我们可以得出：Mininet 启动之后，搭建了一个简单的网络，其中包含两台主机（h1、h2）、一台交换机（s1）和一个控制器，这些设备通过虚拟的以太网进行连接，并且配置了 10.0.0.0/8 的私有 IP 地址，其拓扑结构如图 11.5 所示。

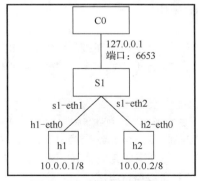

图 11.5　Mininet 的拓扑结构

4．连通性和性能测试

（1）连通性测试

要测试两主机间的连通性，可执行"h1 ping h2"命令，而"pingall"命令是对拓扑内的所有主机进行相互 ping 的测试。命令如下：

```
mininet>h1 ping h2 -c 2
PING 10.0.0.2 (10.0.0.2) 56(84) bytes of data.
64 bytes from 10.0.0.2: icmp_seq=1 ttl=64 time=1.19 ms
64 bytes from 10.0.0.2: icmp_seq=2 ttl=64 time=1.30 ms
--- 10.0.0.2 ping statistics ---
2 packets transmitted, 2 received, 0% packet loss, time 1002ms
rtt min/avg/max/mdev = 1.191/1.248/1.306/0.067 ms
```

主机 h1 发送测试包给主机 h2，"-c"参数表示发送数据包的数量。结果显示从 10.0.0.2（主机 h2）返回 ICMP 包、大小为 64 位、往返时间为 1.19 秒等信息。

使用"pingall"命令测试主机间的连通性：

```
mininet>pingall
*** Ping: testing ping reachability
h1 -> h2
h2 -> h1
*** Results: 0% dropped (2/2 received)
```

结果显示，主机 h1 发给主机 h2 一个测试包，同时主机 h2 也发送给主机 h1 一个测试包。0% 的数据包被丢弃，2 个数据包中的所有包被接收。

（2）TCP 带宽测试

"Iperf"命令用于测试指定节点间的 TCP 带宽，命令如下：

```
mininet>iperf h1 h2
*** Iperf: testing TCP bandwidth between h1 and h2
*** Results: ['27.9 Gbits/sec', '27.9 Gbits/sec']
```

结果显示，主机 h1 和主机 h2 之间的 TCP 带宽为"27.9Gbits/sec"。

（3）UDP 带宽测试

"iperfUDP"命令用于指定节点间的 UDP 协议带宽测试，命令如下：

```
mininet>iperfUDP bw h1 h2
*** Iperf: testing UDP bandwidth between h1 and h2
*** Results: ['bw', '4.01 Mbits/sec', '4.01 Mbits/sec']
```

结果显示，主机 h1 和主机 h2 之间的 UDP 带宽为"4.01Mbits/sec"。

5. 用其他方式搭建 Mininet 拓扑

（1）可视化界面

Mininet 支持可视化地创建拓扑，我们可以通过可视化工具和拖曳的方式创建拓扑。我们可以进入"mininet/examples"目录，在 root 模式下运行"miniedit.py"文件启动可视化操作界面，结果如图 11.6 所示。命令如下：

```
user@ubuntu: ~ /mininet/util $su root
root@ubuntu:/home/user/mininet/examples#./miniedit.py
```

该可视化工具 MiniEdit 支持搭建 OpenFlow 交换机、传统交换机、传统路由器、主机和控制器等网元，可以快速搭建简易拓扑。拓扑搭建完成之后，该工具还支持将拓扑导出为 Python 脚本。更加详细的操作这里不再阐述，读者可以自行尝试。

（2）Python 脚本搭建拓扑

如果读者需要搭建更多复杂的拓扑，可以通过 Python 脚本的方式来搭建。mininet/examples 目录下面有相关示例文件供参考，具体使用方法本书不阐述，感兴趣的读者可以自行参考示例文件。

课堂练习： 在虚拟机中安装 Mininet，并熟悉各种常用命令。

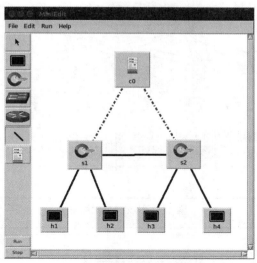

图 11.6　MiniEdit 可视化界面

> **素养拓展**　Mininet 能模拟网络拓扑结构中主机、路由器、交换机和链路等设备的工作状态，搭建 SDN 实验环境，为学习实践奠定了基础。辩证唯物主义认为，人的一切认识都是来自实践，并在实践中不断发展。实践出真知，大学生要立足现实，客观地对待人生，在人生道路上勇于拼搏，在实际社会生活过程中寻找解答人生问题的正确答案。

任务 2　将数据中心网络虚拟化——VxLAN

随着网络技术的发展，云计算系统因为利用率高、人力和管理成本低、灵活性和可扩展性强等方面的优势，已经成为企业 IT 建设的新趋势。而云计算的核心技术服务器虚拟化也得到了越来越多的应用。为了实现业务的灵活部署，VM（Vitrual Machine，虚拟机）需要能够在网络中不受限地迁移，这给传统"二层+三层"网络结构的数据中心带来了新的挑战。

11.2　将数据中心
网络虚拟化——
VxLAN

为了解决数据中心网络服务器虚拟化和 VM 不受限迁移的问题，虚拟可拓展局域网（Virtual Extensible LAN，VxLAN）技术应运而生。VxLAN 技术将 VM 发出的原始报文封装后通过 VxLAN 隧道进行传输，隧道两端的 VM 不需要感知传输网络的物理架构，从逻辑上看，相当于处于同一个二层域。VxLAN 技术在三层网络之上，构建出了一个虚拟的大二层网络。只要虚拟机路由可达，就可以将其规划到同一个大的二层网络中来，其网络结构如图 11.7 所示。

在 SDN 环境下，VxLAN IP 和 Vlan ID 之间的相关信息的对应关系可以使用 SDN 控制器作为 ARP 代答设备来实现，这样大大提高了 VxLAN 的灵活性和可扩展性。VxLAN 技术在 SDN 环境中被广泛应用。

接下来，我们在两台虚拟机 VM1 和 VM2 中利用 Mininet 分别创建一个网络，利用 VxLAN 技术连通这两个 Mininet 网络，使得两个网络的主机能进行二层通信。网络拓扑结构如图 11.8 所示。

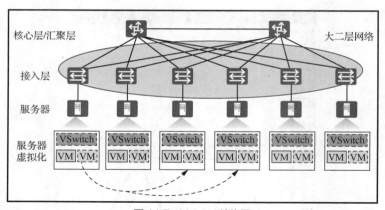

图 11.7　VxLAN 结构图

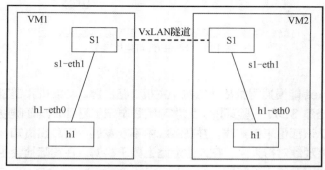

图 11.8　VxLAN 实验网络拓扑结构

1. 查看两台虚拟机 VM1 和 VM2 的 IP 地址

用 "ifconfig" 命令查看虚拟机 VM1 的 IP 地址，结果如下：

```
user@ubuntu: ~ $ ifconfig
ens33        Link encap:Ethernet    HWaddr 00:0c:29:d6:19:5f
             inet addr:192.168.244.136 Bcast:192.168.244.255 Mask:255.255.255.0
             inet6 addr: fe80::ae13:aa45:4b38:83d7/64 Scope:Link
             UP BROADCAST RUNNING MULTICAST    MTU:1500    Metric:1
             RX packets:56349 errors:0 dropped:0 overruns:0 frame:0
             TX packets:24839 errors:0 dropped:0 overruns:0 carrier:0
             collisions:0 txqueuelen:1000
             RX bytes:81588168 (81.5 MB)    TX bytes:1506960 (1.5 MB)
```

结果显示虚拟机 VM1 的 IP 地址为 192.168.244.136/24。

同样，用 "ifconfig" 命令查看虚拟机 VM2 的 IP 地址，结果如下：

```
user@ubuntu: ~ $ ifconfig
ens33        Link encap:Ethernet    HWaddr 00:0c:29:7c:11:94
             inet addr:192.168.244.137 Bcast:192.168.244.255 Mask:255.255.255.0
             inet6 addr: fe80::fc6d:724d:ef36:e972/64 Scope:Link
             UP BROADCAST RUNNING MULTICAST    MTU:1500    Metric:1
             RX packets:56506 errors:0 dropped:0 overruns:0 frame:0
             TX packets:24537 errors:0 dropped:0 overruns:0 carrier:0
             collisions:0 txqueuelen:1000
             RX bytes:81593046 (81.5 MB)    TX bytes:1488743 (1.4 MB)
```

结果显示虚拟机 VM2 的 IP 地址为 192.168.244.137/24。

2. 创建 Mininet 网络

在 VM1 上创建 Mininet 网络拓扑结构，包含一台主机和一个交换机，并配置主机的 IP 地址为 192.168.244.100/24，命令如下：

```
user@ubuntu:~ $ sudo mn --topo=single,1       //在 VM1 上创建拓扑结构
mininet>h1 ifconfig h1-eth0 192.168.244.100   //配置主机 h1 的 IP 地址
```

在 VM2 上创建 Mininet 网络拓扑结构，包含一台主机和一个交换机，并配置主机的 IP 地址为 192.168.244.101/24，命令如下：

```
user@ubuntu:~ $ sudo mn --topo=single,1       //在 VM2 上创建拓扑结构
mininet>h1 ifconfig h1-eth0 192.168.244.101   //配置主机 h1 的 IP 地址
```

两个 Mininet 虚拟网络受到地域隔离（分别在两台虚拟机内），从 VM1 的主机 h1 ping VM2 的主机 h2，结果如图 11.9 所示。

```
mininet> h1 ping 192.168.244.101 -c 3
PING 192.168.244.101 (192.168.244.101) 56(84) bytes of data.
From 192.168.244.100 icmp_seq=1 Destination Host Unreachable
From 192.168.244.100 icmp_seq=2 Destination Host Unreachable
From 192.168.244.100 icmp_seq=3 Destination Host Unreachable

--- 192.168.244.101 ping statistics ---
3 packets transmitted, 0 received, +3 errors, 100% packet loss, time 2045ms
pipe 3
```

图 11.9　从 VM1 的 h1 ping VM2 的 h1 的结果

结果显示，VM1 上主机 h1 发送 ICMP 包给 192.168.244.101（VM2 的主机 h2），反馈的消息是 "Destination Host Unreachable"（目的主机无法到达）。也就是说，两台虚拟机里边的两台主机 h1 和 h2 之间是无法通信的。

下面，我们将配置 VxLAN 隧道，连通两个虚拟机的 Mininet 网络拓扑结构。

3. 配置 VxLAN 隧道

搭建好网络拓扑结构之后，我们需要在两台虚拟机 VM1 和 VM2 的交换机 s1 和 s2 之间创建 VxLAN 隧道，这是本任务的核心内容。

（1）在 VM1 的交换机 s1 上创建端口，并配置 VxLAN 隧道。对 VM1 的 Mininet 拓扑创建 VxLAN 隧道，命令如下：

```
mininet>sh ovs-vsctl add-port s1 VxLAN0 -- set interface VxLAN0 type=VxLAN
option:remote_ip=192.168.244.136 option:key=100 ofport_request=10
```

命令解析如图 11.10 所示。

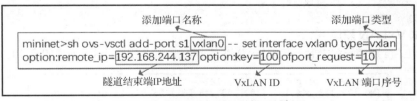

图 11.10　创建 VxLAN 隧道的命令解析

接着查看端口是否创建完成，命令如下：

```
mininet>sh ovs-vsctl show
5c37f12f-4d0a-4a01-a759-3af8ca455c6f
    Bridge "s1"
        Controller "TCP:127.0.0.1:6653"
```

```
            is_connected: true
        Controller "pTCP:6654"
        fail_mode: secure
        Port "VxLAN0"
            Interface "VxLAN0"
                type: VxLAN
                options: {key="100", remote_ip="192.168.244.137"}
        Port "s1-eth1"
            Interface "s1-eth1"
        Port "s1"
            Interface "s1"
                type: internal
        ovs_version: "2.5.5"
```

（2）在 VM2 的交换机 s1 上创建端口，并配置 VxLAN 隧道。对 VM2 的 Mininet 拓扑结构创建 VxLAN 隧道，命令如下：

```
mininet>sh ovs-vsctl add-port s1 VxLAN0 -- set interface VxLAN0 type=VxLAN
option:remote_ip=192.168.244.136 option:key=100 ofport_request=10
```

隧道的末端 IP 地址与 VM1 的配置不一样，VxLAN ID、VxLAN 端口序号与 VM1 的配置一致，查看端口信息的命令如下：

```
mininet>sh ovs-vsctl show
5c37f12f-4d0a-4a01-a759-3af8ca455c6f
    Bridge "s1"
        Controller "pTCP:6654"
        Controller "TCP:127.0.0.1:6653"
            is_connected: true
        fail_mode: secure
        Port "s1-eth1"
            Interface "s1-eth1"
        Port "VxLAN0"
            Interface "VxLAN0"
                type: VxLAN
                options: {key="100", remote_ip="192.168.244.136"}
        Port "s1"
            Interface "s1"
                type: internal
        ovs_version: "2.5.5"
```

4. 测试 VxLAN 隧道

完成 VxLAN 隧道配置之后，我们从 VM1 的 h1 ping VM2 的 h1，结果如图 11.11 所示。

```
mininet> h1 ping 192.168.244.101 -c 3
PING 192.168.244.101 (192.168.244.101) 56(84) bytes of data.
64 bytes from 192.168.244.101: icmp_seq=1 ttl=64 time=4.40 ms
64 bytes from 192.168.244.101: icmp_seq=2 ttl=64 time=3.59 ms
64 bytes from 192.168.244.101: icmp_seq=3 ttl=64 time=1.20 ms

--- 192.168.244.101 ping statistics ---
3 packets transmitted, 3 received, 0% packet loss, time 2003ms
rtt min/avg/max/mdev = 1.204/3.067/4.406/1.360 ms
```

图 11.11　VM1 的 h1 ping VM2 的 h1 的结果

VM1 的 h1 能 ping 通 VM2 的 h1，说明 VxLAN 隧道已经成功建立。

5. 实现 VxLAN 隧道的另一种方法：手动添加流表项

在之前搭建的拓扑结构中，Mininet 将交换机 s1 连接了默认控制器，由默认控制器给交换机下发流表。现在，我们关掉默认控制器，手动配置交换机流表。

（1）关闭控制器

关闭 VM1 的默认控制器，命令如下：

```
user@ubuntu: ~ $ ps -aux|grep controller              //查找控制器进程
root 17625   0.0 0.1 6632 1728 pts/4 S+ 00:49 0:00 controller -v pTCP:6653
root 19957   0.0 0.0 14224 924 pts/22 S+ 04:33 0:00 grep --color=auto controller
user@ubuntu: ~ $ sudo kill 17625
```

关闭 VM2 的默认控制器，命令如下：

```
user@ubuntu: ~ $ ps -aux|grep controller              //查找控制器进程
root 18840   0.0 0.1 6632 1728 pts/4 S+ 00:49 0:00 controller -v pTCP:6653
root 19242   0.0 0.0 14224 924 pts/22 S+ 04:33 0:00 grep --color=auto controller
user@ubuntu: ~ $ sudo kill 18840
```

关闭了 VM1 和 VM2 的 SDN 控制器之后，再从 VM1 的 h1 ping VM2 的 h1，此时网络无法 ping 通，如图 11.12 所示。

```
mininet> h1 ping 192.168.244.101 -c 3
PING 192.168.244.101 (192.168.244.101) 56(84) bytes of data.

--- 192.168.244.101 ping statistics ---
3 packets transmitted, 0 received, 100% packet loss, time 2050ms
```

图 11.12　连通性测试

接下来，我们对交换机配置流表。在配置之前，我们需要先明确使用的端口号和数据流，如图 11.13 所示。

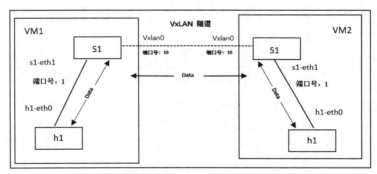

图 11.13　端口号和数据流

（2）手动配置 VM1 中 Mininet 拓扑 s1 的流表

配置虚拟机 VM1 中 s1 的正向流表，命令如下：

```
mininet>sh ovs-ofctl add-flow s1 "in_port=1,actions=set_field:100->tun_id,output:10"
```

该流表要求从 1 号端口进入的报文（主机 h1 发出的报文），加上 VxLAN ID 为 100 的标签之后，转发到 10 号端口（VxLAN0 口）。

配置 s1 的反向流表，命令如下：

```
mininet>sh ovs-ofctl add-flow s1 "in_port=10,actions=set_field:100->tun_id,output:1"
```

该流表要求从 10 号端口进入（从 VxLAN0 端口进入），且 VxLAN ID 为 100 的报文，转发到

1 号端口。

两条流表配置完之后，查看 s1 的流表项，命令如下：

```
mininet>sh ovs-ofctl dump-flows s1
NXST_FLOW reply (xid=0x4):
 cookie=0x0, duration=360.676s, table=0, n_packets=0, n_bytes=0, idle_age=360, in_port=1
actions=load:0x64->NXM_NX_TUN_ID ,output:10
 cookie=0x0, duration=1.788s, table=0, n_packets=0, n_bytes=0, idle_age=1, in_port=10
actions=load:0x64->NXM_NX_TUN_ID ,output:1
```

结果显示 VM1 中 s1 的流表项添加成功。

（3）手动配置 VM2 中 Mininet 拓扑结构 s1 的流表

s1 的正反向流表的配置命令如下：

```
mininet>sh ovs-ofctl add-flow s1 "in_port=1,actions=set_field:100->tun_id,output:10"
mininet>sh ovs-ofctl add-flow s1 "in_port=10,actions=set_field:100->tun_id,output:1"
```

查看 VM2 的 s1 流表项，命令如下：

```
mininet>sh ovs-ofctl dump-flows s1
NXST_FLOW reply (xid=0x4):
 cookie=0x0, duration=75.834s, table=0, n_packets=6, n_bytes=252, idle_age=38, in_port=10
actions=load:0x64->NXM_NX_TUN_ID ,output:1
 cookie=0x0, duration=2.203s, table=0, n_packets=0, n_bytes=0, idle_age=2, in_port=1
actions=load:0x64->NXM_NX_TUN_ID ,output:10
```

结果显示 VM2 中 s1 的流表项添加成功。

流表项配置完之后，我们在 VM1 中从 h1 ping VM2 的 h1，结果如图 11.14 所示，VxLAN 隧道恢复正常。

```
mininet> h1 ping 192.168.244.101 -c 3
PING 192.168.244.101 (192.168.244.101) 56(84) bytes of data.
64 bytes from 192.168.244.101: icmp_seq=1 ttl=64 time=3.79 ms
64 bytes from 192.168.244.101: icmp_seq=2 ttl=64 time=0.281 ms
64 bytes from 192.168.244.101: icmp_seq=3 ttl=64 time=0.394 ms

--- 192.168.244.101 ping statistics ---
3 packets transmitted, 3 received, 0% packet loss, time 2007ms
rtt min/avg/max/mdev = 0.281/1.488/3.791/1.629 ms
```

图 11.14　再次从 VM1 的 h1 ping VM2 的 h1 的结果

通过手动添加交换机流表的方式，实现了 VxLAN 隧道的建立。二层网络的主机能跨三层网络实现通信，而三层网络的变化对二层主机是透明的、无感知的。

课堂练习：参照本任务，通过控制器完成 VxLAN 隧道的建立，实现二层用户跨三层网络的通信。

素养拓展 VxLAN 技术解决了跨三层网络的二层通信问题，提高了网络的灵活性和可扩展性。虚拟化等创新技术越来越多地被应用于解决传统技术的瓶颈问题，提高了生产力，推动了社会进步。创新始终是鞭策我们在改革开放中与时俱进的精神力量。当代大学生担当着民族复兴的时代使命，要努力做忠诚的爱国者和走在时代前列的奋进者，用实际行动展现出我国的青春风采。

////////// **小结与拓展**

1. 网络功能虚拟化（NFV）

NFV（Netwrok Function Virtualisation，网络功能虚拟化）最初由全球领先的 7 家电信运营商提出，旨在使用虚拟化技术实现软件和硬件的解耦，将网元功能抽象为独立的软件应用。NFV 改变了运营商构建网络的方法，它可以通过软硬件分离和抽象功能，使网络设备功能不再依赖于专用的硬件，通过标准的 X86 架构服务器、存储和交换机等设备即可实现网络功能。

NFV 通过虚拟化技术使网元功能运行在通用的 X86 服务器上，相对于传统网络，它有以下几个优点。

（1）网络功能实现可依赖标准的 X86 服务器，不再依赖专用硬件，可降低网络建设成本。

（2）通过软件加载的方式即可完成新业务的上线、业务的更新等，缩短了业务创新周期，提升了业务投放市场的速度。

（3）灵活性好，扩展性高，调整虚拟资源即可实现网络能力的弹性伸缩。

（4）通过统一平台的集中化管理，可充分实现资源的灵活共享，能有效提高管理和维护的效率。

SDN 和 NFV 都是虚拟化，那么两者有什么区别呢？

SDN 更多的是架构上的革新，例如转控分离，可以通过 SDN 实现网络的自动化，同时利用 SDN 与云平台的对接可以更好地实现业务的灵活编排，大大减小网络管理人员的工作量。

而 NFV 是增值服务产品形态的变化，通过在服务器上开启多个虚拟机，在虚拟机上安装对应增值服务功能的虚拟化软件，通过虚拟化的方式把软件和硬件解耦，增强了网络功能的移植性，方便维护升级，同时降低了网络搭建的成本。SDN 与 NFV 的区别见表 11.2。

表 11.2 SDN 与 NFV 的区别

分类	SDN	NFV
产生原因	数据平面和控制平面分离，实现网络可编程	从专有硬件到通用硬件过渡，重新定位网络功能
OSI 层次	2～3 层	5～7 层
目标设备	网络基础设施架构，如交换机、路由器等	通用服务器、交换机
应用场景	园区网、数据中心	运营商网络
协议	OpenFlow	无

2. SDN 与网管软件、规划工具的区别

SDN 的核心思想是转发和控制分离，而网管软件只负责管理网络的拓扑、对网络设备进行监控和下发配置脚本等，最终还需要设备自身生成转发表项，并没有真正实现转发和控制分离。

SDN 控制器下发流表给数据平面，数据平面根据流表项进行数据的转发，规划工具下发的规划表项并非用于网络设备的数据转发，而是为网元控制器配置参数，如 IP 地址、VLAN 等，网元控制器根据这些参数生成对应的规则来控制数据的转发。

3. SDN 开源控制器

SDN 控制器是 SDN 网络的核心，它决定着数据平面如何转发数据，SDN 控制器的性能将直接影响网络的性能。自 SDN 发展以来，许多组织推出了不同特色的控制器，例如适合科研应用的 POX/NOX、RYU 和 Floodlight，适合工程实践的 OpenDaylight 和 ONOS 等。下面介绍几种典

型的 SDN 开源控制器。

（1）NOX/POX

NOX 是第一个 SDN 控制器，由 Nicira 公司开发，并于 2008 年开源发布。NOX 在 SDN 发展初期得到了广泛的应用。但是由于 NOX 是基于 C++ 语言开发的，对开发人员要求较高，因此开发成本较高，在控制器的竞争中逐渐没落。为了解决这个问题，Nicira 公司推出了其兄弟版本 POX。POX 是基于 Python 语言开发的，代码相对简单，适合初学者使用，一度成为 SDN 最受欢迎的控制器之一。但是 POX 有其架构和性能上的缺陷，被后来出现的性能更好、代码质量更高的 Ryu 和 Floodlight 控制器取代。目前，NOX/POX 社区已经不再活跃，已经成为 SDN 控制器发展史上的一座里程碑，不推荐读者使用。

（2）Ryu

Ryu 是由日本 NTT 公司在 2012 年推出的 SDN 开源控制器，它基于 Python 语言开发，代码风格优美，模块清晰，可扩展性强。Ryu 作为一个简单易用的轻量级 SDN 控制器，自推出以来深受初学者的欢迎，目前已成为主流控制器之一。Ryu 是一个开源控制器，其开源社区依然活跃，而且版本迭代也非常迅速，是一个充满活力的 SDN 控制器。

Ryu 是一个特性丰富的 SDN 控制器。在南向协议方面，它支持多种通信协议来管理网络设备，如 OpenFlow 协议的 1.0～1.5 版本，Netconf、OF-Confg、OVSDB 等多种协议。在北向协议方面，Ryu 可以作为 OpenStack 插件，也支持和开源入侵检测系统 Snort。同时，Ryu 也支持使用 Zookeeper 实现高可用性目标，但是不支持多个控制器协同运作。在内建应用方面，Ryu 源代码中包含了许多基础应用，如二层交换机、简单防火墙和路由器等。

（3）Floodlight

Floodlight 是 Apache 授权并且基于 Java 开发的 SDN 控制器，它具有优秀稳定的性能。由于其性能优异，能满足各类应用需求，曾被学术界和工业界广泛采用，成为流行的开源控制器之一。

最开始的 Floodlight 控制器仅支持 OpenFlow1.0 协议，在 OpenFlow1.3 协议面世之后的很长一段时间，开源版本的 Floodlight 都不支持 OpenFlow1.3 协议，这导致 Floodlight 的大量用户转投其他支持 OpenFlow1.3 协议的控制器，如 OpenDaylight 和 ONOS 等，从而丧失了占领市场的好时机。直到 2014 年 9 月 30 日发布的 Floodlight v1.0，才完全支持 OpenFlow1.0 和 OpenFlow1.3 协议，但对于 OpenFlow1.1、1.2 和 1.4 版本，Floodlight 仅支持部分特性。

由于 Floodlight 版本的更新迭代速度较慢，它的功能特性已经远远落后于目前其他流行的开源控制器。在工程应用领域，更多企业已经开始尝试功能更加强大、特性更丰富、支持团队更高效的控制平台产品；但在学术领域，依然有部分研究者在使用 Floodlight。

（4）OpenDaylight

2013 年，Linux Foundation 联合思科、Juniper 和 Broadcom 等多家网络设备制造商创立了开源项目 OpenDaylight，它的发起者和赞助商多为设备厂商而非运营商。OpenDaylight 项目目标在于推出一个通用的 SDN 控制平台、网络操作系统来管理不同的网络设备，如 Linux 和 Windows 等操作系统可以在不同的底层设备上运行一样。OpenDaylight 提供了一个模型驱动服务抽象层（MD-SAL），以屏蔽不同协议的差异，同时支持 OpenFlow、NETCONFG 和 OVSDB 等多种南向协议，是一个广义的 SDN 控制平台。

OpenDaylight 以元素周期表中的元素名称作为版本号，每 6 个月更新一个版本。第一个版本为氢（Hydrogen），当前最新版本为硼（Boron），至 2021 年 4 月，OpenDaylight 项目官方发布的正式版本为硅（Silicon），已经经历了 14 个版本的迭代更新。

2014 年 2 月 4 日，OpenDaylight 发布第一个版本 Hydrogen，得到了行业的聚焦，引起了一番轰动。第一版发布之后，OpenDaylight 发展迅速，成为最具有潜力的 SDN 控制器。而以 Ryu 和 Floodlight 为代表的其他 SDN 控制器，由于功能单一，它们的关注度大大降低，OpenDaylight 成为当时 SDN 界最受人瞩目的开源控制器。

2014 年 9 月 29 日，OpenDaylight 发布 Helium 版本。Helium 版增加了与 Open Stack 的集成插件，提升了交互界面的体验性，同时，性能也比 Hydrogen 版本好了许多。另外，OpenDaylight 抛弃了 AD-SAL，使用 MD-SAL。此外，Hydrogen 版本还增加了 NFV 相关模块。

2015 年 6 月 29 日，OpenDaylight 发布 Lithium 版本。Lithium 版本支持 Open Stack，并在安全漏洞方面做了加强，同时，可拓展性和性能也得到提升。此外，该版本加大了对 NFV 开发的投入。相比 Helium 版本，Lithium 版本的稳定性等得到了极大的提高，交互界面也得到了进一步的美化。

2016 年 2 月，OpenDaylight 发布 Beryllium 版本。该版本进一步提升了性能和可拓展性，也提供了更加丰富的应用案例。

2016 年 9 月，OpenDaylight 发布 Boron（硼）版本。Boron 版本继续对性能进行了提升，也在用户体验方面下了功夫。另外，该版本在云和 NFV 方面增加了若干新模块，进一步支持云和 NFV。值得注意的是，这些新增的模块中，有大约一半是由 OpenDaylight 的用户提出的，其中就有 AT&T 主导的 YANG IDE 模块。从 Boron 版本开始，OpenDaylight 提倡由用户来引领创新，鼓励更多的社区用户参与到 OpenDaylight 中，一起推动 OpenDaylight 的发展。

思考与训练

1. 简答题

（1）SDN 的逻辑架构分为哪 3 层？

（2）简述 SDN 技术的优点。

（3）简述 OpenFlow 与 SDN 的联系与区别。

（4）当前 SDN 技术主要应用于哪些领域？

2. 实验题

（1）安装 Mininet，练习并掌握常用的查看拓扑信息的命令和网络测试命令。

（2）使用 VxLAN 技术，通过手动配置流表项的方式，实现二层主机跨三层网络正常通信。（拓扑结构自定义。）

第四部分

项目12
思科、华为、H3C命令集对照及案例

12

我们通过思科模拟器学习计算机网络互联技术，目的是掌握并运用学习到的技术，而不仅仅是学习使用思科公司网络产品的方法。本项目通过横向和纵向两个角度，对比目前几个主流厂商的网络操作系统命令集，做到触类旁通，使读者能灵活运用已经掌握的解决计算机网络通信问题的思路和技巧，以适应复杂多变的网络工程项目环境。

知识目标

* 掌握使用不同主流网络厂商设备搭建小型企业网络的方法。

技能目标

* 掌握使用华为网络设备构建小型企业网络的方法；
* 掌握使用H3C网络设备构建小型企业网络的方法。

我们知道，目前常用的网络设备不止思科公司生产的设备，还有华为、H3C 等公司生产的设备。因为每个公司都使用各自的网络操作系统，所以它们的网络设备在配置方法、命令等方面有一些差别。但是不管怎样，全世界不同网络设备厂商生产的设备，都必须遵循 OSI 网络参考模型，以实现其兼容性。所以，在工程实践上，一个项目往往会用到不同厂商的设备，但是解决用户需求的基本思路是一致的。

例如我们要搭建如图 12.1 所示的小型企业网络，不管采用哪个厂商的设备，都需要按以下思路去实施网络项目。

（1）分析用户需求，制订网络项目建设方案。

（2）设计拓扑并规划 IP 地址。

（3）按照设计并按规划好的方案进行配置，主要包括以下内容。

① 配置接入主机的 IP 地址、掩码和网关。

② 根据需求对交换机划分 VLAN 并配置接入端口和 trunk 链路。

③ 配置网关和路由器端口的 IP 地址。

④ 配置路由。

⑤ 配置 NAT。

⑥ 进行项目方案中要求的其他配置。

（4）项目测试。

（5）项目验收交付。

下面，我们分别使用思科模拟器 Cisco Packet Tracer、华为模拟器 eNSP 和 H3C 模拟器 HCL 搭建如图 12.1 所示的小型企业网络并进行方案配置的第（1）～（5）步骤的实施。对比不同厂商的路由交换设备的基本配置命令之间的异同。

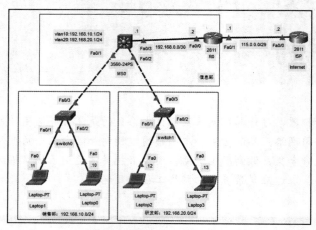

图 12.1　小型企业网络拓扑

IP 地址分配见表 12.1。

表 12.1　IP 地址分配表

设备	端口	IP 地址	子网掩码	默认网关	VLAN ID	备注
ISP	Fa1/0	115.0.0.2	255.255.255.248	N/A	N/A	同网
R0	Fa1/0	115.0.0.1	255.255.255.248	N/A	N/A	同网
	Fa0/0	192.168.0.2	255.255.255.252	N/A	N/A	同网
MS0	Fa0/24	192.168.0.1	255.255.255.252	N/A	N/A	同网
	VLAN 10	192.168.10.1	255.255.255.0	N/A	10	Sales
	VLAN 20	192.168.20.1	255.255.255.0	N/A	20	Development
Laptop0	网卡	192.168.10.10	255.255.255.0	192.168.10.1	10	同网
Laptop1	网卡	192.168.10.11	255.255.255.0	192.168.10.1	10	同网
Laptop2	网卡	192.168.20.12	255.255.255.0	192.168.20.1	20	同网
Laptop3	网卡	192.168.20.13	255.255.255.0	192.168.20.1	20	同网

任务 1　基于 eNSP 构建小型企业网络——华为与思科路由交换产品常用命令对比

任务目标：通过对比，掌握华为路由交换设备的基本命令的应用。

通过项目 3，我们实现了基础的网络数据通信。下面就以项目 3 为基础，用华为路由器和交换机来搭建基础网络，进行适当的配置，实现最基本的数据通信。

对于基础数据通信的实现，思科和华为路由器、交换机的基本命令对比见表 12.2。

12.1　基于 eNSP 构建小型企业网络——华为与思科路由交换产品常用命令对比

表 12.2 思科和华为路由器、交换机的基本命令对比

序号	步骤	思科设备	华为设备
1	配置接入主机 IP 地址、掩码和网关	配置方法详见项目 1 任务 3	配置方法详见本章小结与拓展
2	交换机、路由器重命名	配置接入交换机 Switch0: Switch>enable Switch#configure terminal Switch(config)#hostname Switch0 Switch0(config)# 配置接入交换机 Switch1: Switch>enable Switch#configure terminal Switch(config)#hostname Switch1 Switch1(config)# 配置核心交换机 MS0: Switch>enable Switch#configure terminal Switch(config)#hostname MS0 MS0(config)# 配置边界路由器 R0: Router>enable Router#configure terminal Router(config)#hostname R0 R0(config)#	配置接入交换机 Switch0: <Huawei>system-view [Huawei]sysname Switch0 [Switch0] 配置接入交换机 Switch1: <Huawei>system-view [Huawei]sysname Switch1 [Switch1] 配置核心交换机 MS0: <Huawei>system-view [Huawei]sysname MS0 [MS0] 配置边界路由器 R0: <Huawei>system-view [Huawei]sysname R0 [R0]

序号	步骤	思科设备	华为设备
2	交换机、路由器重命名	配置运营商的路由器 ISP： ISP>enable ISP#configure terminal ISP(config)#hostname ISP ISP(config)#	配置运营商的路由器 ISP： <Huawei>system-view [Huawei]sysname ISP [ISP]
3	交换机创建 VLAN	在交换机 Switch0 上创建 VLAN 10： Switch0(config)# vlan 10 Switch0(config-vlan)#name Sales 在交换机 Switch1 上创建 VLAN 20： Switch1(config)# vlan 20 Switch1(config-vlan)#name Development 在核心交换机 MS0 上创建 VLAN 10 和20： MS0(config)#vlan 10 MS0(config-vlan)#name Sales MS0(config-vlan)#exit MS0(config)#vlan 20 MS0(config-vlan)#name Development	在交换机 Switch0 上创建 VLAN 10： [Switch0]vlan 10 在交换机 Switch1 上创建 VLAN 20： [Switch1]vlan 20 在核心交换机 MS0 上创建 VLAN 10 和 20： [MS0]vlan batch 10 20
4	配置接入口	将 Switch0 上用户接入的端口划入 VLAN 10： Switch0(config)#interface fa0/1 Switch0(config-if)#switchport mode access Switch0(config-if)#switchport access vlan 10 Switch0(config-if)#exit Switch0(config)#interface fa0/2 Switch0(config-if)#switchport mode access Switch0(config-if)#switchport access vlan 10 Switch0(config-if)#exit	将 Switch0 上用户接入的端口划入 VLAN 10： [Switch0]interface Ethernet0/0/1 [Switch0-Ethernet0/0/1]port link-type access [Switch0-Ethernet0/0/1]port default vlan 10 [Switch0-Ethernet0/0/1]quit [Switch0]interface Ethernet0/0/2 [Switch0-Ethernet0/0/2]port link-type access [Switch0-Ethernet0/0/2]port default vlan 10 [Switch0-Ethernet0/0/2]quit

续表

序号	步骤	思科设备	华为设备
4	配置接入口	将 Switch1 上用户接入的端口划入 VLAN 20： Switch1(config)#interface fa0/1 Switch1(config-if)#switchport mode access Switch1(config-if)#switchport access vlan 20 Switch1(config-if)#exit Switch1(config)#interface fa0/2 Switch1(config-if)#switchport mode access Switch1(config-if)#switchport access vlan 20 Switch1(config-if)#exit	将 Switch1 上用户接入的端口划入 VLAN 20： [Switch1]interface Ethernet0/0/1 [Switch1-Ethernet0/0/1]port link-type access [Switch1-Ethernet0/0/1]port default vlan 20 [Switch1-Ethernet0/0/1]quit [Switch1]interface Ethernet0/0/2 [Switch1-Ethernet0/0/2]port link-type access [Switch1-Ethernet0/0/2]port default vlan 20 [Switch1-Ethernet0/0/2]quit
5	配置 trunk 链路	配置 Switch0 和核心交换机之间的 trunk 链路： Switch0(config)#interface fa0/3 Switch0(config-if)#switchport mode trunk Switch0(config-if)#exit MS0(config)#interface fa0/1 MS0(config-if)#switchport trunk encapsulation dot1q MS0(config-if)#switchport mode trunk MS0(config-if)#exit 配置 Switch1 和核心交换机之间的 trunk 链路： Switch1(config)#interface fa0/3 Switch1(config-if)#switchport mode trunk Switch1(config-if)#exit MS0(config)#interface fa0/2 MS0(config-if)#switchport trunk encapsulation dot1q	配置 Switch0 和核心交换机之间的 trunk 链路： [Switch0]interface Ethernet0/0/3 [Switch0-Ethernet0/0/3]port link-type trunk [Switch0-Ethernet0/0/3]port trunk allow-pass vlan 10 [Switch0-Ethernet0/0/3]quit [MS0]interface GigabitEthernet0/0/1 [MS0-GigabitEthernet0/0/1]port link-type trunk [MS0-GigabitEthernet0/0/1]port trunk allow-pass vlan 10 [MS0-GigabitEthernet0/0/1]quit 配置 Switch1 和核心交换机之间的 trunk 链路： [Switch1]interface Ethernet0/0/3 [Switch1-Ethernet0/0/3]port link-type trunk [Switch1-Ethernet0/0/3]port trunk allow-pass vlan 20 [Switch1-Ethernet0/0/3]quit [MS0]interface GigabitEthernet0/0/2

续表

序号	步骤	思科设备	华为设备
5	配置trunk链路	MS0(config-if)#switchport mode trunk MS0(config-if)#exit	[MS0-GigabitEthernet0/0/2]port link-type trunk [MS0-GigabitEthernet0/0/2]port trunk allow-pass vlan 20 [MS0-GigabitEthernet0/0/2]quit
6	配置网关 IP 地址	在核心交换机上配置 SVI 作为网关： MS0(config)#interface vlan 10 MS0(config-if)#ip address 192.168.10.1 255.255.255.0 MS0(config-if)#exit MS0(config)#interface vlan 20 MS0(config-if)#ip address 192.168.20.1 255.255.255.0 MS0(config-if)#exit	在核心交换机上配置 SVI 作为网关： [MS0]interface Vlanif 10 [MS0-Vlanif10]ip address 192.168.10.1 255.255.255.0 [MS0-Vlanif10]quit [MS0]interface Vlanif 20 [MS0-Vlanif20]ip address 192.168.20.1 255.255.255.0 [MS0-Vlanif20]quit
7	配置三层交换机、路由器端口 IP 地址	配置三层设备之间的链路： MS0(config)#interface fa0/3 MS0(config-if)#no switchport MS0(config-if)#ip address 192.168.0.1 255.255.255.252 MS0(config-if)#exit R0(config)#interface fa0/0 R0(config-if)#ip address 192.168.0.2 255.255.255.252 R0(config-if)#no shutdown R0(config-if)#exit R0(config)#interface fa0/1 R0(config-if)#ip address 115.0.0.1 255.255.255.248 R0(config-if)#no shutdown R0(config-if)#exit ISP(config)#interface fa0/0	配置三层设备之间的链路： [MS0]vlan batch 100 [MS0]interface Vlanif 100 [MS0-Vlanif100]ip address 192.168.0.1 255.255.255.0 [MS0-Vlanif100]quit [MS0]interface GigabitEthernet 0/0/3 [MS0-GigabitEthernet0/0/3]port link-type access [MS0-GigabitEthernet0/0/3]port default vlan 100 [MS0-GigabitEthernet0/0/3]quit [R0]interface Ethernet0/0/0 [R0-Ethernet0/0/0]ip address 192.168.0.2 255.255.255.0 [R0-Ethernet0/0/0]quit [R0]interface Ethernet0/0/1 [R0-Ethernet0/0/1]ip address 115.0.0.1 255.255.255.248 [R0-Ethernet0/0/1]quit

续表

序号	步骤	思科设备	华为设备
7	配置三层交换机、路由器端口 IP 地址	ISP(config-if)#ip address 115.0.0.2 255.255.255.248 ISP(config-if)#no shutdown ISP(config-if)#exit	[ISP]interface Ethernet0/0/0 [ISP-Ethernet0/0/0]ip address 115.0.0.2 255.255.255.248 [ISP-Ethernet0/0/0]quit
8	配置路由	配置默认路由，将数据发往 ISP: MS0(config)#ip route 0.0.0.0 0.0.0.0 192.168.0.2 配置内网用户 VLAN 的路由，让数据能返回: R0(config)#ip route 192.168.10.0 255.255.255.0 192.168.0.1 R0(config)#ip route 192.168.20.0 255.255.255.0 192.168.0.1	配置默认路由，将数据发往 ISP: MS0]ip route-static 0.0.0.0 0.0.0.0 192.168.0.2 配置内网用户 VLAN 的路由，让数据能返回: [R0]ip route-static 192.168.10.0 255.255.255.0 192.168.0.1 [R0]ip route-static 192.168.20.0 255.255.255.0 192.168.0.1
9	配置 NAT	在边界路由器配置 PAT: R0(config)#interface fa0/0 R0(config-if)#ip nat inside R0(config-if)#exit R0(config)#interface fa0/1 R0(config-if)#ip nat outside R0(config-if)#exit R0(config)#access-list 1 permit 192.168.10.0 0.0.0.255 R0(config)#access-list 1 permit 192.168.20.0 0.0.0.255 R0(config)#ip nat inside source list 1 interface fastEthernet 0/1 overload	在边界路由器配置 PAT: [R0]acl 2000 [R0-acl-basic-2000]rule 10 permit source 192.168.10.0 0.0.0.255 [R0-acl-basic-2000]rule 20 permit source 192.168.20.0 0.0.0.255 [R0-acl-basic-2000]quit [R0-Ethernet0/0/1]nat outbound 2000 [R0-Ethernet0/0/1]quit

在设备配置的过程中应该会发现，思科和华为的配置思路和步骤几乎没有差异。但命令表达的方式以及产品特性还是有一些差异的。思科和华为路由交换产品基础的特性区别如表 12.3 所示。

表 12.3　思科和华为路由交换产品基础的特性区别

序号	特性	思科	华为
1	子网掩码的表达	用长掩码的格式	用短掩码的格式
2	show 或 display	只有在特权模式可以使用 show，配置模式下要加 do	任何模式下都可以使用 display
3	trunk 默认允许的 VLAN	默认情况下，思科交换机的 trunk 链路允许所有 VLAN 的数据通过	默认情况下，华为交换机的 trunk 链路只允许 VLAN 1 的数据通过，因此需要额外定义允许的用户 VLAN 数据通过
4	NAT 配置	需要定义 NAT 内网端口的外网端口，在全局模式下定义内外网地址的映射	不需要定义内网端口和外网端口，也不需要定义映射，只要在外网端口调用定义好的 ACL 即可

课堂练习： 用华为的 eNSP 模拟器搭建如图 12.1 所示的网络拓扑结构，规划 IP 地址，进行适当的配置，实现内网用户可以访问到 ISP 的路由器。

素养拓展　华为公司成立于 1987 年，目前有运营商业务、消费者业务和企业业务三大业务。截至 2019 年 6 月，全球有超过 30 亿人使用华为公司的产品和服务。在发展过程中，华为公司经历了巨大的困难和挫折，但因独一无二的影响力而赢得世界的尊重。当代大学生也一定要有自己强大的精神支柱，培养战胜困难的勇气和信心，不断开拓人生新境界。

任务 2　基于 HCL 构建小型企业网络——H3C 与思科路由交换产品常用命令对比

任务目标： 通过对比，掌握 H3C 路由交换设备的基本命令的应用方法。

同样以项目 3 为基础，用 H3C 的路由器和交换机来搭建基础网络，进行适当的配置，实现最基本的数据通信。

对于基础数据通信的实现，思科和 H3C 路由器、交换机的命令对比如表 12.4 所示。

从 H3C 的配置过程可以看出，除了思路一样以外，其网络操作系统的命令集与华为的相似度也很高。不管用哪个厂商的设备，只要掌握解决问题的思路，做到思维灵活、触类旁通，都可以很快使用不同网络操作系统的命令集来解决网络问题。

12.2　基于 HCL 构建小型企业网络——H3C 与思科路由交换产品常用命令对比

课堂练习： 用 H3C 的 HCL 模拟器搭建如图 12.1 所示的网络拓扑，规划 IP 地址，进行适当的配置，实现内网用户可以访问到 ISP 的路由器。

表 12.4　思科和 H3C 路由器、交换机的基本命令对比

序号	步骤	思科设备	H3C 设备
1	配置接入主机 IP 地址和网关	配置方法详见项目 1　任务 3	配置方法详见本章小结与拓展
2	交换机、路由器重命名	配置接入交换机 Switch0： Switch>enable Switch#configure terminal Switch(config)#hostname Switch0 Switch0(config)#	配置接入交换机 Switch0： <H3C>system-view [H3C]sysname Switch0 [Switch0]
		配置接入交换机 Switch1： Switch>enable Switch#configure terminal Switch(config)#hostname Switch1 Switch1(config)#	配置接入交换机 Switch1： <H3C>system-view [H3C]sysname Switch1 [Switch1]
		配置核心交换机 MS0： Switch>enable Switch#configure terminal Switch(config)#hostname MS0 MS0(config)#	配置核心交换机 MS0： <H3C>system-view [H3C]sysname MS0 [MS0]
		配置边界路由器 R0： Router>enable Router#configure terminal Router(config)#hostname R0 R0(config)#	配置边界路由器 R0： <H3C>system-view [H3C]sysname R0 [R0]
		配置运营商的路由器 ISP： ISP>enable ISP#configure terminal ISP(config)#hostname ISP ISP(config)#	配置运营商的路由器 ISP： <H3C>system-view [H3C]sysname ISP [ISP]

255

续表

序号	步骤	思科设备	H3C 设备
3	交换机创建 VLAN	在交换机 Switch0 上创建 VLAN 10： Switch0(config)# vlan 10 Switch0(config-vlan)#name Sales Switch0(config-vlan)#exit 在交换机 Switch1 上创建 VLAN 20： Switch1(config)# vlan 20 Switch1(config-vlan)#name Development Switch1(config-vlan)#exit 在核心交换机 MS0 上创建 VLAN 10 和 20： MS0(config)#vlan 10 MS0(config-vlan)#name Sales MS0(config-vlan)#exit MS0(config)#vlan 20 MS0(config-vlan)#name Development MS0(config-vlan)#exit	在交换机 Switch0 上创建 VLAN 10： [Switch0]vlan 10 [Switch0-vlan10]name Sales [Switch0-vlan10]exit 在交换机 Switch1 上创建 VLAN 20： [Switch1]vlan 20 [Switch0-vlan20]name Development [Switch0-vlan20]exit 在核心交换机 MS0 上创建 VLAN 10 和 20： [MS0]vlan 10 [MS0-vlan10]name Sales [MS0-vlan10]exit [MS0]vlan 20 [MS0-vlan20]name Development [MS0-vlan20]exit
4	配置接入口	将 Switch0 上用户接入的端口划入 VLAN 10： Switch0(config)#interface fa0/1 Switch0(config-if)#switchport mode access Switch0(config-if)#switchport access vlan 10 Switch0(config-if)#exit Switch0(config)#interface fa0/2 Switch0(config-if)#switchport mode access Switch0(config-if)#switchport access vlan 10 Switch0(config-if)#exit 将 Switch1 上用户接入的端口划入 VLAN 20： Switch1(config)#interface fa0/1 Switch1(config-if)#switchport mode access	将 Switch0 上用户接入的端口划入 VLAN 10： [Switch0]interface GigabitEthernet 1/0/1 [Switch0-GigabitEthernet1/0/1] port link-type access [Switch0-GigabitEthernet1/0/1] port access vlan 10 [Switch0-GigabitEthernet1/0/1] exit [Switch0]interface GigabitEthernet 1/0/2 [Switch0-GigabitEthernet1/0/2] port link-type access [Switch0-GigabitEthernet1/0/2] port access vlan 10 [Switch0-GigabitEthernet1/0/2] exit 将 Switch1 上用户接入的端口划入 VLAN 20： [Switch1]interface GigabitEthernet 1/0/1 [Switch1-GigabitEthernet1/0/1] port link-type access

续表

序号	步骤	思科设备	H3C 设备
4	配置接入口	Switch1(config-if)#switchport access vlan 20 Switch1(config-if)#exit Switch1(config)#interface fa0/2 Switch1(config-if)#switchport mode access Switch1(config-if)#switchport access vlan 20 Switch1(config-if)#exit	[Switch1-GigabitEthernet1/0/1] port access vlan 20 [Switch1-GigabitEthernet1/0/1] exit [Switch1]interface GigabitEthernet 1/0/2 [Switch1-GigabitEthernet1/0/2] port link-type access [Switch1-GigabitEthernet1/0/2] port access vlan 20 [Switch1-GigabitEthernet1/0/2] exit
5	配置 trunk 链路	配置 Switch0 和核心交换机之间的 trunk 链路： Switch0(config)#interface fa0/3 Switch0(config-if)#switchport mode trunk Switch0(config-if)#exit MS0(config)#interface fa0/1 MS0(config-if)#switchport trunk encapsulation dot1q MS0(config-if)#switchport mode trunk MS0(config-if)#exit 配置 Switch1 和核心交换机之间的 trunk 链路： Switch1(config)#interface fa0/3 Switch1(config-if)#switchport mode trunk Switch1(config-if)#exit MS0(config)#interface fa0/2 MS0(config-if)#switchport trunk encapsulation dot1q MS0(config-if)#switchport mode trunk MS0(config-if)#exit	配置 Switch0 和核心交换机之间的 trunk 链路： [Switch0]interface GigabitEthernet 1/0/3 [Switch0-GigabitEthernet1/0/3]port link-type trunk [Switch0-GigabitEthernet1/0/3]port trunk permit vlan 10 [Switch0-GigabitEthernet1/0/3]exit [MS0]interface GigabitEthernet 1/0/1 [MS0-GigabitEthernet1/0/1]port link-type trunk [MS0-GigabitEthernet1/0/1]port trunk permit vlan 10 [MS0-GigabitEthernet1/0/1]exit 配置 Switch1 和核心交换机之间的 trunk 链路： [Swtich1]interface GigabitEthernet 1/0/3 [Switch1-GigabitEthernet1/0/3]port link-type trunk [Switch1-GigabitEthernet1/0/3]port trunk permit vlan 20 [Switch1-GigabitEthernet1/0/3]exit [MS0]interface GigabitEthernet 1/0/2 [MS0-GigabitEthernet1/0/2]port link-type trunk [MS0-GigabitEthernet1/0/2]port trunk permit vlan 20 [MS0-GigabitEthernet1/0/2]exit

续表

序号	步骤	思科设备	H3C 设备
6	配置网关 IP 地址	在核心交换机上配置 SVI 作为网关: MS0(config)#interface vlan 10 MS0(config-if)#ip address 192.168.10.1 255.255.255.0 MS0(config-if)#exit MS0(config)#interface vlan 20 MS0(config-if)#ip address 192.168.20.1 255.255.255.0 MS0(config-if)#exit	在核心交换机上配置 SVI 作为网关: [MS0]interface Vlan-interface 10 [MS0-Vlan-interface10]ip address 192.168.10.1 255.255.255.0 [MS0-Vlan-interface10]exit [MS0]interface Vlan-interface 20 [MS0-Vlan-interface20]ip address 192.168.20.1 255.255.255.0 [MS0-Vlan-interface20]exit
7	配置三层交换机、路由器端口 IP 地址	配置三层设备之间的链路: MS0(config)#interface fa0/3 MS0(config-if)#no switchport MS0(config-if)#ip address 192.168.0.1 255.255.255.252 MS0(config-if)#exit R0(config)#interface fa0/0 R0(config-if)#ip address 192.168.0.2 255.255.255.252 R0(config-if)#no shutdown R0(config-if)#exit R0(config)#interface fa0/1 R0(config-if)#ip address 115.0.0.1 255.255.255.248 R0(config-if)#no shutdown R0(config-if)#exit ISP(config)#interface fa0/0 ISP(config-if)#ip address 115.0.0.2 255.255.255.248 ISP(config-if)#no shutdown ISP(config-if)#exit	配置三层设备之间的链路: [MS0]interface GigabitEthernet 1/0/3 [MS0-GigabitEthernet1/0/3]port link-mode route [MS0-GigabitEthernet1/0/3]ip address 192.168.0.1 255.255.255.0 [MS0-GigabitEthernet1/0/3] exit [R0]interface GigabitEthernet 0/0 [R0-GigabitEthernet0/0]ip address 192.168.0.2 255.255.255.0 [R0-GigabitEthernet0/0]exit [R0]interface GigabitEthernet 0/1 [R0-GigabitEthernet0/1]ip address 115.0.0.1 255.255.255.248 [R0-GigabitEthernet0/1]exit [R1]interface GigabitEthernet 0/0 [R1-GigabitEthernet0/0]ip address 192.168.0.2 255.255.255.248 [R1-GigabitEthernet0/0]exit

续表

序号	步骤	思科设备	H3C 设备
8	配置路由	配置默认路由，将数据发往 ISP： MS0(config)#ip route 0.0.0.0 0.0.0.0 192.168.0.2 R0(config) #ip route 0.0.0.0 0.0.0.0 115.0.0.2 配置内网用户 VLAN 的路由，让数据能返回： R0(config)#ip route 192.168.10.0 255.255.255.0 192.168.0.1 R0(config)#ip route 192.168.20.0 255.255.255.0 192.168.0.1	配置默认路由，将数据发往 ISP： [MS0]ip route-static 0.0.0.0 0.0.0.0 192.168.0.2 [R0]ip route-static 0.0.0.0 0.0.0.0 115.0.0.2 配置内网用户 VLAN 的路由，让数据能返回： [R0]ip route-static 192.168.10.0 255.255.255.0 192.168.0.1 [R0]ip route-static 192.168.20.0 255.255.255.0 192.168.0.1
9	配置 NAT	在边界路由器配置 PAT： R0(config)#interface fa0/0 R0(config-if)#ip nat inside R0(config-if)#exit R0(config)#interface fa1/0 R0(config-if)#ip nat outside R0(config-if)#exit R0(config)#access-list 1 permit 192.168.10.0 0.0.0.255 R0(config)#access-list 1 permit 192.168.20.0 0.0.0.255 R0(config)#ip nat inside source list 1 interface fastEthernet 0/1 overload	在边界路由器配置 PAT： [R0] acl basic 2000 [R0-acl-ipv4-basic-2000]rule permit source 192.168.10.0 0.0.0.255 [R0-acl-ipv4-basic-2000]rule permit source 192.168.20.0 0.0.0.255 [R0-acl-ipv4-basic-2000]quit [R0]interface GigabitEthernet 0/1 [R0- GigabitEthernet0/1]nat outbound 2000 [R0- GigabitEthernet0/1]quit

> **素养拓展** 新华三集团（H3C）成立于 2016 年 5 月，其主要产品包括路由器、交换机、无线等网络设备。其前身为华三通信，是华为公司与美国 3Com 公司于 2003 年 11 月成立的合资公司，当时名为华为 3Com。在数据通信的产品上，华为和 H3C 其实具有同一"血统"，其命令集区别不大。我们在学习的时候，不要死记硬背，要学会抓住问题的本质，善于思考，通过对比不同事物的共性和个性，做到触类旁通。只有坚持使用既不断学习又深入思考的方式，才能形成全面而深刻的认识，产生更多智慧，从而增添生活的意义。

小结与拓展

1. 思科、华为、H3C 常用命令对照表

Internet 有一个标准化的事物，那就是所有厂商生产的设备都必须符合 ISO 定义的关于互联网的标准，才可以与其他厂商生产的设备正常通信。庞大的互联网不可能只用一个厂商的设备来部署，它必须是不同厂商设备的联合体。使用不同厂商的设备去实现数据通信，思路几乎是完全一样的，只是命令不一样而已。

举一个例子：全世界多个国家和地区的人在进食的时候使用不同的工具，而无论使用什么工具，都是为了能顺利把食物送到嘴里。不同厂商生产的设备只是这网络中实现数据通信的不同工具而已，它们协同工作，高效、安全地完成一个共同的任务——数据通信。

所以，解决问题的核心是思路，而不是具体的命令。

表 12.5 展示的是思科、华为、H3C 之间同样功能的命令对比。

表 12.5 思科、华为、H3C 之间同样功能的命令对比

序号	功能	设备厂商		
		思科	华为	H3C
1	进入全局模式	enable，config terminal	system-view	system-view
2	设置主机名	hostname	sysname	sysname
3	退回上级	exit	quit	quit
4	退到用户视图	end	return	return
5	取消或关闭当前设置	no	undo	undo
6	查看、显示	show	display	display
7	重启	reload	reboot	reboot
8	保存当前配置	write	save	save
9	禁止、关闭	shutdown	shutdown	shutdown
10	显示当前配置	show running-config	display current-configuration	display current-configuration
11	删除配置	erase startup-config	reset saved-configuration	reset saved-configuration
12	添加 VLAN	vlan ID	vlan batch ID	vlan batch ID

续表

序号	功能	设备厂商		
		思科	华为	H3C
13	定义 VLAN 名字	vlan name	name	vlan name
14	进入 VLAN 配置 VLAN 管理地址	interface vlan ID	interface Vlanif ID	interface Vlan-interface ID
15	配置 trunk/access	switchport mode trunk/access	port link-type trunk/access	port link-type trunk/access
16	将端口接入 VLAN	switchport access vlan	port default vlan ID	port default vlan ID
17	配置允许通过列表	switchport trunk allowed vlan ID	port trunk allow-pass vlan ID	port trunk permit vlan ID
18	开启三层交换的路由功能	ip routing	默认开启	默认开启
19	开启端口三层功能	no switchport	undo portswitch	port link-mode route
20	链路聚合	channel-group 1 mode on	port link-aggregation group 1	port link-aggregation group 1
21	配置默认路由	ip route 0.0.0.0 0.0.0.0 下一跳	ip route-static 0.0.0.0 0.0.0.0 下一跳	ip route-static 0.0.0.0 0.0.0.0 下一跳
22	配置静态路由	ip route 目标网段+掩码 下一跳	ip route-static 目标网段+掩码 下一跳	ip route-static 目标网段+掩码 下一跳
23	查看路由表	show ip route	display ip routing-table	display ip routing-table
24	启用 rip、并宣告网段	router rip /network 网段	rip /network 网段	rip /network 网段
25	启用 OSPF	router ospf	ospf enable	ospf enable
26	配置 OSPF 区域	network ip 反码 area <area-id>	area <area-id>	area <area-id>
27	查看路由协议	show ip protocol	display ip protocol	display ip protocol
28	标准访问控制列表	access-list 1~99 permit/deny IP	acl ID（>2000） rule ID permit source IP mask	acl basic ID（>2000） rule permit source IP mask
29	配置静态地址转换	ip nat inside source static	nat server global <ip> [port] inside <ip> port [protocol]	nat server global <ip> [port] inside <ip> port [protocol]
30	修改 STP 的优先级	spanning-tree vlan 1 priority 4096	stp instance 1 priority 4096	stp instance 1 priority 4096
31	路由热备份	standby 10 ip <ip>	vrrp vrid 1 virtual-ip <ip>	vrrp vrid 1 virtual-ip <ip>
32	DHCP 服务	ip dhcp pool v10 network 192.168.10.0 255.255.255.0	ip pool v10 network 192.168.10.0 mask 24	dhcp server ip-pool v10 network 192.168.10.0 24

2. 华为模拟器 eNSP 环境配置主机 IP 地址、网关

华为模拟器 eNSP 环境配置主机 IP 地址、网关的方法如图 12.2 所示。

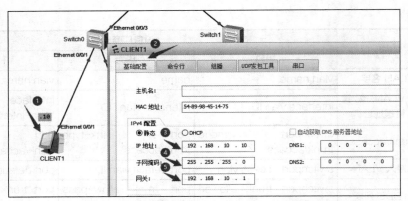

图 12.2　华为模拟器 eNSP 配置主机、网关的方法

3. H3C 模拟器 HCL 环境配置主机 IP 地址、网关

H3C 模拟器 HCL 环境配置主机 IP 地址、网关的方法如图 12.3 所示。

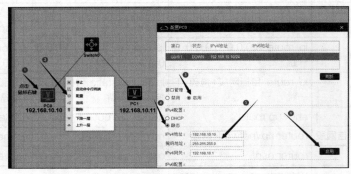

图 12.3　H3C 模拟器 HCL 配置主机、网关的方法

思考与训练

实验题

1. 用华为模拟器 eNSP 搭建如图 6.30 所示的拓扑结构，并完成项目 6 "思考与训练"部分的第 2 题。

2. 用 H3C 模拟器 HCL 搭建如图 6.30 所示的拓扑结构，并完成项目 6 "思考与训练"部分的第 2 题。